O'REILLY®

Linux 系统编程
（第 2 版）

[美] Robert Love　著

祝洪凯　李妹芳　付　途　译

人 民 邮 电 出 版 社

北　京

图书在版编目（CIP）数据

Linux系统编程：第2版 /（美）拉姆（Love, R.）著；
祝洪凯，李妹芳，付途译. -- 北京：人民邮电出版社，
2014.5（2024.4重印）
ISBN 978-7-115-34635-3

Ⅰ. ①L… Ⅱ. ①拉… ②祝… ③李… ④付… Ⅲ. ①
Linux操作系统 Ⅳ. ①TP316.89

中国版本图书馆CIP数据核字(2014)第035762号

内 容 提 要

系统编程是指编写系统软件，其代码在底层运行，直接跟内核和核心系统库对话。

本书是一本关于 Linux 系统编程的教程，也是一本介绍 Linux 系统编程的手册，还是一本如何实现更优雅更快代码的内幕指南。全书分为 11 章和 2 个附录，详细介绍了 Linux 系统编程基本概念、文件 I/O、缓冲 I/O、高级文件 I/O、进程管理、高级进程管理、线程、文件和目录管理、信号和时间等主题。附录给出了 gcc 和 GNU C 提供的很多语言扩展，以及推荐阅读的相关书目。

本书的作者是知名的 Linux 内核专家，多本畅销技术图书的作者。本书需要在 C 编程和 Linux 编程环境下工作的程序员阅读，对于想要巩固基础或了解内核的高级编程人员，本书也很有参考价值。

- ◆ 著　　　　　[美] Robert Love
- 　　译　　　　祝洪凯　李妹芳　付　途
- 　　责任编辑　陈冀康
- 　　责任印制　程彦红　杨林杰
- ◆ 人民邮电出版社出版发行　　北京市丰台区成寿寺路11号
- 　　邮编　100164　　电子邮件　315@ptpress.com.cn
- 　　网址　http://www.ptpress.com.cn
- 　　北京天宇星印刷厂印刷
- ◆ 开本：787×1000　1/16
- 　　印张：26　　　　　　　　　2014年5月第1版
- 　　字数：490 千字　　　　　　2024年4月北京第25次印刷
- 　　著作权合同登记号　图字：01-2013-7659 号

定价：99.80 元
读者服务热线：(010)81055410　印装质量热线：(010)81055316
反盗版热线：(010)81055315
广告经营许可证：京东市监广登字 20170147 号

译者序

本书可以作为 Linux 系统编程的指南和手册，但它又不仅仅是简单的 man 手册。作为一名狂热的内核爱好者，Robert 在书中倾注了很多自己的分析和思考。也许正因为其对 Linux 系统理解之深，在介绍系统编程涉及的方方面面时，才能够如此驾轻就熟，并分享很多实用的技巧。

本书对 Linux 文件系统、I/O、缓存、进程、内存等的描述深入到位，处处渗透着作者的理解和经验。系统编程涉及的函数之多，很容易让初学者感觉置身于一片浩渺的天地，无所是从。本书无疑是他们的福音。一本书能够化繁为简，能够非常清晰地描述相关领域功能的各函数（以及如何用好的谆谆告诫），能够非常自然有条理地把它们组织起来，读起来很顺畅，如果作者没有十足的"功力"，是做不到的。这让我想起 Robert 在附录 B 中提到"如果你写 C 代码不能够像说母语那样流利……"。Robert 也是 80 后，年纪和我们相仿，其对技术的驾驭之深，让我无限敬慕。

本书可以作为枕边书，经常翻阅。在今天这个互联网时代，"不会就问 Google"可能已经成为技术人员解决问题最常用的诉求。他山之石，可以攻玉。这种方式简单、便捷、高效，我也经常这么做。但从个人经验看，这种方式虽然可以快速解决问题，但其知识积累较难成体系，或者不够全面。比如，想把时间转换成本地时间，了解到 localtime 函数可以实现时，就轻松地实现了，却不曾料到 localtime 函数不是线程安全的，埋下了隐患。其实这样的例子很多。现在，有这么一本书，能够帮助我们避免许多坑，为什么不看看呢？

更可贵的是，本书第 2 版增加了多线程的介绍，这些内容非常实用。因为多线程是个比较难的专题，令多少程序员望而生畏。感谢 Robert 在这些深度领域的指引，由于篇幅所限，虽不详尽，却简单扼要，简单的描述加上示例代码说明，让人一下明白多线程是怎么回事，从此不再畏惧，更多细节自会探究。

总体而言，本书内容顺畅，我觉得不但可以作为枕边书多读几遍深度了解，也可以作为手册指南经常查阅参考。

本书在翻译过程中参考了吴晋老师指导的哈尔滨工业大学浮图开放实验室为交流、

学习而翻译的本书第 1 版。饮水思源，这里谨向参与该第 1 版的所有翻译人员深表敬意和致谢。此外，也深深感谢婆婆韩学美，感谢编辑陈冀康先生以及所有其他为本书付出努力的人们。

由于译者水平有限，错漏之处在所难免，请各位读者不吝批评指正。

李妹芳

2013 年 11 月 24 日

序

Linux 内核开发人员在抱怨时，经常会抛出这么一句话："用户空间只不过是给内核玩玩而已。"[1]

内核开发人员咕哝这句话，是想尽可能摆脱用户空间代码运行失败的责任。对他们而言，用户空间开发人员应该负责解决自己的代码 bug，因为内核绝对不会有任何问题。

为了证明往往不是内核问题，一名资深的 Linux 内核开发人员在 3 年前曾在会议上分享了一个关于"为何用户空间这么让人讨厌？"的讲座，指出真实世界中很多人每天都依赖的一些非常糟糕的用户空间代码。有些内核开发人员甚至创建了一些工具，来说明用户空间代码是如何滥用硬件和白白消耗笔记本电池的。

然而，虽然内核开发人员可以不无轻蔑地认为用户空间代码只是给内核玩玩（test load），而实际上所有的内核开发人员每天也都在依赖用户空间代码。否则，他们在屏幕上只能看到内核输出 ABABAB 这类东西。

现在，Linux 已经成为有史以来最灵活最强大的操作系统，不仅运行在最小的手机设备和嵌入设备上，而且运行在世界上超过 90% 的最强大的超级计算机上。和 Linux 相比，没有其他任何一个操作系统可以扩展得这么好，并能够解决不同的硬件类型和环境所面临的所有挑战。

有了 Linux 内核，在 Linux 的用户空间上运行的代码也可以在其他平台上运行，提供人们所依赖的真正应用和工具。

在这本书中，Robert Love 真正做到"诲人不倦"，告诉读者关于 Linux 系统的所有系统调用。因此，他写下本书，从而可以帮助你从用户空间角度看，深入理解 Linux 内核是如何工作的，以及如何充分利用系统提供的各种功能。

这本书的内容有助于你编写可以运行在不同版本的 Linux 和不同硬件类型上的代码。通过这本书，你可以理解 Linux 是如何工作的，以及如何有效利用其灵活性。

最后，它还教你如何实现"不让人讨厌"的代码，这一点非常重要。

——Greg Kroah-Hartman

---

[1] 译注：原文是："User space is just a test load for the kernel."，实在觉得很难表达出"抱怨"的味道。

致

谨致 Doris 和 Helen。

前言

这本书是关于 Linux 上的系统编程。"系统编程"是指编写系统软件，其代码在底层运行，直接跟内核和核心系统库对话。换句话说，本书的主题是 Linux 系统调用和底层函数说明，如 C 库定义的函数。

虽然已经有很多书探讨 UNIX 上的系统编程，却很少有专注于探讨 Linux 方面的书籍，而探讨最新版本的 Linux 以及 Linux 特有的高级接口的书籍更是凤毛麟角。此外，本书还有一个优势：我为 Linux 贡献了很多代码，包括内核及其上面的系统软件。实际上，本书中提到的一些系统调用和系统软件就是我实现的。因此，本书涉及很多内幕资料，不仅介绍系统接口如何工作，还阐述它们实际上是如何工作的，以及如何高效利用这些接口。因此，本书既是一本关于 Linux 系统编程的教程，也是一本介绍 Linux 系统调用的手册，同时还是一本如何实现更优雅、更快代码的内幕指南。这本书内容翔实，不管你是否每天都在编写系统级代码，本书给出的很多技巧都有助于你成为更优秀的软件工程师。

目标读者和假设

本书假定读者熟悉 C 编程和 Linux 编程环境——不要求很精通，但至少比较熟悉。如果你不习惯于 UNIX 文本编辑器——Emacs 和 vim（后者成为最广泛使用的编辑器，而且评价很高），那么至少应该熟悉一个。你还应该对如何使用 gcc、gdb、make 等工具很熟悉。已经有很多书籍介绍了关于 Linux 编程的工具和实践，本书最后的附录 B 给出一些有用的资源。

我并没有假设用户了解 UNIX 或 Linux 系统编程。本书是从零开始，从最基本的开始介绍，一直到高级接口和一些优化技巧。我希望不同层次的读者都能够从本书学到一些新东西，觉得本书有价值。在写本书过程中，我自己就感觉颇有收获。

同样，我并不想去说服或鼓励读者做什么。目标读者显然是那些希望能够（更好地）在系统上编程的工程师，但是希望奠定更坚实的基础的高级编程人员还可以找到很多其他有趣的资料。本书也适合那些只是出于好奇的黑客，它应该能够满足他们的好奇心。本书目标是希望能够满足大部分的编程人员。

不管出于什么目的，最重要的是，希望你会觉得本书很有意思。

本书的内容

本书共包含 11 章和 2 个附录。

第 1 章，入门和基本概念

本章是入门介绍，简要介绍了 Linux、系统编程、内核、C 库和 C 编译器。即使是高级用户也应该看看本章内容。

第 2 章，文件 I/O

本章介绍文件，它是 UNIX 环境的最重要的抽象，介绍文件 I/O，它是 Linux 编程模型的基础。其内容涉及读写文件以及一些其他基础的文件 I/O 操作。最后还探讨了 Linux 内核是如何实现和管理文件的。

第 3 章，缓冲 I/O

本章探讨了基础文件 I/O 接口的一个方面：缓存大小管理，它从解决方案角度探讨了缓冲 I/O 和标准 I/O。

第 4 章，高级文件 I/O

本章阐述了高级 I/O 接口、存储映射和优化机制。它探讨了如何避免查找的很多技巧，并介绍了 Linux 内核 I/O 调度器。

第 5 章，进程管理

本章介绍了 UNIX 第二大重要抽象：进程，以及与基础进程管理相关的一系列系统调用，包括"久经风霜"的 fork 调用。

第 6 章，高级进程管理

本章继续探讨高级进程管理，包括实时进程。

第 7 章，线程

本章探讨了线程和多线程编程。它重点讨论高级设计概念，包括对 POSIX 线程 API（即 Pthreads）的介绍。

第 8 章，文件和目录管理

本章阐述了文件和目录的创建、移动、拷贝、删除以及其他操作。

第 9 章，内存管理

本章探讨内存管理。它首先介绍内存的 UNIX 概念，比如进程地址空间、分页，然后探讨了从内核获取内存以及把内存返还给内核的接口，最后介绍高级内存相关的接口。

第 10 章，信号

本章涉及信号。它首先介绍信号及其在 UNIX 系统中的作用，然后阐述信号接口，从最基础的接口开始探讨，一直到高级接口。

第 11 章，时间

本章探讨了时间、睡眠和锁管理。它从基础的接口开始介绍，一直到 POSIX 时钟和高精度的定时器。

附录 A

附录 A 给出了 gcc 和 GNU C 提供的很多语言扩展，比如把函数标识为常函数、纯函数和内联函数的属性。

附录 B

附录 B 给出了推荐阅读书目，它们不但是本书很好的补充，而且也涵盖本书没有涉及的前提背景知识。

本书涉及的版本

Linux 系统接口是可以定义为由 Linux 内核（操作系统内核）、GNU C 库（glibc）和 GNU C 编译器（gcc，正式命名为 GNU Compiler Collection，不过我们只关注与 C 相关的）提供的应用二进制接口和应用编程接口。本书探讨的系统接口是分别由以下版本定义的：Linux 内核 3.9、glibc 2.17 和 gcc 4.8。本书提到的接口应该可以向前兼容，即可以兼容更高版本的内核、glibc 和 gcc。也就是说，新版本的组件应该继续遵循本书阐述的接口和行为。此外，本书探讨的很多接口一直是 Linux 的一部分，因此它们对于老版本的内核、glibc 和 gcc 也是向后兼容的。

如果把一个不断发展的操作系统比作运行的目标，那 Linux 就是个快速奔跑的猎豹。Linux 发展是按天衡量的，而不是按年，内核和其他组件的频繁发布不断改变 Linux 的方方面面。没有一本书可以不断地追赶上这么快的节奏。

然而，系统编程定义的编程环境是不变的。内核开发人员尽了最大努力不要打破系统调用，glibc 开发人员非常在乎向前兼容和向后兼容。Linux 工具链生成了跨版本的可兼容代码。因此，虽然 Linux 本身可能变化很快，Linux 系统编程还是很稳定，而一本基于该系统的书，尤其在 Linux 生命周期的这个时期，却是具有极大持久性的。我想说得很简单：不要担心系统接口的变化，可以下决心购买本书！

本书使用的体例

本书遵循以下字体体例：

斜体（*Italic*）

表示新的术语、URL、E-mail 地址、文件名和文件扩展名。

等宽字体（Constant width）

用于程序清单以及段落中的程序单元，如变量或函数名称、数据库、数据类型、环境变量、声明和关键字。

等宽粗体字（**Constant width bold**）

显示命令或者其他由用户输入的文本。

等宽斜体字（*Constant width italic*）

表示必须根据用户提供的值或者由上下文决定的值进行替代的文本。

 该图标表示提示、建议或普通注意事项。

 该图标表示告警或警告。

本书中的大部分代码片段形式简单、可重用。它们看起来如下：

```
while (1) {
        int ret;

        ret = fork ();
        if (ret == -1)
                perror ("fork");
}
```

为了使代码片段既看起来简洁，又是可用的，我们做了很大努力。不要特殊的头文件、各种宏定义以及不可识别的简写。我们并没有构建非常巨型的程序，而是给出很多简单的示例。由于示例必须易于描述、可用，并且简单清晰，我希望这些示例可以作为第一次阅读本书的有用教程，而在后续阅读过程中，依然可以作为参考手册。

本书中几乎所有的示例都是自包含的。这意味你可以把这些示例代码复制到自己的文本编辑器中，并利用这些代码片段。除非特别提出，所有代码片段都应该不需要任何特殊的编译器标志位就可以编译通过（在极少数情况下，需要链接到某个特定的库）。我建议通过以下命令来编译一个源文件：

```
$ gcc -Wall -Wextra -O2 -g -o snippet snippet.c
```

通过以上命令，会把源文件 snippet.c 编译成可执行的二进制文件 snippet，支持很多告警检查、重要明智的优化以及调试。本书提供的代码通过这种编译方式应该可以编译通过，而不会生成错误和告警信息——虽然你可能需要首先把代码补充完整。

当一节介绍新的函数时，该函数是以 UNIX 的 man 页面格式给出，看起来如下：

```
#include <fcntl.h>

int posix_fadvise (int fd, off_t pos, off_t len, int advice);
```

需要包含的头文件，以及所有定义，都是在最上方，然后是该调用的完整形式。

使用本书的样例代码

本书是为了帮助你完成工作。通常来说，你可以在自己的程序和文档中使用本书的代码。除非你使用了本书的大量代码，否则你无需联系我们获取许可。例如，写一个程序用到本书的几段代码不需要获得许可，销售和分发 O'Reilly 丛书的代码需要获得许可；引用本书的样例代码来解决一个问题不需要获取许可，使用本书的大量代码到你的产品文档中需要获得许可。

我们不要求你（引用本书时）给出出处，但是如果你这么做，我们对此表示感谢。出处通常包含标题、作者、出版社和 ISBN。例如 "*Linux System Programming*, Second Edition,by Robert Love (O' Reilly). Copyright 2013 Robert Love, 978-1-449-33953-1."。

如果你觉得你对本书样例代码的使用超出了这里给出的许可范围，请与我们联系：permissions@oreilly.com。

由于本书的示例代码非常多而且很短，所以没有提供在线资源。

致谢

本书初稿得到了很多人的帮助。由于无法一一列出，在这里我谨向那些一路给予帮助、鼓励、认可和支持的朋友们致以诚挚的谢意。

Andy Oram 是一位非常优秀的编辑。如果没有他的努力工作，就不会有本书。Andy 不但对技术了解非常深入，而且有诗人般的英语表达能力。

本书还得到一些非常资深的技术专家帮助审查，他们是自己所在领域的真正专家，如果没有他们的帮助，本书的最终版本和你现在看到的相比会失色很多。这些技术专家包括 Jeremy Allison、Robert P. J. Day、Kenneth Geisshirt、Joey Shaw 和 James Willcox。虽然他们给了非常大的帮助，但本书还是难免有些错误。

在 Google，和同事们一起工作是非常快乐的事情，他们是我遇到的最聪明、最专注的工程师。每天都是挑战，这是我们工作状态的最佳描述。感谢系统方面的项目，帮助我写下很多东西，以及有种氛围，鼓励着我完成本书。

特别感谢 Paul Amici、Mikey Babbitt、Nat Friedman、Miguel de Icaza、Greg Kroah-Hartman、Doris Love、Linda Love、Tim O'Reilly、Salvatore Ribaudo 及其家属、Chris Rivera、Carolyn Rodon、Joey Shaw、Sarah Stewart、Peter Teichman、Linus Torvalds、Jon Trowbridge、Jeremy VanDoren 及其家属、Luis Villa、Steve Weisberg 及其家属和 Helen Whisnant。

最后，感谢我的父母 Bob 和 Elaine。

——Robert Love，Boston

目录

第 1 章

入门和基本概念

摆在你面前的是一本关于系统编程的书,你将在本书中学习到编写系统软件的相关技术和技巧。系统软件运行在系统的底层,与内核和系统核心库进行交互。常见的系统软件包括 Shell、文本编辑器、编译器、调试器、核心工具(GNU Core Utilities)以及系统守护进程。此外,网络服务、Web 服务和数据库也属于系统软件的范畴。这些程序都是基于内核和 C 库实现的,可以称为"纯"系统软件。相对地,其他软件(如高级 GUI 应用),很少和底层直接交互。有些程序员一直在编写系统软件,而有些程序员则只投入了很少一部分时间。不管怎样,深入理解系统编程都能让他受益匪浅,不管你是把系统编程作为制胜法宝,还是认为它仅仅作为高层次概念的基础,系统编程是编写所有软件的灵魂。

确切地说,这是一本关于 Linux 的系统编程的书。Linux 是类 UNIX 的现代操作系统,由 Linus Torvalds 和全球松散的程序员社区从零开始实现。尽管 Linux 和 UNIX 有着共同的目标和理念,但 Linux 并不是 UNIX。Linux 遵循自己的原则,关注方方面面的需求,专注于实用功能的开发。总的来说,Linux 系统编程的核心和任何其他 UNIX 系统并没有区别。然而,除了这些基本点,和传统的 UNIX 系统相比,Linux 有其自身的特点 Linux 支持更多的系统调用,有不同的行为和新的特性。

1.1 系统编程

从传统角度而言,所有的 UNIX 编程都属于系统级编程的范畴。这是由于 UNIX 系统并没有提供很多高级抽象,甚至是在如 X Windows 这样的系统上开发应用,也会涉及大量的 UNIX 的核心 API。因此,可以说本书是通用的 Linux 编程指南。然而,本书并不涉及 Linux 编程环境——比如,书中没有任何关于如何使用 make 的

1

说明。本书涵盖的是现代 Linux 机器上所使用的系统编程 API。

系统编程和应用编程存在一些区别，但也有很多共性。系统编程最突出的特点在于要求系统程序员必须对其工作的硬件和操作系统有深入全面的了解。系统程序主要是与内核和系统库打交道，而应用程序还需要与更高层次的库进行交互，这些库把硬件和操作系统的细节抽象封装起来。这种抽象有以下几种目的：一是增强系统的可移植性，二是便于实现不同系统版本间的兼容，三是可以构建更易于使用、功能更强大或二者兼而有之的高级工具箱。对于一个应用，使用多少系统库和高级库取决于应用的运行层次。即使是开发那些基本不用系统库的应用，也能够通过了解系统编程而受益匪浅。对底层系统的深入理解和良好实践，对任何形式的编程都大有裨益。

1.1.1 为什么要学习系统编程

最近 10 年，不管是 Web 开发（如 JavaScript）还是托管代码（如 Java），应用编程的趋势都是逐渐远离系统级编程向高级开发发展。然而，这种开发趋势并非意味着系统编程的终结。实际上，依然需要有人来开发 JavaScript 解释器和 Java 虚拟机，这本身就是系统编程。此外，Python、Ruby 或 Scala 程序员还是可以从系统编程中受益的，因为深入了解计算机灵魂的程序员在任何层次都能够编写出更好的代码。

虽然应用编程的趋势是逐渐远离系统级编程，绝大部分的 UNIX 和 Linux 代码还是属于系统级编程范畴，其中大部分是用 C 和 C++实现的，主要是 C 库和内核的接口。另外，传统的系统编程——如 Apache、bash、cp、Emacs、init、gcc、gdb、glibc、ls、mv、vim 和 X，也都不会很快过时。

系统编程通常包含内核开发，至少包括设备驱动编程。但是，和多数系统编程的书籍一样，本书并不讨论内核开发，而是专注于用户空间的系统级编程——即内核之上的所有内容（尽管了解内核对于理解本书大有裨益）。设备驱动编程是个很宽泛博大的主题，已经有很多书籍对此做了专门而又深入的探讨。

什么是系统级应用接口？在 Linux 上如何编写系统级应用？内核和 C 库到底提供了什么？如何优化代码？Linux 上编程有什么技巧？和其他的 UNIX 版本相比，Linux 提供了哪些精巧的系统调用？这些系统调用是如何工作的？本书将对这些问题一一进行探讨。

1.1.2 系统编程的基础

Linux 系统编程有 3 大基石：系统调用、C 库和 C 编译器，每个都值得深入探讨。

1.1.3 系统调用

系统编程始于系统调用，也终于系统调用。系统调用（通常简称为 syscall）是为了从操作系统请求一些服务或资源，是从用户空间如文本编辑器、游戏等向内核（系统的核心）发起的函数调用。系统调用范围很广，从大家都熟悉的如 read() 和 write()，到罕见的如 get_thread_area() 和 set_tid_address() 都在其范畴之内。

Linux 实现的系统调用远远少于其他内核。举例来说，微软的 Windows，其系统调用号称有几千个，而 Linux x86-64 体系结构的系统调用大概只有 300 个。在 Linux 内核中，每种体系结构（Alpha、x86-64 或 PowerPC）各自实现了标准系统调用。因此，不同体系结构支持的系统调用可能存在区别。然而，超过 90% 的系统调用在所有的体系结构上都实现了。本书所探讨的正是这部分共有的内容。

调用系统调用

位于用户空间的应用程序无法直接访问内核空间。从安全和可靠性角度考虑，也需要禁止用户空间的应用程序直接执行内核代码或操纵内核数据。但从另外一个角度看，内核也必须提供这样一种机制，当用户空间的应用希望执行系统调用时，可以通过该机制通知内核。有了这种机制，应用程序就可以"深入"内核，执行内核允许的代码。这种机制在不同的体系结构上又各不相同。举个例子，在 i386 微处理器上，用户空间的应用需要执行参数值为 0x80 的软件中断指令 int。该指令会把当前运行环境从用户空间切换成内核空间，即内核的保护区域，内核在该区域执行中断处理函数——中断 0x80 的处理函数是什么呢？只能是系统调用处理函数！

应用程序通过寄存器告诉内核调用哪个系统调用以及传递什么参数。系统调用以数值表示，从 0 开始。举个例子，在 i386 微处理器体系结构上，要请求系统调用 5（即 open()），用户空间在发送 int 指令前，需要把 5 写到寄存器 eax 中。

参数传递也以类似的方式处理。还是以 i386 为例，为每个可能的参数指定一个寄存器——寄存器 ebx、ecx、edx、esi 和 edi 顺序存储前 5 个参数。对于极少数参数超过 5 个的系统调用，则使用单个寄存器指向保存所有参数的用户空间缓存。当然，大部分系统调用只包含几个参数。

虽然基本思想是一致的，但不同体系结构处理系统调用的方式不同。作为一名系统程序员，通常不需要了解内核是如何处理系统调用的。系统调用已经集成到各种体系结构的标准调用规范中，并通过编译器和 C 库自动处理。

1.1.4 C 库

C 库（libc）是 UNIX 应用程序的核心。即使你是使用其他语言编程，通常还是会通过高级语言封装的 C 库来提供核心服务，以方便系统调用。在现代 Linux 系统中，C 库由 GNU libc 提供，简称 glibc，发音是[gee-lib-see]，或者有时发作[glib-see]。

GNU C 库的功能远远超出了其名字的范畴。glibc 中，除了标准 C 库，还提供了系统调用封装、线程支持和基本应用工具。

1.1.5 C 编译器

在 Linux 中，标准 C 编译器是由 GNU 编译器工具集（GNU Compiler Collection，gcc）提供的。最初，gcc 是 GNU 版的 C 编译器 cc，因此，gcc 表示 GNU C 编译器（GNU C Compiler）。随着时间推移，gcc 支持越来越多的语言。时至今日，gcc 已经成了 GNU 编译器家族的代名词。此外，gcc 还表示 C 编译器二进制程序。除非特别指明，本书中提到 gcc 时，都是指 gcc 应用程序。

因为编译器辅助实现了标准 C（参阅 1.3.2 小节）和系统 ABI（参阅 1.2.1 小节和 1.2.2 小节），在 UNIX 系统（包括 Linux）中所使用的编译器和系统编程紧密相关。

C++

本章把 C 语言作为系统编程的通用语言，但是 C++语言也功不可没。

今天，C++在系统编程中的地位仅次于 C 语言。由于历史原因，比起 C++，Linux 开发人员更倾向于使用 C 语言：核心库、守护进程、工具箱以及 Linux 内核都是用 C 语言实现的。在非 Linux 环境中，C++语言作为"C 语言的升级"，其优势是显而易见的，但是在 Linux 环境中，C++的地位还是逊于 C。

尽管如此，本书给出的大部分相关的 C 语言代码都可以替换成 C++。C++确实可以作为 C 语言的替代，适合任何系统编程工作：C++代码可以链接 C 代码，调用 Linux 系统调用，还可以充分利用 glibc。

比起 C，C++还为系统编程奠定了另外两块基石：标准的 C++库和 GNU C++编译器。标准的 C++库实现了 C++系统接口以及 ISO C++11 标准，由 libstdc++库提供（有时写作 libstdcxx）。GNU C++编译器是 Linux 系统为 C++提供的标准编译器，由二进制程序 g++提供。

1.2 API 和 ABI

程序员都希望自己实现的程序能够一直运行在其声明支持的所有系统上。他们希望能在自己的 Linux 版本上运行的程序也能够运行于其他 Linux 版本，同时还可以运行在其他支持 Linux 体系结构的更新（或更老）的 Linux 版本上。

在系统层，有两组独立的影响可移植性的定义和描述。一是应用程序编程接口（Application Programming Interface，API），二是应用程序二进制接口（Application Binary Interface，ABI），它们都是用来定义和描述计算机软件的不同模块间的接口的。

1.2.1　API

API 定义了软件模块之间在源代码层交互的接口。它提供一组标准的接口（通常以函数的方式）实现了如下抽象：一个软件模块（通常是较高层的代码）如何调用另一个软件模块（通常位于较低层）。举个例子，API 可以通过一组绘制文本函数，对在屏幕上绘制文本的概念进行抽象。API 仅仅是定义接口，真正提供 API 的软件模块称为 API 的实现。

通常，人们把 API 称为"约定"，这并不合理，至少从 API 这个术语角度来讲，它并非一个双向协议。API 用户（通常是高级软件）并没有对 API 及其实现提供任何贡献。API 用户可以使用 API，也可以完全不用它：用或不用，仅此而已！API 的职能只是保证如果两个软件模块都遵循 API，那么它们是"源码兼容"（source compatible），也就是说，不管 API 如何实现，API 用户都能够成功编译。

API 的一个实际例子就是由 C 标准定义的接口，通过标准 C 库实现。该 API 定义了一组基础函数，比如内存管理和字符串处理函数。

在本书中，我们会经常提到各种 API，比如第 3 章将要讨论的标准 I/O 库。1.3 节给出了 Linux 系统编程中最重要的 API。

1.2.2　ABI

API 定义了源码接口，而 ABI 定义了两个软件模块在特定体系结构上的二进制接口。它定义了应用内部如何交互，应用如何与内核交互，以及如何和库交互。API 保证了源码兼容，而 ABI 保证了"二进制兼容（binary compatibility）"，确保对于同一个 ABI，目标代码可以在任何系统上正常工作，而不需要重新编译。

ABI 主要关注调用约定、字节序、寄存器使用、系统调用、链接、库的行为以及二进制目标格式。例如，调用约定定义了函数如何调用，参数如何传递，分别保留和使用哪些寄存器，调用方如何获取返回值。

尽管曾经在不同操作系统上为特定的体系结构定义一套唯一的 ABI，做了很多努力，但是收效甚微。相反地，操作系统（包括 Linux）往往会各自定义自己独立的

ABI，这些 ABI 和体系结构紧密关联，绝大部分 ABI 表示了机器级概念，比如特定的寄存器或汇编指令。因此，在 Linux，每个计算机体系结构都定义了自己的 ABI。实际上，我们往往通过机器体系结构名称来称呼这些 ABI，如 Alpha 或 x86-64。因此，ABI 是操作系统（如 Linux）和体系结构（如 x86-64）共同提供的功能。

系统编程需要有 ABI 意识，但通常没有必要记住它。ABI 并没有提供显式接口，而是通过工具链（toolchain），如编译器、链接器等来实现。尽管如此，了解 ABI 可以帮助你写出更优化的代码，而如果你的工作就是编写汇编代码或开发工具链（也属于系统编程范畴），了解 ABI 就是必需的。

ABI 是由内核和工具链定义和实现的。

1.3 标准

UNIX 系统编程是门古老的艺术。UNIX 编程的基础理念在几十年来一直根深蒂固。但是，对于 UNIX 系统，变化却是无处不在。各种行为不断变化，特性不断增加。为了使 UNIX 世界变得有序，标准化组织为系统接口定义了很多套官方标准。虽然存在很多这样的官方标准，但是 Linux 没有遵循任何一个标准。相反地，Linux 致力于和两大主流标准兼容：POSIX 和单一 UNIX 规范（Single UNIX Specification，SUS）。

除了其他内容，POSIX 和 SUS 为类 UNIX 操作系统定义了一套 C API。该 C API 为兼容的 UNIX 系统定义了系统编程接口，至少从中抽取出了通用的 API 集。

1.3.1 POSIX 和 SUS 的历史

在 20 世纪 80 年代中期，电气电子工程师协会（IEEE）开启了 UNIX 系统上的系统级接口的标准化工作。自由软件运动（Free Software Movement）的创始人 Richard Stallman 建议把该标准命名成 POSIX（发音[pahz-icks]），其全称是 Portable Operating System Interface（可移植操作系统接口）。

该工作的第一成果是在 1988 年获得通过的 IEEE std 1003.1-1988（简称 POSIX 1988）。1990 年，IEEE 对 POSIX 标准进行了修订，通过了 IEEE std 1003.1-1990（POSIX 1990）。后续的修订 IEEE Std 1003.1b-1993（POSIX 1993 或称 POSIX.1b）和 IEEE Std 1003.1c-1995（POSIX 1995 或称 POSIX.1c）分别描述了非强制性的实时和线程支持。2001 年，这些非强制性标准在 POSIX 1990 的基础上进行整合，形成单一标准 IEEE Std 1003.1-2001（POSIX 2001）。最新的标准 IEEE Std 1003.1-2008（POSIX 2008）在 2008 年 12 月发布。所有的核心 POSIX 标准都简称为 POSIX.1，其中 2008 年的版本为最新版。

从 20 世纪 80 年代后期到 20 世纪 90 年代初期，UNIX 系统厂商卷入了一场"UNIX 之战"中，每家厂商都处心积虑地想将自己的 UNIX 变体定义成真正的"UNIX"操作系统。几大主要的 UNIX 厂商聚集在了工业联盟 The Open Group 周围，The Open Group 是由开放软件基金会（Open Software Foundation，OSF）和 X/Open 合并组成。The Open Group 提供证书、白皮书和兼容测试。在 20 世纪 90 年代初，正值 UNIX 之战如火如荼，The Open Group 发布了单一 UNIX 规范（SUS）。SUS 广受欢迎，很大原因归于 SUS 是免费的，而 POSIX 标准成本很高。今天，SUS 合并了最新的 POSIX 标准。

第一个版本的 SUS 发布于 1994 年，然后在 1997 年和 2002 年分别发布了两个修订版 SUSv2 和 SUSv3。最新的 SUSv4 在 2008 年发布。SUSv4 修订结合了 IEEE Std 1003.1-2008 标准以及一些其他标准。本书将以 POSIX 标准介绍系统调用和其他接口，原因是 SUS 是对 POSIX 的扩展。

1.3.2 C 语言标准

Dennis Ritchie 和 Brian Kernighan 的经典著作《C 程序设计语言》（Prentice Hall）自 1978 年首次出版后，一直扮演着非正式的 C 语言规范的角色。这个版本的 C 语言俗称 K&R C。C 语言很快替代了 Basic 语言和其他语言，成为微型计算机编程的通用语言。因此，为了对当时已经非常流行的 C 语言进行标准化，美国国家标准协会（ANSI）成立了委员会制定 C 语言的官方版本。该版本集成了各个厂商的特性和改进，并借鉴了新兴的 C++语言的一些经验。这个标准化过程漫长而又艰辛，但是 ANSI C 在 1989 年最终顺利完成。1990 年，国际标准化组织（ISO）基于 ANSI C 做了一些有效修改，批准了 ISO C90。

1995 年，ISO 发布了新版的 C 语言标准 ISO C95，虽然该标准很少被执行。在 1999 年，对 C 语言做了很多修订，形成了 ISO C99 标准，它引入了很多新的特征，包括 inline 函数、新的数据类型、变长数组、C++风格的注释以及新的库函数。该标准的最新版本是 ISO C11，该版本最重要的功能是格式化的内存模型，支持跨平台的线程可移植性。

对于 C++，ISO 标准化进展却非常缓慢。经过几年的发展以及非向前兼容的编译器的发布，通过了第一代 C++标准 ISO C98。虽然该标准极大地提高了编译器之间的兼容性，但在某些方面限制了一致性和可移植性。2003 年通过了 ISO C++03 标准。它修复了编译器开发人员遇到的一些 bug，但是没有用户可见的变化。下一个是目前最新的 ISO 标准 C++11（之前的版本都是 C++0x，C++11 意味着该版本发布更令人期待），有更多的语言和标准的库附加组件及改进——由于修改非常多，很多人建议 C++11 作为一门不同的语言，和之前的 C++版本区别开。

1.3.3　Linux 和标准

正如前面所述，Linux 旨在达到兼容 POSIX 和 SUS。SUSv4 和 POSIX 2008 描述了 Linux 提供的接口，包括支持实时（POSIX.1b）和线程（POSIX.1c）。更重要的是，Linux 努力与 POSIX 与 SUS 需求兼容。一般来说，如果和标准不一致，就认为是个 bug。人们认为 Linux 与 POSIX.1 和 SUSv3 兼容，但是由于没有经过 POSIX 或 SUS 的官方认证（尤其是 Linux 的每次修订），所以无法官方宣布 Linux 兼容 POSIX 或 SUS。

关于语言标准，Linux 很幸运。gcc C 编译器兼容 ISO C99，而且正在努力支持 C11。g++ C++编译器兼容 ISO C++03，正在努力支持 C++11。此外，gcc 和 g++_实现了 C 语言和 C++语言的扩展。这些扩展统称为 GNU C，在附录 A 中有相关描述。

Linux 的前向兼容做得不是很好[1]，虽然近期这方面已经好多了。接口是通过标准说明的，如标准的 C 库，总是可以保持源码兼容。不同版本之间的二进制代码兼容是由 glibc 来保证的。由于 C 语言是标准化的，gcc 总是能够准确编译合法的 C 程序，尽管 gcc 相关的扩展可能会废弃掉甚至从新的 gcc 发布版本中删除。最重要的是，Linux 内核保证了系统调用的稳定性。一旦系统调用是在 Linux 内核的稳定版本上实现的，它就不会改变了。

在各种 Linux 发布版中，Linux 标准规范（Linux Standard Base，LSB）对大部分的 Linux 系统进行了标准化。LSB 是几大 Linux 厂商在 Linux 基金会（前身是自由标准组织）推动下的联合项目。LSB 扩展了 POSIX 和 SUS，添加了一些自己的标准；它尝试提供二进制标准，支持目标代码在兼容系统上无需修改即可运行。大多数 Linux 厂商都在一定程度上遵循了 LSB 标准。

1.3.4　本书和标准

本书有意避免对任何标准的介绍"夸夸其谈"。大多数情况下，UNIX 系统编程相关的书籍都不应该浪费篇幅探讨以下内容：如某个接口在不同标准下行为有何不同，特定的系统调用在各个系统上的实现情况，以及类似的口舌之战。本书仅涉及在现代 Linux 系统上的系统编程，它是通过最新版本的 Linux 内核（3.9）、gcc 编译器（4.8）和 C 库（2.17）来实现的。

因为系统接口通常是固定不变的（Linux 内核开发人员尽力避免破坏系统调用接

---

[1] 高级 Linux 用户可能还记得当时面临的一些困境，如从 a.out 切换到 ELF，libc5 切换到 glibc，gcc 发生的变化，C++模板 ABI 的破坏等。幸运的是，这些都一去不复返了。

口），并且支持一定程度的源码和二进制兼容性。因此，我们可以深入探索 Linux 系统接口的细节，不必关心与各种其他的 UNIX 系统和标准的兼容性问题。专注于探讨 Linux 也使得本书能够深入探讨 Linux 最前沿的，并且在未来很长时间依然举足轻重的接口。本书阐述了 Linux 的相关知识，一些组件如 gcc 和内核的实现和行为，从专业角度洞察 Linux 的最佳实践和优化技巧。

1.4 Linux 编程的概念

本节给出了 Linux 系统提供的服务的简要概述。所有的 UNIX 系统，包括 Linux，提供了共同的抽象和接口集合。实际上，UNIX 本身就是由这些共性定义的，比如对文件和进程的抽象、管道和 socket 的管理接口等等，都构成了 UNIX 系统的核心。

本概述假定你对 Linux 环境很熟悉：会使用 shell 的基础命令、能够编译简单的 C 程序。它不是关于 Linux 或其编程环境的，而是关于 Linux 系统编程的基础。

1.4.1 文件和文件系统

文件是 Linux 系统中最基础最重要的抽象。Linux 遵循一切皆文件的理念（虽然没有某些其他系统如 Plan 9 那么严格）[1]。因此，很多交互操作是通过读写文件来完成，即使所涉及的对象看起来并非普通文件。

文件必须先打开才能访问。文件打开方式有只读、只写和读写模式。文件打开后是通过唯一描述符来引用，该描述符是从打开文件关联的元数据到文件本身的映射。在 Linux 内核中，文件用一个整数表示（C 语言的 int 类型），称为文件描述符（file descriptor，简称 fd）。文件描述符在用户空间共享，用户程序通过文件描述符可以直接访问文件。Linux 系统编程的大部分工作都会涉及打开、操纵、关闭以及其他文件描述符操作。

普通文件

我们经常提及的"文件"即 Linux 中的普通文件（regular files）。普通文件包含以字节流（即线性数组）组织的数据。在 Linux 中，文件没有高级组织结构或格式。文件中包含的字节可以是任意值，可以以任意方式进行组织。在系统层，除了字节流，Linux 对文件结构没有特定要求。有些操作系统，如 VMS，提供高度结构化的文件，支持如 records（记录）这样的概念，而 Linux 没有这么处理。

---

[1] Plan 9 是诞生于贝尔实验室的操作系统，通常认为是新型的 Unix。它融合了一些创造性思想，严格遵循一切皆文件的理念。

在 Linux 中，可以从文件中的任意字节开始读写。对文件的操作是从某个字节开始，即文件"地址"。该地址称为文件位置（file location）或文件偏移（file offset）。文件位置是内核中与每个打开的文件关联的元数据中很重要的一项。第一次打开文件时，其偏移为 0。通常，随着按字节对文件的读写，文件偏移也随之增加。文件偏移还可以手工设置成给定值，该值甚至可以超出文件结尾。在文件结尾后面追加一个字节会使得中间字节都被填充为 0。虽然支持通过这种在文件末尾追加字节的操作，但是不允许在文件的起始位置之前写入字节。这种操作看起来就很荒谬，实际上也并无用处。文件位置的起始值为 0，不能是负数。在文件中间位置写入字节会覆盖该位置原来的数据。因此，在中间写入数据并不会导致原始数据向后偏移。绝大多数文件写操作都是发生在文件结尾。文件位置的最大值只取决于存储该值的 C 语言类型的大小，在现代 Linux 操作系统上，该值是 64 位。

文件的大小是通过字节来计算，称为文件长度。换句话说，文件长度即组成文件的线性数组的字节数。文件长度可以通过 truncation（截断）操作进行改变。比起原始文件大小，文件被截断后的大小可以更小，这相当于删除文件末尾字节。容易让人困惑的是，从 truncation 操作的名称而言，文件被截断后的大小可以大于原始文件大小。在这种情况下，新增的字节（附加到文件末尾）是以"0"来填充。文件可以为空（即长度为 0），不含任何可用字节。如同文件位置的最大值，文件长度的最大值只受限于 Linux 内核用于管理文件的 C 语言类型的大小。但是，不同的文件系统也可能规定自己的文件长度最大值，即为文件长度限制设置更小值。

同一个文件可以由多个进程或同一个进程多次打开。系统会为每个打开的文件实例提供唯一文件描述符。因此，进程可以共享文件描述符，支持多个进程使用同一个文件描述符。Linux 内核没有限制文件的并发访问。不同的进程可以同时读写同一个文件。对文件并发访问的结果取决于这些操作的顺序，通常是不可预测的。用户空间的程序往往需要自己协调，确保对文件的同步访问是合理的。

文件虽然是通过文件名访问，但文件本身其实并没有直接和文件名关联。相反地，与文件关联的是索引节点 inode（最初称为信息节点 ，是 information node 的缩写），inode 是文件系统为该文件分配的唯一整数值（但是在整个系统中不一定是唯一的）。该整数值称为 inode number，通常简称为 i-number 或 ino。索引节点中会保存和文件相关的元数据，如文件修改时间戳、所有者、类型、长度以及文件数据的位置——但不含文件名！索引节点就是 UNIX 文件在磁盘上的实际物理对象，也是在 Linux 内核中通过数据结构表示的概念实体。

目录和链接

通过索引节点编号访问文件很繁琐（而且潜在安全漏洞），因此文件通常是通过文件名（而不是索引节点号）从用户空间打开。目录用于提供访问文件需要的名称。目录是可读名称到索引编号之间的映射。名称和索引节点之间的配对称为链接（link）。映射在物理磁盘上的形式，如简单的表或散列，是通过特定文件系统的内核代码来实现和管理的。从概念上看，可以把目录看作普通文件，其区别在于它包含文件名称到索引节点的映射。内核直接通过该映射把文件名解析为索引节点。

如果用户空间的应用请求打开指定文件，内核会打开包含该文件名的目录，搜索该文件。内核根据文件名获取索引节点编号。通过索引节点编号可以找到该节点。索引节点包含和文件关联的元数据，其中包括文件数据在磁盘上的存储位置。

刚开始，磁盘上只有一个目录，称为根目录，以路径/表示。然而，系统上通常有很多目录，内核怎么知道到哪个目录查找指定文件呢？

如前所述，目录和普通文件相似。实际上，它们有关联的索引节点。因此，目录内的链接可以指向其他目录的索引节点。这表示目录可以嵌套到其他目录中，形成目录层。这样，就可以支持使用 UNIX 用户都熟悉的路径名来查找文件，如 /home/blackbeard/landscaping.txt。

当内核打开类似的路径名时，它会遍历路径中的每个目录项（directory entry，在内核中称为 dentry），查找下一个入口项的索引节点。在前面的例子中，内核起始项是/，先获取 home 的索引节点，然后获取 blackbeard 的索引节点，最后获取 concorde.png 的索引节点。该操作称为目录解析或路径解析。Linux 内核也采用缓存（称为 dentry cache）储存目录的解析结果，基于时间局部性原理，可以为后续访问更快地提供查询结果。

从根目录开始的路径称为完整路径，也叫绝对路径。有些路径不是绝对路径，而是相对路径（如 todo/plunder）。当提供相对路径时，内核会在当前工作目录下开始路径解析。内核在当前工作目录中查找 todo 目录。在这里，内核获取索引节点 plunder。相对路径和当前工作目录的组合得到绝对路径。

虽然目录是作为普通文件存储的，但内核不支持像普通文件那样打开和操作目录。相反地，目录必须通过特殊的系统调用来操作。这些系统调用只支持两类操作：添加链接和删除链接。如果支持用户空间绕过内核操作目录，有可能出现一个简单的错误就会造成文件系统崩溃的巨大悲剧。

硬链接

从概念上看，以上介绍的内容都无法避免多个名字解析到同一个索引节点上。而事实上，多个名字确实可以解析到同一个索引节点。当不同名称的多个链接映射到同一个索引节点时，我们称该链接为硬链接（hard links）。

在复杂的文件系统结构中，硬链接支持多个路径指向同一份数据。硬链接可以在同一个目录下，也可以在不同的目录中。不管哪一种情况，内核都可以把路径名解析到正确的索引节点。举个例子，某个指向特定数据块的索引节点，其硬链接可以是 /home/bluebeard/treasure.txt 和/home/blackbeard/to_steal.txt。

要从目录中删除文件，需要从目录结构中取消链接（unlink）该文件，这只需要从目录中删除该文件名和索引节点就可以。然而，由于 Linux 支持硬链接，文件系统不能对每个 unlink 操作执行删除索引节点及其关联数据的操作。否则，如果该索引节点在文件系统中还有其他的硬链接怎么办？为了确保在删除所有的链接之前不会删除文件，每个索引节点包含链接计数（link count），记录该索引节点在文件系统中的链接数。当 unlink 某个路径时，其链接计数会减 1；只有当链接计数为 0 时，索引节点及其关联的数据才会从文件系统中真正删除。

符号链接

硬链接不能跨越多个文件系统，因为索引节点编号在自己的文件系统之外没有任何意义。为了跨越文件系统建立链接，UNIX 系统实现了符号链接（symbolic links，简称 symlinks）。

符号链接类似于普通文件，每个符号链接有自己的索引节点和数据块，包含要链接的文件的绝对路径。这意味着符号链接可以指向任何地方，包括不同的文件系统上的文件和路径，甚至指向不存在的文件和目录。指向不存在的文件的符号链接称为坏链接（broken link）。

比起硬链接，符号链接会带来更多的开销，因为有效解析符号链接需要解析两个文件：一是符号链接本身，二是该链接所指向的文件。硬链接不会带来这些额外开销——因为访问在文件系统中被多次链接的文件和单次链接的文件没有区别。虽然符号链接的开销很小，但还是被认为是个负面因素。

符号链接没有硬链接那么"透明"。使用硬链接是完全透明的——所需要做的仅仅是确定文件是否被多次链接！但是，操作符号链接需要特定的系统调用。由于符号链接的结构很简单，它通常是作为文件访问的快捷方式，而不是作为文件系统内部链接，因此这种缺乏透明性通常被认为是个正面因素。

特殊文件

特殊文件（special file）是指以文件来表示的内核对象。这些年来，UNIX 系统支持了不少不同的特殊文件。Linux 只支持四种特殊文件：块设备文件、字符设备文件、命名管道以及 UNIX 域套接字。特殊文件是使得某些抽象可以适用于文件系统，贯彻一切皆文件的理念。Linux 提供了系统调用来创建特殊文件。

在 UNIX 系统中，访问设备是通过设备文件来实现，把设备当作文件系统中的普通文件。设备文件支持打开、读和写操作，允许用户空间程序访问和控制系统上的（物理和虚拟）设备。UNIX 设备通常可以划分成两组：字符设备（character devices）和块设备（block device）。每种设备都有自己的特殊文件。

字符设备是作为线性字节队列来访问。设备驱动程序把字节按顺序写入队列，用户空间程序按照写入队列的顺序读取数据。键盘就是典型的字符设备。举个例子，当用户输入"peg"，应用程序将顺序从键盘设备中读取 p、e 和 g。如果没有更多的字符读取时，设备会返回 end-of-file（EOF）。漏读数据或以其他顺序读取都是不可能的。字符设备通过字符设备文件（character device file）进行访问。

和字符设备不同，块设备是作为字节数组来访问。设备驱动把字节映射到可寻址的设备上，用户空间可以按任意顺序随意访问数组中的任何字节——可能读取字节12，然后读取字节 7，然后又读取字节 12。块设备通常是存储设备。硬盘、软盘、CD-ROM 驱动和闪存都是典型的块设备。这些块设备通过块设备文件（block device file）来访问。

命名管道（named pipes），通常称为 FIFO（是"先进先出 first in, first out"的简称），是以文件描述符作为通信信道的进程间通信（IPC）机制，它可以通过特殊文件来访问。普通管道是将一个程序的输出以"管道"形式作为另一个程序的输入，普通管道是通过系统调用在内存中创建的，并不存在于任何文件系统中。命名管道和普通管道一样，但是它是通过 FIFO 特殊文件来访问的。不相关的进程可以访问该文件并进行交互。

套接字（socket）是最后一种特殊文件。socket 是进程间通信的高级形式，支持不同进程间的通信，这两个进程可以在同一台机器，也可以在不同机器。实际上，socket 是网络和互联网编程的基础。socket 演化出很多不同的变体，包括 UNIX 域套接字，它是本地机器进行交互的 socket 格式。虽然 socket 在互联网上的通信会使用主机名和端口号来标识通信目标，UNIX 域套接字使用文件系统上的特殊文件进行交互，该文件称为 socket 文件。

文件系统和命名空间

如同所有的 UNIX 系统，Linux 提供了全局统一的文件和目录命名空间。有些操作系统会把不同的磁盘和驱动划分成独立的命名空间——比如，通过路径 A:\plank.jpg 可以访问软盘上的文件，虽然硬盘驱动安装在 C:\目录下。在 UNIX，该软盘上的文件可以在其他介质上，通过路径/media/floppy/plank.jpg 访问，甚至可以通过 /home/captain/stuff/plank.jpg 访问。也就是说，在 UNIX 系统中，命名空间是统一的。

文件系统是以合理有效的层次结构组织的文件和目录的集合。在文件和目录的全局命名空间中，可以分别添加和删除文件系统，这些操作称为挂载（mounting）和卸载（unmounting）。每个文件系统都需要挂载到命名空间的特定位置，该位置即挂载点（mount point）。在挂载点可以访问文件系统的根目录。举个例子，把 CD 挂载到/media/cdrom，CD 上文件系统的根目录就可以通过/media/cdrom 访问。第一个被挂载的文件系统是在命名空间的根目录/下，称为根文件系统（root filesystem）。Linux 系统必定有个根文件系统，而其他文件系统的挂载点则是可选的。

通常而言，文件系统都是存在物理介质上（即保存在磁盘上），不过 Linux 还支持只保存在内存上的虚拟文件系统，以及存在于网络中的其他机器上的网络文件系统。物理文件系统保存在块存储设备中，如 CD、软盘、闪存或硬盘中。在这些设备中，有些是可以分区的，表示可以切分成可独立操作的多个文件系统。Linux 支持的文件系统类型很宽泛，囊括所有一般用户有可能遇到的——包括媒体文件系统（如 ISO9660）、网络文件系统（NFS）、本地文件系统（ext4）、其他 UNIX 系统的文件系统（XFS）以及非 UNIX 系统的文件系统（FAT）。

块设备的最小寻址单元称为扇区（sector）。扇区是设备的物理属性。扇区大小一般是 2 的指数倍，通常是 512 字节。块设备无法访问比扇区更小的数据单元，所有的 I/O 操作都发生在一个或多个扇区上。

文件系统中的最小逻辑寻址单元是块（block）。块是文件系统的抽象，而不是物理介质的抽象。块大小一般是 2 的指数倍乘以扇区大小。在 Linux，块通常比扇区大，但是必须小于页（page），页是内存的最小寻址单元（内存管理单元是个硬件）[1]。常见的块大小是 512B、1KB 和 4KB。

从历史角度看，UNIX 系统只有一个共享的命名空间，对系统上所有的用户和进程都可见。Linux 独辟蹊径，支持进程间独立的命名空间，允许每个进程都可以持有系统文件和目录层次的唯一视图[2]。默认情况下，每个进程都继承父进程的命名空

---

[1] 这是为了简单而人工设置的内核选项，以后可能会废除。
[2] 这种方式最早是由贝尔实验室的 Plan 9 推出的。

间，但是进程也可以选择创建自己的命名空间，包含通过自己的挂载点集和独立的根目录。

1.4.2　进程

如果说文件是 UNIX 系统最重要的抽象概念，进程则仅次于文件。进程是执行时的目标代码：活动的、正在运行的程序。但是进程不仅包含目标代码，它还包含数据、资源、状态和虚拟计算机。

进程的生命周期是从可执行目标代码开始，这些机器可运行的代码是以内核能够理解的形式存在，在 Linux 下，最常见的格式称为"可执行和可链接的格式（Executable and Linkable Format，ELF）"。可执行性格式包含元数据、多个代码段和数据段。代码段是线性目标代码块，可以加载到线性内存块中。数据段中的所有数据都一视同仁，有相同的权限，通常也用于相同的目的。

最重要和通用的段是文本段、数据段和 bss 段。文本段包含可执行代码和只读数据如常量，通常标记为只读和可执行。数据段包含初始化的数据，如包含给定值的 C 变量，通常标记为可读写。bss 段包含未初始化的全局数据。因为 C 标准规定了 C 变量的默认值全部为 0，因此没有必要在磁盘上把 0 保存到目标代码中。相反地，根据目标代码可以很容易地列举出 bss 段中未初始化的变量，内核在加载到内存时可以映射 bss 段中的全 0 页面（页面中全部都是 0），bss 段的设计完全是出于性能优化。bss 这个取名存在历史遗留原因，是 block started by symbol 的简称。ELF 可执行性程序的其他通用段都是绝对地址段（包含不可再定位的符号）和未定义地址段（包罗万象）。

进程还和系统资源关联，系统资源是由内核决定和管理的。一般来说，进程只通过系统调用请求和管理资源。资源包括计时器、挂起的信号量、打开的文件、网络连接、硬件和 IPC 机制。进程资源以及该进程相关的数据和统计保存在内核中该进程的进程描述符中。

进程是一种虚拟抽象。进程内核同时支持抢占式多任务和虚拟内存，为每个进程提供虚拟处理器和虚拟内存视图。从进程角度看，系统看起来好像完全由进程控制。也就是说，虽然某个进程可以和其他进程一起调度，该进程在运行时看起来似乎独立控制整个系统。系统内核会无缝、透明地抢占和重新调度进程，所有进程共享系统处理器，而进程感不到其中的区别。同样，每个进程都获得独立的线性地址空间，好像它独立控制整个系统内存。通过虚拟内存和分页，内核支持多个进程共享系统，每个进程的操作都运行在独立的地址空间中。内核通过现代处理器的硬件支持来管理这种虚拟化方式，支持操作系统并发管理多个独立的进程的状态。

线程

每个进程包含一个或多个执行线程（通常简称线程 threads）。线程是进程内的活动单元，换句话说，线程是负责执行代码和管理进程运行状态的抽象。

绝大多数进程只包含一个线程，这些进程被称为单线程；包含多个线程的进程称为多线程。从传统上讲，由于 UNIX 系统一直很简洁，进程创建很快并拥有健壮的 IPC 机制，这些都减少了对线程的需求。因此，UNIX 进程绝大部分是单线程的。

线程包括栈（正如非线程系统的进程栈一样，用于存储局部变量）、处理器状态、目标代码的当前位置（通常是保存在处理器的指令指针中）。进程的其他部分由所有线程共享，最主要是进程地址空间。在这种情况下，线程在维护虚拟进程抽象时，也共享虚拟内存抽象。

在 Linux 系统内部，Linux 内核实现了独特的线程模型：它们其实是共享某些资源的普通进程。在用户空间，Linux 依据 POSIX 1003.1c 实现线程模型（称为 Pthreads）。目前 Linux 线程实现称为 POSIX Threading Library（NPTL），它是 glibc 的一部分。我们将在第 7 章对线程进行更多的讨论。

进程层次结构

每个进程都由唯一的正整数标识，称为进程 ID（pid）。第一个进程的 pid 是 1，后续的每个进程都有一个新的、唯一的 pid。

在 Linux 中，进程有严格的层次结构，即进程树。进程树的根是第一个进程，称为 init 进程，通常是 init 程序。新的进程是通过系统调用 fork() 创建的。fork() 会创建调用进程的副本。原进程称为父进程，fork() 创建的新进程称为子进程。除了第一个进程外，每个进程都有父进程。如果父进程先于子进程终止，内核会将 init 进程指定为它的父进程。

当进程终止时，并不会立即从系统中删除。相反地，内核将在内存中保存该进程的部分内容，允许父进程查询其状态，这被称为等待终止进程。一旦父进程确定某个子进程已经终止，该子进程就会完全被删除。如果一个进程已经终止，但是父进程不知道其状态，该进程称为僵尸进程（zombie）。init 进程会等待所有的子进程结束，确保子进程永远不会处于僵死状态。

1.4.3　用户和组

Linux 中通过用户和组进行权限认证，每个用户和一个唯一的正整数关联，该整数称为用户 ID（uid）。相应地，每个进程和一个 uid 关联，用来识别运行这个进程的用户，称为进程的真实 uid（real uid）。在 Linux 内核中，uid 是用户的唯一标识。但是，用户一般通过用户名而不是 id 来表示。用户名及其对应的 uid 保存在 /etc/passwd 中，而系统库会把用户名映射到对应的 uid 上。

在登录过程中，用户向 login 程序提供用户名和密码。如果提供的用户名和密码都正确，login 程序会根据/etc/passwd 为用户生成 login shell，并把用户 id 作为该 shell 进程的 uid。子进程继承父进程的 uid。

超级用户 root 的 uid 是 0。root 用户有特殊的权限，几乎可以执行所有的操作。举个例子，只有 root 用户可以修改进程的 uid。因此，login 进程是以 root 身份运行的。

除了真实 uid 以外，每个进程还包含有效的 uid（effective uid），保留 uid（saved uid）和文件系统 uid（filesystem uid）。真实 uid 总是启动进程的用户 uid，有效的 uid 在不同情况下会发生变化，从而支持进程切换成其他用户权限来执行。保留 uid 保存原来的有效 uid，其值决定了用户将切换成哪个有效 uid。文件系统 uid 通常和有效 uid 等效，用于检测文件系统的访问权限。

每个用户属于一个或多个组，包括在/etc/passwd 中给出的基础组（primary group）或登录组（login group），也可能是/etc/group 中给出的很多其他附加组（supplemental group）。因此，每个进程和相应的组 ID（gid）关联，也包括真实 gid、有效 gid、保留 gid、文件系统 gid。进程通常是和用户的登录组关联，而不是和附加组关联。

一些安全机制只允许进程在满足特定标准时才执行某些操作。对于这一点，UNIX 的安全机制非常简单：uid 为 0 的进程可以访问，而其他进程不能访问。最近，Linux 采用更通用的安全系统来取代 UNIX 这种安全机制。通过安全系统，不是做简单的二元判断，而是允许内核执行更细粒度的访问控制。

1.4.4　权限

Linux 的标准文件权限和安全机制与 UNIX 的一致。

每个文件都有文件所有者、所属组以及三个权限位集合。每个权限位描述了所有者、所属组以及其他人对文件的读、写和执行的权限。这三类每个对应 3 个位，共 9 位。文件所有者和权限信息保存在文件的索引节点中。

对于普通文件，权限非常清晰：三位分别表示读、写和执行权限。特殊文件的读写权限和普通文件的一样，虽然特殊文件的读写内容由特殊文件自己确定。特殊文件忽略执行权限。对于目录，读权限表示允许列出目录的内容，写权限表示允许在目录中添加新的链接，执行权限表示允许在路径中输入和使用该目录。表 1-1 列出了

9 个权限位、其八进制值（常见的表示 9 位的方式）、文本值（如 ls 显示结果），以及对应的含义。

权限位及其值

位	八进制值	文 本 值	对应的权限
8	400	r--------	所有者可读
7	200	-w-------	所有者可写
6	100	--x------	所有者可执行
5	040	---r-----	组用户可读
4	020	----w----	组用户可写
3	010	-----x---	组用户可执行
2	004	------r--	所有用户可读
1	002	-------w-	所有用户可写
0	001	--------x	所有用户可执行

除了 UNIX 权限外，Linux 还支持访问控制表（ACL）。ACL 支持更详细更精确的权限和安全控制方式，其代价是复杂度变大以及更大的磁盘存储开销。

1.4.5 信号

信号是一种单向异步通知机制。信号可能是从内核发送到进程，也可能是从进程到进程，或者进程发送给自己。信号一般用于通知进程发生了某些事件，如段错误或用户按下 Ctrl-C。

Linux 内核实现了约 30 种信号（准确数值和每个体系结构有关）。每个信号是由一个数值常量和文本名表示。举个例子，SIGHUP 用于表示终端挂起，在 x86-64 体系结构上值为 1。

信号会"干扰"正在执行的进程，不管当前进程正在做什么，都会立即执行预定义的操作。除了 SIGKILL（进程中断）和 SIGSTOP（进程停止），当进程接收到信号时，可以控制正在执行的操作。进程可以接受默认的信号处理操作，可能是中断进程、中断并 coredump 进程、停止进程或者什么都不做，具体的操作取决于信号值。此外，进程还可以选择显式忽略或处理信号。忽略的信号会被丢弃，不做处理。处理信号会执行用户提供的信号处理函数，程序接收到信号时会立即跳到处理函数执行。当信号处理函数返回时，程序控制逻辑将返回之前终端的指令处继续执行。由于信号的异步性，信号处理函数需要注意不要破坏之前的代码，只执行异步安全（async-safe，也称为信号安全）的函数。

1.4.6　进程间通信

允许进程交换信息并通知彼此所发生的事件是操作系统最重要的工作之一。Linux 内核实现了绝大多数 UNIX 进程间通信（IPC）机制——包括 System V 和 POSIX 共同定义和标准化的机制——实现自定义的机制。

Linux 支持的进程间通信机制包括管道、命名管道、信号量、消息队列、共享内存和快速用户空间互斥（futex）。

1.4.7　头文件

Linux 系统编程离不开大量的头文件。内核本身和 glibc 都提供了用于系统编程的头文件。这些头文件包括标准 C 库（如<string.h>）以及一些 UNIX 的贡献（如<unistd.h>）。

1.4.8　错误处理

毋庸置疑，检测错误和处理错误都是极其重要的。在系统编程中，错误是通过函数的返回值和特殊变量 errno 描述。glibc 为库函数和系统调用提供透明 errno 支持。本书中给出的绝大多数接口都使用这种机制来报告错误。

函数通过特殊返回值（通常是-1，具体值取决于函数）通知调用函数发生了错误。错误值告诉调用函数发生了错误，但是并没有给出错误发生的原因。变量 errno 用于定位错误的原因。

变量 errno 在<errno.h>中定义如下：

```
extern int errno;
```

errno 的值只有当 errno 设置函数显示错误后（通常返回-1）才生效，而在程序的后续执行过程中都可以修改其值。

可以直接读写 errno 变量，它是可修改的左值。errno 的值和特定错误的文本描述一一对应。预处理器#define 也和数值 errno 值一一对应。举个例子，预处理器定义 EACCES 等于 1，表示"权限不足"。表 1-2 给出了标准定义和相应的错误描述列表。

表 1-2　　　　　　　　　　　　　　错误代码及其描述

处理器预定义	描　　述
E2BIG	参数列表太长
EACCES	权限不足

处理器预定义	描　　述
EAGAIN	重试
EBADF	文件号错误
EBUSY	设备或资源忙
ECHILD	无子进程
EDOM	数学参数不在函数域内
EEXIST	文件已存在
EFAULT	地址错误
EFBIG	文件太大
EINTR	系统调用被中断
EINVAL	参数无效
EIO	I/O 错误
EISDIR	是目录
EMFILE	打开文件太多
EMLINK	太多链接
ENFILE	文件表溢出
ENODEV	无此设备
ENOENT	无此文件或目录
ENOEXEC	执行格式错误
ENOMEM	内存用尽
ENOSPC	设备无剩余空间
ENOTDIR	非目录
ENOTTY	不合理 I/O 控制操作
ENXIO	无此设备或地址
EPERM	操作不允许
EPIPE	管道损坏
ERANGE	结果范围太大
EROFS	只读文件系统
ESPIPE	非法定位
ESRCH	无此进程
ETXTBSY	文本文件忙
EXDEV	跨文件系统链接

C 库提供了很多函数，可以把 errno 值转换成对应的文本。只有错误报告以及类似

的操作时才需要。检测错误和处理错误可以直接通过预处理器定义和 errno 进行处理。

第一个这样的函数是 perror():

```
#include <stdio.h>

void perror (const char *str);
```

该函数向 stderr(标准错误输出)打印以 str 指向的字符串为前缀,紧跟着一个冒号,然后是由 errno 表示的当前错误的字符串。为了使输出的错误信息有用,执行失败的函数名称应该包含在字符串中。例如:

```
if (close (fd) == -1)
        perror ("close");
```

C 库还提供了 strerror() 和 strerror_r() 函数,原型如下:

```
#include <string.h>

char * strerror (int errnum);
```

和

```
#include <string.h>

int strerror_r (int errnum, char *buf, size_t len);
```

前一个函数返回由 errnum 描述的错误的字符串指针。字符串可能不会被应用程序修改,但是会被后续的 perror() 和 strerror() 函数调用修改。因此,strerror 函数不是线程安全的。

相反,strerror_r() 函数是线程安全的。它向 buf 指向的长度为 len 的缓冲区中写入数据。strerror_r() 函数在成功时返回 1,失败时返回-1。有意思的是,这个函数在错误时也设置 errno。

对于某些函数,在返回类型范围内返回的值都是合法的。在这些情况下,在调用前,errno 必须设置成 0,且调用后还会检查(这些函数保证在真正错误时返回非 0 的 errno 值)。例如:

```
errno = 0;
arg = strtoul (buf, NULL, 0);
if (errno)
        perror ("strtoul");
```

检查 errno 时常犯的一个错误是忘记任何库函数或系统调用都可能修改它。举个例子,以下代码是有 bug 的:

```
if (fsync (fd) == -1) {
        fprintf (stderr, "fsync failed!\n");
        if (errno == EIO)
                fprintf (stderr, "I/O error on %d!\n", fd);
}
```

在跨函数调用时，如果需要保留 errno 值，就需要保存该值：

```
if (fsync (fd) == -1) {
        const int err = errno;
        fprintf (stderr, "fsync failed: %s\n", strerror (errno));
        if (err == EIO) {
                /* if the error is I/O-related, jump ship */
                fprintf (stderr, "I/O error on %d!\n", fd);
                exit (EXIT_FAILURE);
        }
}
```

如本节前面所介绍的，在单线程程序中，errno 是个全局变量。然而，在多线程程序中，每个线程都有自己的 errno，因此它是线程安全的。

开始系统编程

这一章着眼于 Linux 系统编程的基础概念并从程序员视角探索 Linux 系统。下一章将讨论基本的文件 I/O，这当然包括读写文件，但是由于 Linux 把很多接口以文件形式实现，因此文件 I/O 的至关重要性不仅仅是对于文件而言，对于 Linux 系统的很多其他方面亦是如此。

了解了这些基础知识后，可以开始深入探索真正的系统编程了。我们一起动手吧。

第 2 章
文件 I/O

本章以及后续的 3 个章节将介绍文件相关的内容。UNIX 系统主要是通过文件表示的，因此这些章节的探讨会涉及 UNIX 系统的核心。本章介绍了文件 I/O 的基本要素，详细阐述了最简单也是最常见的文件交互方式——系统调用。第 3 章基于标准 C 库描述标准 I/O，第 4 章继续探讨更高级和专业的文件 I/O 接口。第 8 章以文件和目录操作为主题结束了文件相关的探讨。

在对文件进行读写操作之前，首先需要打开文件。内核会为每个进程维护一个打开文件的列表，该列表称为文件表（file table）。文件表是由一些非负整数进行索引，这些非负整数称为文件描述符（file descriptors，简称 fds）。列表的每一项是一个打开文件的信息，包括指向该文件索引节点（inode）内存拷贝的指针以及关联的元数据，如文件位置指针和访问模式。用户空间和内核空间都使用文件描述符作为唯一 cookies：打开文件会返回文件描述符，而后续操作（读写等）都把文件描述符作为基本参数。

文件描述符使用 C 语言的 int 类型表示。没有使用特殊类型来表示文件描述符显得有些怪异，但实际上，这种表示方式正是继承了 UNIX 传统。每个 Linux 进程可打开的文件数是有上限的。文件描述符的范围从 0 开始，到上限值减 1。默认情况下，上限值为 1 024，但是可以对它进行配置，最大为 1 048 576。因为负数不是合法的文件描述符，所以当函数出错不能返回有效的文件描述符时，通常会返回-1。

按照惯例，每个进程都至少包含三个文件描述符：0、1 和 2，除非显式关闭这些描述符。文件描述符 0 表示标准输入（sdtin），1 表示标准输出（stdout），2 表示标准错误（stderr）。Linux C 标准库没有直接引用这些整数，而是提供了三个宏，分别是：STDIN_FILENO, STDOUT_FILENO 和 STDERR_FILENO。一般而言，stdin

是连接到终端的输入设备（通常是用户键盘），而 stdout 和 stderr 是终端的屏幕。用户可以重定向这些文件描述符，甚至可以通过管道把一个程序的输出作为另一个程序的输入。shell 正是通过这种方式实现重定向和管道的。

值得注意的是，文件描述符并非局限于访问普通文件。实际上，文件描述符也可以访问设备文件、管道、快速用户空间互斥（futexes）[1]、先进先出缓冲区（FIFOs）和套接字（socket）。遵循一切皆文件的理念，几乎任何能够读写的东西都可以通过文件描述符来访问。

默认情况下，子进程会维护一份父进程的文件表副本。在该副本中，打开文件列表及其访问模式、当前文件位置以及其他元数据，都和父进程维护的文件表相同，但是存在一点区别：即当子进程关闭一个文件时，不会影响到父进程的文件表。虽然一般情况下子进程会自己持有一份文件表，但是子进程和父进程也可以共享文件表（类似于线程间共享），在第 5 章将对此进行更详细的介绍。

2.1　打开文件

最基本的文件访问方法是系统调用 read()和 write()。但是，在访问文件之前，必须先通过 open()或 creat()打开该文件。一旦完成文件读写，还应该调用系统调用 close()关闭该文件。

2.1.1　系统调用 open()

通过系统调用 open()，可以打开文件并获取其文件描述符：

```
#include <sys/types.h>
#include <sys/stat.h>
#include <fcntl.h>

int open (const char *name, int flags);
int open (const char *name, int flags, mode_t mode);
```

如果系统调用 open()执行成功，会返回文件描述符，指向路径名 name 所指定的文件。文件位置即文件的起始位置（0），文件打开方式是根据参数 flags 值来确定的。

open()的 flags 参数

flags 参数是由一个或多个标志位的按位或组合。它支持三种访问模式：O_RDONLY、O_WRONLY 或 O_RDWR，这三种模式分别表示以只读、只写或读

---

[1] 译注：快速用户空间互斥（fast userspace mutex，futex）是在 linux 上实现锁的基本对象。Futex 的操作几乎全部在用户空间完成，可以避免锁竞争，执行效率非常高。参考 http://en.wikipedia.org/wiki/Futex。

写模式打开文件。

举个例子，以下代码以只读模式打开文件/home/kidd/madagascar：

```
int fd;

fd = open ("/home/kidd/madagascar", O_RDONLY);
if (fd == -1)
        /* error */
```

不能对以只读模式打开的文件执行写操作，反之亦然。进程必须有足够的权限才能调用系统调用来打开文件。举个例子，假设用户对某个文件只有只读权限，该用户的进程只能以 O_RDONLY 模式打开文件，而不能以 O_WRONLY 或 O_RDWR 模式打开。

flags 参数还可以和下面列出的这些值进行按位或运算，修改打开文件的行为：

O_APPEND

文件将以追加模式打开。也就是说，在每次写操作之前，将会更新文件位置指针，指向文件末尾。即使有另一个进程也在向该文件写数据，以追加模式打开的进程在最后一次写操作时，还是会更新文件位置指针，指向文件末尾（参见 2.3.2 小节）。

O_ASYNC

当指定的文件可读或可写时，会生成一个信号（默认是 SIGIO）。O_ASYNC 标志位只适用于 FIFO、管道、socket 和终端，不适用于普通文件。

O_CLOEXEC

在打开的文件上设置"执行时关闭"标志位。在执行新的进程时，文件会自动关闭。设置 O_CLOEXEC 标志位可以省去调用 fcntl() 来设置标志位，且避免出现竞争。Linux 内核 2.6.23 以上的版本才提供该标志位。

O_CREAT

当参数 name 指定的文件不存在时，内核自动创建。如果文件已存在，除非指定了标志位 O_EXCL，否则该标志位无效。

O_DIRECT

打开文件用于直接 I/O（参见 2.5 节）。

O_DIRECTORY

如果参数 name 不是目录，open()调用会失败。该标志位被置位时，内部会调用 opendir()。

O_EXCL

当和标志位 O_CREAT 一起使用时，如果参数 name 指定的文件已经存在，会导致 open()调用失败。用于防止创建文件时出现竞争。如何没有和标志位 O_CREAT 一起使用，该标志位就没有任何含义。

O_LARGEFILE

文件偏移使用 64 位整数表示，可以支持大于 2GB 的文件。64 位操作系统中打开文件时，默认使用该参数。

O_NOATIME+

在读文件时，不会更新该文件的最后访问时间。该标志位适用于备份、索引以及类似的读取系统上所有文件的程序，它可以避免为了更新每个文件的索引节点而导致的大量写操作。Linux 内核 2.6.8 以上的版本才提供该标志位。

O_NOCTTY

如果给定的参数 name 指向终端设备（比如*/dev/tty*），它不会成为这个进程的控制终端，即使该进程当前没有控制终端。该标志位很少使用。

O_NOFOLLOW

如果参数 name 指向一个符号链接，open()调用会失败。正常情况下，指定该标志位会解析链接并打开目标文件。如果给定路径的子目录也是链接，open()调用还是会成功。举个例子，假设 name 值为*/etc/ship/plank.txt*，如果 *plank.txt* 是个符号链接，open()会失败；然而，如果 *etc* 或 *ship* 是符号链接，只要 *plank.txt* 不是符号链接，调用就会成功。

O_NONBLOCK

文件以非阻塞模式打开。不管是 open()调用还是其他操作，都不会导致进程在 I/O 中阻塞（sleep）。这种情况只适用于 FIFO。

O_SYNC

打开文件用于同步 I/O。在数据从物理上写到磁盘之前，写操作都不会完成；普通

的读操作已经是同步的，因此该标志位对读操作无效。POSIX 还另外定义了两个标志位 O_DSYNC 和 O_RSYNC，在 Linux 系统中，这些标志位和 O_SYNC 含义相同（参见 2.4.3 节）。

O_TRUNC

如果文件存在，且是普通文件，并且有写权限，该标志位会把文件长度截断为 0。对于 FIFO 或终端设备，该标志位无效，对于其他文件类型，其行为是未定义。因为对文件执行截断操作，需要有写权限，所以如果文件是只读，指定标志位 O_TRUNC，行为也是未定义的。

举个例子，以下代码会打开文件*/home/teach/pearl*，用于写操作。如果文件已经存在，该文件长度会被截断为 0；由于没有指定标志位 O_CREAT，如果文件不存在，该 open 调用会失败：

```
int fd;

fd = open ("/home/teach/pearl", O_WRONLY | O_TRUNC);
if (fd == -1)
        /* error */
```

2.1.2 新建文件的所有者

确定新建文件的所有者很简单：文件所有者的 uid 即创建该文件的进程的有效 uid。

确定新建文件的用户组则相对复杂些。默认情况下，使用创建进程的有效 gid。System V 是通过这种方式确定，Linux 的很多行为都是以 System V 为模型，因此标准 Linux 也采用这种处理方式。

但是问题在于，BSD 定义了自己的行为方式：新建文件的用户组会被设置成其父目录的 gid。在 Linux 上可以通过挂载选项[1]实现这一点——在 Linux 上，如果文件的父目录设置了组 ID（setgid）位，默认也是这种行为。虽然大多数 Linux 系统会采用 System V 行为（新建的文件使用创建进程的 gid），但 BSD 行为（新建文件接收父目录的 gid）也有存在的可能，这意味着对于那些对新建文件的所属组非常关注的代码，需要通过系统调用 fchown()手动设置所属组（参见第 8 章）。

幸运的是，大部分时候不需要关心文件的所属组。

2.1.3 新建文件的权限

前面给出的两种 open()系统调用方式都是合法的。除非创建了新文件，否则会忽略

---

[1] 对应的挂载选项是 bsdgroups 或 sysvgroups。

参数 mode；如果给定 O_CREAT 参数，则需要该参数。在使用 O_CREAT 参数时如果没有提供参数 mode，结果是未定义的，而且通常会很糟糕——所以千万不要忘记！

当创建文件时，参数 mode 提供了新建文件的权限。对于新建的文件，打开文件时不会检查权限，因此可以执行与权限相反的操作，比如以只读模式打开文件，却在打开后执行写操作。

参数 mode 是常见的 UNIX 权限位集合，比如八进制数 0644（文件所有者可以读写，其他人只能读）。从技术层面看，POSIX 是根据具体实现确定值，支持不同的 UNIX 系统设置自己想要的权限位。但是，每个 UNIX 系统对权限位的实现都采用了相同的方式。因此，虽然技术上不可移植，但在任何系统上指定 0644 或 0700 效果都是一样的。

为了弥补 mode 中比特位的不可移植性，POSIX 引入了一组可以按位操作的常数，按位结果提供给参数 mode：

S_IRWXU

文件所有者有读、写和执行的权限。

S_IRUSR

文件所有者有读权限。

S_IWUSR

文件所有者有写权限。

S_IXUSR

文件所有者有执行权限。

S_IRWXG

组用户有读、写和执行权限。

S_IRGRP

组用户有读权限。

S_IWGRP

组用户有写权限。

S_IXGRP

组用户有执行权限。

S_IRWXO

任何人都有读、写和执行的权限。

S_IROTH

任何人都有读权限。

S_IWOTH

任何人都有写权限。

S_IXOTH

任何人都有执行权限。

实际上，最终写入磁盘的权限位是由 mode 参数和用户的文件创建掩码（umask）执行按位与操作而得到。umask 是进程级属性，通常是由 login shell 设置，通过调用 umask()来修改，支持用户修改新创建的文件和目录的权限。在系统调用 open() 中，umask 位要和参数 mode 取反。因此，umask 022 和 mode 参数 0666 取反后，结果是 0644。对于系统程序员，在设置权限时通常不需要考虑 umask——umask 是为了支持用户限制程序对于新建文件的权限设置。

举个例子，以下代码会对文件 file 执行写操作。如果文件不存在，假定 umask 值为 022，文件在创建时指定权限为 0644（虽然参数 mode 值为 0664）。如果文件已存在，其长度会被截断为 0：

```
int fd;

fd = open (file, O_WRONLY | O_CREAT | O_TRUNC,
            S_IWUSR | S_IRUSR | S_IWGRP | S_IRGRP | S_IROTH);
if (fd == -1)
        /* error */
```

为了代码可读性（以可移植性为代价，至少理论上如此），这段代码可以改写成如下，其效果完全相同：

```
int fd;

fd = open (file, O_WRONLY | O_CREAT | O_TRUNC, 0664);
if (fd == -1)
        /* error */
```

2.1.4　creat()函数

O_WRONLY | O_CREAT | O_TRUNC 的组合经常被使用，因而专门有个系统调用提供这个功能：

```
#include <sys/types.h>
#include <sys/stat.h>
#include <fcntl.h>

int creat (const char *name, mode_t mode);
```

 诚如你所看到的，函数名 creat 的确少了个 e。UNIX 之父 Ken Thompson 曾开玩笑说他在 UNIX 设计中感到最遗憾的就是漏掉了这个字母。

典型的 creat()调用如下：

```
int fd;

fd = creat (filename, 0644);
if (fd == -1)
        /* error */
```

这段代码等效于：

```
int fd;

fd = open (filename, O_WRONLY | O_CREAT | O_TRUNC, 0644);
if (fd == -1)
        /* error */
```

在绝大多数 Linux 架构[1]中，creat()是个系统调用，虽然在用户空间也很容易实现：

```
int creat (const char *name, int mode)
{
        return open (name, O_WRONLY | O_CREAT | O_TRUNC, mode);
}
```

这是一个历史遗留问题，因为之前 open()函数只有两个参数，所以也设计了 creat()函数。当前，为了向后兼容，仍然保留 creat()这个系统调用。在新的体系结构中，creat()可以实现成调用 open()的库函数调用，如上所示。

2.1.5　返回值和错误码

系统调用 open()和 creat()在成功时都会返回文件描述符。出错时，返回-1，并把 errno

---

[1] 前面提过，系统架构是基于体系结构定义的。因此，虽然 x86-64 有系统调用 creat()，Alpha 没有。当然，可以在任何体系结构上调用 creat()，但是在某些体系结构上，creat()可能是个库函数，而不是系统调用。

设置成相应的错误值（第 1 章讨论了 errno 并列出了可能的错误值）。处理文件打开的错误并不复杂，一般来说，在打开文件之前没有什么操作，因此不太需要执行撤销。典型的处理方式是提示用户换个文件名或直接终止程序。

2.2　通过 read()读文件

前面讨论了如何打开文件，现在一起来看如何读文件。在接下来的一节中，我们将讨论写操作。

最基础、最常见的读取文件机制是调用 read()，该系统调用在 POSIX.1 中定义如下：

```
#include <unistd.h>

ssize_t read (int fd, void *buf, size_t len);
```

每次调用 read()函数，会从 fd 指向的文件的当前偏移开始读取 len 字节到 buf 所指向的内存中。执行成功时，返回写入 buf 中的字节数；出错时，返回-1，并设置 errno 值。fd 的文件位置指针会向前移动，移动的长度由读取到的字节数决定。如果 fd 所指向的对象不支持 seek 操作（比如字符设备文件），则读操作总是从"当前"位置开始。

基本用法很简单。下面这个例子就是从文件描述符 fd 所指向的文件中读取数据并保存到 word 中。读取的字节数即 unsigned long 类型的大小，在 Linux 的 32 位系统上是 4 字节，在 64 位系统上是 8 字节。成功时，返回读取的字节数；出错时，返回-1：

```
unsigned long word;
ssize_t nr;

/* read a couple bytes into 'word' from 'fd' */
nr = read (fd, &word, sizeof (unsigned long));
if (nr == -1)
        /* error */
```

这个简单的实现存在两个问题：可能还没有读取 len 字节，调用就返回了，而且可能产生某些可操作的错误，但这段代码没有检查和处理。不幸的是，类似这样的代码非常普遍。我们一起看看如何改进它。

2.2.1　返回值

对于 read()而言，返回小于 len 的非零正整数是合法的。在很多情况下会出现该现象：可用的字节数少于 len，系统调用可能被信号打断，管道可能被破坏（如果 fd

指向的是管道）等。

使用 read()时，还需要考虑返回值为 0 的情况。当到达文件末尾（end-of-file, EOF）时，read()返回 0，在这种情况下，没有读取任何字节。EOF 并不表示出错（因此返回值不是-1），它仅仅表示文件位置已经到达文件结尾，因此没有数据可读了。但是，如果调用是要读取 len 个字节，但是没有一个字节可读，调用会阻塞（sleep），直到有数据可读（假定文件描述符不是以非阻塞模式打开的，参见 2.2.3 小节）。注意，这种阻塞模式和返回 EOF 不同。也就是说，"没有数据可读"和"到达数据结尾"是两个不同的概念。对于 EOF，表示到达了文件的结尾。对于阻塞模式，表示读操作在等待更多的数据——例如从 socket 或设备文件读取数据。

有些错误是可以恢复的。比如，当 read()调用在读取任何字节之前被信号打断，它会返回-1（如果返回 0，则无法和 EOF 的情况区分开），并把 errno 值设置成 EINTR。在这种情况下，可以而且应该重新提交 read 请求。

实际上，调用 read()有很多可能结果：

- 调用返回值等于 len。读取到的所有 len 个字节都被存储在 buf 中。结果和预期的一致。

- 调用返回值小于 len，大于 0。读取到的字节被存储到 buf 中。这种情况有很多原因，比如在读取过程中信号中断或在读取中出错，可读的数据大于 0 字节小于 len 字节，在读取 len 字节之前到达 EOF。再次执行 read（分别更新了 buf 和 len 值）会把剩余的字节读到缓冲区中或者给出错误信息。

- 调用返回 0，表示 EOF，没有更多可读的数据。

- 由于当前没有数据可用，调用阻塞。在非阻塞模式下，不会发生这种情况。

- 调用返回-1，并把 errno 设置成 EINTR。这表示在读取任何字节之前接收到信号。调用可以重新执行。

- 调用返回-1，并把 errno 设置成 EAGAIN。这表示由于当前没有数据可用，读操作会阻塞，请求应该稍后再重新执行。这种情况只在非阻塞模式下发生。

- 调用返回-1，并把 errno 设置成非 EINTR 或 EAGAIN 的一个值。这表示更严重的错误。重新执行读操作不会成功。

2.2.2　读入所有字节

诚如前面所描述的，由于调用 read()会有很多不同情况，如果希望处理所有错误并且真正每次读入 len 个字节（至少读到 EOF），那么之前简单"粗暴"的 read()调用并不合理。要实现这一点，需要有个循环和一些条件语句，如下：

```
ssize_t ret;

while (len != 0 && (ret = read (fd, buf, len)) != 0) {
        if (ret == -1) {
                if (errno == EINTR)
                        continue;
                perror ("read");
                break;
        }

        len -= ret;
        buf += ret;
}
```

这段代码判断处理了五种情况。循环从 fd 所指向的当前文件位置读入 len 个字节到 buf 中，一直读完所有 len 个字节或者 EOF 为止。如果读入的字节数大于 0 但小于 len，就从 len 中减去已读字节数，buf 增加相应的字节数，并重新调用 read()。如果调用返回-1，并且 errno 值为 EINTR，会重新调用且不更新参数。如果调用返回-1，并且 errno 设置为其他值，会调用 perror()，向标准错误打印一条描述，循环结束。

读取数据采用部分读入的方式不但可行，而且还很常见。但是，由于很多开发人员没有正确检查处理这种很短的读入请求，带来了无数 bug。请不要成为其中一员！

2.2.3　非阻塞读

有时，开发人员不希望 read()调用在没有数据可读时阻塞在那里。相反地，他们希望调用立即返回，表示没有数据可读。这种方式称为非阻塞 I/O，它支持应用以非阻塞模式执行 I/O 操作，因而如果是读取多个文件，以防错过其他文件中的可用数据。

因此，需要额外检查 errno 值是否为 EAGAIN。正如前面所讨论的，如果文件描述符以非阻塞模式打开（即 open()调用中指定参数为 O_NONBLOCK，参见 2.1.1 节中的"open()调用的参数"），并且没有数据可读，read()调用会返回-1，并设置 errno 值为 EAGAIN，而不是阻塞模式。当以非阻塞模式读文件时，必须检查 EAGAIN，否则可能因为丢失数据导致严重错误。你可能会用到如下代码：

```
char buf[BUFSIZ];
ssize_t nr;

start:
nr = read (fd, buf, BUFSIZ);
if (nr == -1) {
        if (errno == EINTR)
                goto start; /* oh shush */
        if (errno == EAGAIN)
                /* resubmit later */
        else
                /* error */
}
```

 处理 EAGAIN 的情况和处理 EINTR 的方式不同（用了 goto start）。也许你并不需要采用非阻塞 I/O。非阻塞 I/O 的意义在于捕捉 EAGAIN 的情况，并执行其他逻辑。

2.2.4 其他错误码

其他错误码指的是编程错误或（对 EIO 而言）底层问题。read() 调用执行失败后，可能的 errno 值包括：

EBADF

给定的文件描述符非法或不是以可读模式打开。

EFAULT

buf 指针不在调用进程的地址空间内。

EINVAL

文件描述符所指向的对象不允许读。

EIO

底层 I/O 错误。

2.2.5 read() 调用的大小限制

类型 size_t 和 ssize_t 是由 POSIX 确定的。类型 size_t 保存字节大小，类型 ssize_t 是有符号的 size_t（负值用于表示错误）。在 32 位系统上，对应的 C 类型通常是 unsigned int 和 int。因为这两种类型常常一起使用，ssize_t 的范围更小，往往限制了 size_t 的范围。

size_t 的最大值是 SIZE_MAX，ssize_t 的最大值是 SSIZE_MAX。如果 len 值大于 SSIZE_MAX，read()调用的结果是未定义的。在大多数 Linux 系统上，SSIZE_MAX 的值是 LONG_MAX，在 32 位系统上这个值是 2 147 483 647。这个数值对于一次 读操作而言已经很大了，但还是需要留心它。如果使用之前的读循环作为通用的读 方式，可能需要给它增加以下代码：

```
if (len > SSIZE_MAX)
        len = SSIZE_MAX;
```

调用 read()时如果 len 参数为 0，会立即返回，且返回值为 0。

2.3 调用 write()写

写文件，最基础最常见的系统调用是 write()。和 read()一样，write()也是在 POSIX.1 中定义的：

```
#include <unistd.h>

ssize_t write (int fd, const void *buf, size_t count);
```

write()调用会从文件描述符 fd 指向的文件的当前位置开始，将 buf 中至多 count 个 字节写入到文件中。不支持 seek 的文件（如字符设备）总是从起始位置开始写。

write（）执行成功时，会返回写入的字节数，并更新文件位置。出错时，返回-1， 并设置 errno 值。调用 write()会返回 0，但是这种返回值没有任何特殊含义，它只 是表示写入了零个字节。

和 read()一样，write()调用的最基本用法也很简单：

```
const char *buf = "My ship is solid!";
ssize_t nr;

/* write the string in 'buf' to 'fd' */
nr = write (fd, buf, strlen (buf));
if (nr == -1)
        /* error */
```

还是和 read()一样，以上这种用法不太正确。调用方还需要检查各种"部分写（partial write）"的场景：

```
unsigned long word = 1720;
size_t count;
ssize_t nr;

count = sizeof (word);
nr = write (fd, &word, count);
```

```
if (nr == -1)
        /* error, check errno */
else if (nr != count)
        /* possible error, but 'errno' not set */
```

2.3.1 部分写 (Partial Write)

和 read()调用的部分读场景相比，write()调用不太可能会返回部分写。此外，write()
系统调用不存在 EOF 的场景。对于普通文件，除非发生错误，write()操作保证会执
行整个写请求。

因此，对于普通文件，不需要执行循环写操作。但是，对于其他的文件类型，比如
socket，需要循环来保证写了所有请求的字节。使用循环的另一个好处是第二次调
用 write()可能会返回错误值，说明第一次调用为什么只执行了部分写（虽然这种情
况并不常见）。以下是 write()调用示例代码：

```
ssize_t ret, nr;

while (len != 0 && (ret = write (fd, buf, len)) != 0) {
        if (ret == -1) {
                if (errno == EINTR)
                        continue;
                perror ("write");
                break;
        }

        len -= ret;
        buf += ret;
}
```

2.3.2 Append（追加）模式

当以 Append 模式（参数设置 O_APPEND）打开文件描述符时，写操作不是从文件
描述符的当前位置开始，而是从当前文件的末尾开始。

举个例子，假设有两个进程都想从文件的末尾开始写数据。这种场景很常见：比如
很多进程共享的事件日志。刚开始，这两个进程的文件位置指针都正确地指向文件
末尾。第一个进程开始写，如果不采用 Append 模式，一旦第二个进程也开始写，
它就不是从"当前"文件末尾开始写，而是从"之前"文件末尾（刚开始指向的文
件末尾，即第一个进程开始写数据之前）开始写。这意味着如果缺乏显式的同步机
制，多个进程由于会发生竞争问题，不能同时向同一个文件追加写。

Append 模式可以避免这个问题。它保证了文件位置指针总是指向文件末尾，因此
即使存在多个写进程，所有的写操作还是能够保证是追加写。Append 模式可以理
解成在每次写请求之前的文件位置更新操作是个原子操作。更新文件位置，指向新

写入的数据末尾。这和下一次 write()调用无关，因为更新文件位置是自动完成的，但如果由于某些原因下一次执行的是 read()调用，那会有些影响。

Append 模式对于某些任务很有用，比如之前提到的日志文件更新，但对其他很多操作意义不大。

2.3.3 非阻塞写

以非阻塞模式（参数设置 O_NONBLOCK）打开文件，当发起写操作时，系统调用 write()会返回-1，并设置 errno 值为 EAGAIN。请求可以稍后重新发起。一般而言，对于普通文件，不会出现这种情况。

2.3.4 其他错误码

其他值得注意的 errno 值包括：

EBADF

给定的文件描述符非法或不是以写方式打开。

EFAULT

buf 指针指向的位置不在进程的地址空间内。

EFBIG

写操作将使文件大小超过进程的最大文件限制或内部设置的限制。

EINVAL

给定文件描述符指向的对象不支持写操作。

EIO

底层 I/O 错误。

ENOSPC

给定文件描述符所在的文件系统没有足够的空间。

EPIPE

给定的文件描述符和管道或 socket 关联，读端被关闭。进程还接收 SIGPIPE 信号。SIGPIPE 信号的默认行为是终止信号接收进程。因此，只有当进程显式选择忽略、阻塞或处理该信号时，才会接收到该 errno 值。

2.3.5　write()大小限制

如果 count 值大于 SSIZE_MAX，调用 write()的结果是未定义的。

调用 write()时，如果 count 值为零，会立即返回，且返回值为 0。

2.3.6　write()行为

当 write()调用返回时，内核已经把数据从提供的缓冲区中拷贝到内核缓冲区中，但不保证数据已经写到目的地。实际上，write 调用执行非常快，因此不可能保证数据已经写到目的地。处理器和硬盘之间的性能差异使得这种情况非常明显。

相反，当用户空间发起 write()系统调用时，Linux 内核会做几项检查，然后直接把数据拷贝到缓冲区中。然后，在后台，内核收集所有这样的"脏"缓冲区（即存储的数据比磁盘上的数据新），进行排序优化，然后把这些缓冲区写到磁盘上（这个过程称为回写 writeback）。通过这种方式，write()可以频繁调用并立即返回。这种方式还支持内核把写操作推迟到系统空闲时期，批处理很多写操作。

延迟写并没有改变 POSIX 语义。举个例子，假设要对一份刚写到缓冲区但还没写到磁盘的数据执行读操作，请求响应时会直接读取缓冲区的数据，而不是读取磁盘上的"陈旧"数据。这种方式进一步提高了效率，因为对于这个读请求，是从内存缓冲区而不是从硬盘中读的。如期望的那样，读写请求相互交织，而结果也和预期一致——当然，前提是在数据写到磁盘之前，系统没有崩溃！虽然应用可能认为写操作已经成功了，在系统崩溃情况下，数据却没有写入到磁盘。

延迟写的另一个问题在于无法强制"顺序写（write ordering）"。虽然应用可能会考虑对写请求进行排序，按特定顺序写入磁盘；而内核主要是出于性能考虑，按照合适的方式对写请求重新排序。只有当系统出现崩溃时，延迟写才会有问题，因为最终所有的缓冲区都会写回，而且文件的最终状态和预期的一致。实际上绝大多数应用并不关心写顺序。数据库是少数几个关心顺序的，它们希望写操作有序，确保数据库不会处于不一致状态。

延迟写的最后一个问题是对某些 I/O 错误的提示信息不准确。在回写时产生的任何 I/O 错误，比如物理磁盘驱动出错，都不能报告给发起写请求的进程。实际上，内核内"脏"缓冲区和进程无关。多个进程可能会"弄脏"（即更新）同一片缓冲区中的数据，进程可能在数据仅被写到缓冲区尚未写到磁盘的时候就退出了。进程操作失败，如何"事后"与之通信呢？

对于这些潜在问题，内核试图最小化延迟写带来的风险。为了保证数据按时写入，内核设置了"最大缓存时效"（maximum buffer age），并在超出给定时效前将所有脏缓存的数据写入磁盘。用户可以用过/proc/sys/vm/dirty_expire_centisecs 来配置这个值，该值单位是厘秒（0.01 秒）。

Linux 系统也支持强制文件缓存写回，甚至是将所有的写操作同步。这些主题将在2.4 节中详细探讨。

在本章后续部分，2.11 节将深入探讨 Linux 内核缓存回写子系统。

2.4 同步 I/O

虽然同步 I/O 是个很重要的主题，但不必过于担心延迟写的问题。写缓冲带来了极大的性能提升，因此，任何操作系统，甚至是那些"半吊子"的操作系统，都因支持缓冲区实现了延迟写而可以称为"现代"操作系统。然而，有时应用希望能够控制何时把数据写到磁盘。在这种场景下，Linux 内核提供了一些选择，可以牺牲性能换来同步操作。

2.4.1 fsync()和 fdatasync()

为了确保数据写入磁盘，最简单的方式是使用系统调用 fsync()，在 POSIX.1b 标准中定义如下：

```
#include <unistd.h>

int fsync (int fd);
```

系统调用 fsync()可以确保和文件描述符 fd 所指向的文件相关的所有脏数据都会回写到磁盘上。文件描述符 fd 必须以写方式打开。该调用会回写数据和元数据，如创建的时间戳以及索引节点中的其他属性。该调用在硬件驱动器确认数据和元数据已经全部写到磁盘之前不会返回。

对于包含写缓存的硬盘，fsync()无法知道数据是否已经真正在物理磁盘上了。硬盘会报告说数据已经写完了，但是实际上数据还在硬盘驱动器的写缓存上。好在，在硬盘驱动器缓存中的数据会很快写入到磁盘上。

Linux 还提供了系统调用 fdatasync()：

```
#include <unistd.h>

int fdatasync (int fd);
```

fdatasync()的功能和 fsync()类似，其区别在于 fdatasync()只会写入数据以及以后要访问文件所需要的元数据。例如，调用 fdatasync()会写文件的大小，因为以后要读该文件需要文件大小这个属性。fdatasync()不保证非基础的元数据也写到磁盘上，因此一般而言，它执行更快。对于大多数使用场景，除了最基本的事务外，不会考虑元数据如文件修改时间戳，因此 fdatasync()就能够满足需求，而且执行更快。

 fsync()通常会涉及至少两个 I/O 操作：一是回写修改的数据，二是更新索引节点的修改时间戳。因为索引节点和文件数据在磁盘上可能不是紧挨着——因而会带来代价很高的 seek 操作——在很多场景下，关注正确的事务顺序，但不包括那些对于以后访问文件无关紧要的元数据（比如修改时间戳），使用 fdatasync()是提高性能的简单方式。

fsync()和 fdatasync()这两个函数用法一样，都很简单，如下：

```
int ret;

ret = fsync (fd);
if (ret == -1)
        /* error */
```

而 fdatasync()的使用方式如下：

```
int ret;

/* same as fsync, but won't flush non-essential metadata */
ret = fdatasync (fd);
if (ret == -1)
        /* error */
```

这两个函数都不保证任何已经更新的包含该文件的目录项会同步到磁盘上。这意味着如果文件链接最近刚更新，文件数据可能会成功写入磁盘，但是却没有更新到相关的目录中，导致文件不可用。为了保证对目录项的更新也都同步到磁盘上，必须对文件目录也调用 fsync()进行同步。

返回值和错误码

成功时，两个调用都返回 0。失败时，都返回-1，并设置 errno 值为以下三个值之一：

EBADF

给定文件描述符不是以写方式打开的合法描述符。

EINVAL

给定文件描述符所指向的对象不支持同步。

EIO

在同步时底层 I/O 出现错误。这表示真正的 I/O 错误，经常在发生错误处被捕获。

对于某些 Linux 版本，调用 fsync()可能会失败，因为文件系统没有实现 fsync()，即使实现了 fdatasync()。某些"固执"的应用可能会在 fsync()返回 EINVAL 时尝试使用 fdatasync()。代码如下：

```
if (fsync (fd) == -1) {
        /*
         * We prefer fsync(), but let's try fdatasync()
         * if fsync() fails, just in case.
         */
        if (errno == EINVAL) {
                if (fdatasync (fd) == -1)
                        perror ("fdatasync");
        } else
                perror ("fsync");
}
```

在 POSIX 标准中，fsync()是必要的，而 fdatasync()是可选的，因此在所有常见的 Linux 文件系统上，都应该为普通文件实现 fsync()系统调用。但是，特殊的文件类型（比如那些不需要同步元数据的）或不常见的文件系统可能只实现了 fdatasync()系统调用。

2.4.2 sync()

sync()系统调用用来对磁盘上的所有缓冲区进行同步，虽然它效率不高，但还是被广泛应用：

```
#include <unistd.h>

void sync (void);
```

该函数没有参数，也没有返回值。它总是成功返回，并确保所有的缓冲区——包括数据和元数据——都能够写入磁盘[1]。

POSIX 标准并不要求 sync()一直等待所有缓冲区都写到磁盘后才返回，只需要调用它来启动把所有缓冲区写到磁盘上即可。因此，一般建议多次调用 sync()，确保所有数据都安全地写入磁盘。但是对于 Linux 而言，sync()一定是等到所有缓冲区都写入了才返回，因此调用一次 sync()就够了。

sync()的真正用途在于同步功能的实现。应用应该使用 fsync()和 fdatasync()将文件

---

[1] 还是需要提一下：硬盘可能会"撒谎"，通知内核缓冲区已经写到磁盘上了，而实际上它们还在磁盘的缓存中。

描述符指定的数据同步到磁盘中。注意，当系统繁忙时，sync()操作可能需要几分钟甚至更长的时间才能完成。

2.4.3　O_SYNC 标志位

系统调用 open()可以使用 O_SYNC 标志位,表示该文件的所有 I/O 操作都需要同步:

```
int fd;

fd = open (file, O_WRONLY | O_SYNC);
if (fd == -1) {
        perror ("open");
        return -1;
}
```

读请求总是同步操作。如果不同步,无法保证读取缓冲区中的数据的有效性。但是,正如前面所提到的,write()调用通常是非同步操作。调用返回和把数据写入磁盘没有什么关系,而标志位 O_SYNC 则将二者强制关联,从而保证 write()调用会执行 I/O 同步。

O_SYNC 标志位的功能可以理解成每次调用 write()操作后,隐式执行 fsync(),然后才返回。这就是 O_SYNC 的语义,虽然 Linux 内核在实现上做了优化。

对于写操作,O_SYNC 对用户时间和内核时间（分别指用户空间和内核空间消耗的时间）有些负面影响。此外,根据写入文件的大小,O_SYNC 可能会使进程消耗大量的时间在 I/O 等待时间,因而导致总耗时增加一两个数量级。O_SYNC 带来的时间开销增长是非常可观的,因此一般只在没有其他方式下才选择同步 I/O。

一般来说,应用要确保通过 fsync()或 fdatasync()写数据到磁盘上。和 O_SYNC 相比,调用 fsync()和 fdatasync()不会那么频繁（只在某些操作完成之后才会调用）,因此其开销也更低。

2.4.4　O_DSYNC 和 O_RSYNC

POSIX 标准为 open()调用定义了另外两个同步 I/O 相关的标志位:O_DSYNC 和 O_RSYNC。在 Linux 上,这些标志位的定义和 O_SYNC 一致,其行为完全相同。

O_DSYNC 标志位指定每次写操作后,只同步普通数据,不同步元数据。O_DSYNC 的功能可以理解为在每次写请求后,隐式调用 fdatasync()。因为 O_SYNC 提供了更严格的限制,把 O_DSYNC 替换成 O_SYNC 在功能上完全没有问题,只有在某些严格需求场景下才会有性能损失。

O_RSYNC 标志位指定读请求和写请求之间的同步。该标志位必须和 O_SYNC 或

O_DSYNC 一起使用。正如前面所提到的，读操作总是同步的——只有当有数据返回给用户时，才会返回。O_RSYNC 标志位保证读操作带来的任何影响也是同步的。也就是说，由于读操作导致的元数据更新必须在调用返回前写入磁盘。在实际应用中，可以理解成在 read() 调用返回前，文件访问时间必须更新到磁盘索引节点的副本中。在 Linux 中，O_RSYNC 和 O_SYNC 的含义相同，虽然这没有什么意义（与 O_SYNC 和 O_DSYNC 的子集关系不同）。在 Linux 中，O_RSYNC 无法通过当前行为来解释，最接近的理解是在每次 read() 调用后，再调用 fdatasync()。实际上，这种行为极少发生。

2.5　直接 I/O

和其他现代操作系统内核一样，Linux 内核实现了复杂的缓存、缓冲以及设备和应用之间的 I/O 管理的层次结构（参见 2.11 节）。高性能的应用可能希望越过这个复杂的层次结构，进行独立的 I/O 管理。但是，创建一个自己的 I/O 系统往往会事倍功半，实际上，操作系统层的工具往往比应用层的工具有更好的性能。此外，数据库系统往往倾向于使用自己的缓存，以尽可能减少操作系统带来的开销。

在 open() 中指定 O_DIRECT 标志位会使得内核对 I/O 管理的影响最小化。如果提供 O_DIRECT 标志位，I/O 操作会忽略页缓存机制，直接对用户空间缓冲区和设备进行初始化。所有的 I/O 操作都是同步的，操作在完成之前不会返回。

使用直接 I/O 时，请求长度、缓冲区对齐以及文件偏移都必须是底层设备扇区大小（通常是 512 字节）的整数倍。在 Linux 内核 2.6 以前，这项要求更加严格：在 Linux 内核 2.4 中，所有的操作都必须和文件系统的逻辑块大小对齐（一般是 4KB）。为了保持兼容性，应用需要对齐到更大（而且操作更难）的逻辑块大小。

2.6　关闭文件

当程序完成对某个文件的操作后，可以通过系统调用 close() 取消文件描述符到对应文件的映射：

```
#include <unistd.h>

int close (int fd);
```

系统调用 close() 会取消当前进程的文件描述符 fd 与其关联的文件之间的映射。调用后，先前给定的文件描述符 fd 不再有效，内核可以随时重用它，当后续有 open() 调用或 creat() 调用时，重新把它作为返回值。close() 调用在成功时返回 0，出错时返回-1，并相应设置 errno 值。close()的用法很简单：

```
if (close (fd) == -1)
        perror ("close");
```

值得一提的是，关闭文件操作并非意味着该文件的数据已经被写到磁盘。如果应用希望保证关闭文件之前数据已经写入磁盘，它需要使用先前在 2.4 节中讨论的同步选项。

关闭文件虽然操作上很简单，但是也会带来一些影响。当关闭指向某个文件的最后一个文件描述符时，内核中表示该文件的数据结构就释放了。如果释放了数据结构，会清除和文件相关的索引节点的内存拷贝。如果已经没有内存和索引节点关联，该索引节点也会被从内存中清除（出于性能考虑，也可能会保存在内核中，但也可能不需要）。如果文件已经从磁盘上解除链接，但是解除之前还一直打开，在文件被关闭并且其索引节点从内存中删除之后，该文件才会真正从物理磁盘上删除。因此，调用 close()可能会使得一个已解除链接的文件最终从磁盘上删除。

错误码

一个常见的错误是没有检查 close()的返回值。这样做可能会遗漏严重错误，因为延迟操作相关的错误可能到了后期才出现，而 close()的返回值早就给出了这些错误信息。在失败时，有很多可能的 errno 值。除了 EBADF（给定的文件描述符不合法），最重要的错误码是 EIO，表示底层 I/O 错误，该错误很可能和实际的 close 操作并不相关。如果忽略出现的错误，在合法情况下，文件描述符总是关闭的，而且相关的数据结构也都释放了。

close()调用绝不会返回 EINTR，虽然 POSIX 标准允许。Linux 内核开发者可能很清楚，返回 EINTR 并不合适。

2.7　用 lseek()查找

一般情况下，I/O 是线性的，由于读写引发的隐式文件位置更新都需要 seek 操作。但是，某些应用要跳跃式读取文件，需要随机访问而不是线性访问。lseek()系统调用能够将文件描述符的位置指针设置成指定值。lseek()只更新文件位置，没有执行其他操作，也并不初始化任何 I/O：

```
#include <sys/types.h>
#include <unistd.h>

off_t lseek (int fd, off_t pos, int origin);
```

lseek()调用的行为依赖于 origin 参数，该参数可以是以下任意值之一：

SEEK_CUR

将文件位置设置成当前值再加上 pos 个偏移值，pos 可以是负值、0 或正值。如果
pos 值为 0，返回当前文件位置值。

SEEK_END

将文件位置设置成文件长度再加上 pos 个偏移值，pos 可以是负值、0 或正值。如
果 pos 值为 0，就设置成文件末尾。

SEEK_SET

将文件位置设置成 pos 值。如果 pos 值为 0，就设置成文件开始。

调用成功时返回新的文件位置，错误时返回-1，并相应设置 errno 值。

举个例子，以下代码把 fd 的文件位置指针设置为 1825：

```
off_t ret;

ret = lseek (fd, (off_t) 1825, SEEK_SET);
if (ret == (off_t) -1)
        /* error */
```

下面是把 fd 的文件位置设置成文件末尾：

```
off_t ret;

ret = lseek (fd, 0, SEEK_END);
if (ret == (off_t) -1)
        /* error */
```

由于 lseek()返回更新后的文件位置，可以通过 SEEK_CUR，把偏移 pos 设置成 0，
确定当前文件位置：

```
int pos;

pos = lseek (fd, 0, SEEK_CUR);
if (pos == (off_t) -1)
        /* error */
else
        /* 'pos' is the current position of fd */
```

到目前为止，lseek()调用最常见的用法是将指针定位到文件的开始、末尾或确定文
件描述符的当前文件位置。

2.7.1 在文件末尾后查找

lseek()支持在文件末尾之后进行查找。例如，以下代码会定位到 fd 指向文件末尾之后的 1688 字节。

```
int ret;

ret = lseek (fd, (off_t) 1688, SEEK_END);
if (ret == (off_t) -1)
        /* error */
```

对这种用法本身而言，查找到文件末尾之后没什么意义——对该新的文件位置的读请求会返回 EOF。但是，如果在该位置有个写请求，在文件的旧长度和新长度之间的空间会用 0 来填充。

这种零填充区间称为"空洞（hole）"。在 UNIX 系文件系统上，空洞不占用任何物理磁盘空间。这意味着文件系统上所有文件的大小加起来可以超过磁盘的物理大小。包含空洞的文件称为"稀疏文件（sparse file）"。稀疏文件可以节省很多空间，并提升性能，因为操作空洞不会产生任何物理 I/O。

对文件空洞部分的读请求会返回相应的二进制 0。

2.7.2 错误码

lseek()调用出错时，返回-1，并将 errno 值设置成如下四个值之一：

EBADF

给定的文件描述符没有指向任何打开的文件描述符。

EINVAL

origin 的值不是设置成 SEEK_SET、SEEK_CUR 或 SEEK_END，或者结果文件位置是负值。对于 EINVAL，如果同时出现以上两种错误就太糟了。前者几乎可以肯定是个编译时错误，后者则是不太明显的运行时逻辑错误。

EOVERFLOW

结果文件偏移不能通过 off_t 表示。只有在 32 位的体系结构上才会发生这种错误。当前文件位置已经更新，该错误表示无法返回更新的值。

ESPIPE

给出的文件描述符和不支持查找操作的对象关联，比如管道、FIFO 或 socket。

2.7.3 限制

最大文件位置是受限于 off_t 类型的大小。大部分计算机体系结构定义该值为 C long 类型，在 Linux 上是指字长（word size）（即计算机的通用寄存器大小）。但是，内核在内部实现上是把偏移存储成 C long long 类型。这对于 64 位计算机没有什么问题，但是对于 32 位计算机，当执行查找操作时，可能会产生溢出 EOVERFLOW 的错误。

2.8 定位读写

Linux 提供了两种 read() 和 write() 系统调用的变体来替代 lseek()，每次读写操作时，都把文件位置作为参数，在完成时，不会更新文件位置。

read() 的变体是 pread()：

```
#define _XOPEN_SOURCE 500

#include <unistd.h>

ssize_t pread (int fd, void *buf, size_t count, off_t pos);
```

该调用会从文件描述符 fd 的 pos 位置开始读取，共读取 count 个字节到 buf 中。

write() 的变体是 pwrite()：

```
#define _XOPEN_SOURCE 500

#include <unistd.h>

ssize_t pwrite (int fd, const void *buf, size_t count, off_t pos);
```

该调用从文件描述符 fd 的 pos 位置开始，从 buf 中写 count 字节到文件中。

这两个调用和 read()、write() 调用的最主要区别在于它们完全忽略了当前文件位置；相反，pread() 和 pwrite() 调用用的是参数 pos 值。此外，当调用完成时，它们不会更新文件位置指针。换句话说，任何 read() 和 write() 交替调用可能会破坏定位读写的结果。

定位读写只适用于可查找的文件描述符，包括普通文件。pread() 和 pwrite() 调用的语义相当于在 read() 或 write() 调用之前执行 lseek() 调用，但仍然存在以下三点区别。

1．pread() 和 pwrite() 调用更易于使用，尤其是对于一些复杂的操作，比如在文件中反向或随机查找定位。

2．pread()和pwrite()调用在结束时不会修改文件位置指针。

3．最重要的一点，pread()和pwrite()调用避免了在使用lseek()时会出现的竞争。

由于线程共享文件表，而当前文件位置保存在共享文件表中，可能会发生这样的情况：进程中的一个线程调用lseek()后，在执行读写操作之前，另一个线程更新了文件位置。也就是说，当进程中存在多个线程操作同一个文件描述符时，lseek()有潜在竞争可能。这些竞争场景可以通过pread()和pwrite()调用来避免。

错误码

pread()和pwrite()调用执行成功时，分别返回读或写的字节数。如果pread()返回0，表示EOF；如果pwrite()返回0，表示什么都没写。出错时，两个调用都返回-1，并相应设置errno值。对于pread()，可能出现任何有效的read()或lseek()的errno值。对于pwrite()，也可能出现任何有效的write ()或lseek()的errno值

2.9 文件截短

Linux提供了两个系统调用支持文件长度截短，各个POSIX标准都（不同程度地）定义了它们，分别是：

```
#include <unistd.h>
#include <sys/types.h>

int ftruncate (int fd, off_t len);
```

和：

```
#include <unistd.h>
#include <sys/types.h>

int truncate (const char *path, off_t len);
```

这两个系统调用都将给定文件截短为参数len指定的长度。ftruncate()系统调用在已经以可写方式打开的文件描述符fd上操作。truncate()系统调用在path指定的可写文件上操作。成功时都返回0，出错时都返回-1并相应设置errno值。

这些系统调用最常见的用法是把文件大小截短成比当前文件长度小。成功返回时，文件长度变成len，介于之前len和老的文件长度之间的数据会被丢弃，并不再可读。

这两个函数还可以把文件"截短"为比原长度更大，这和2.7.1小节中描述的查找写例子很相似。扩展出的字节都是用0填充。

这两个操作都不会修改当前文件位置。

举个例子，假设文件 pirate.txt 的长度是 74 字节，内容如下：

```
Edward Teach was a notorious English pirate.
He was nicknamed Blackbeard.
```

在相同目录下，运行以下代码：

```
#include <unistd.h>
#include <stdio.h>
int main()
{
        int ret;

        ret = truncate ("./pirate.txt", 45);
        if (ret == -1) {
                perror ("truncate");
                return -1;
        }

        return 0;
}
```

其执行结果是生成了一个 45 字节的文件，内容如下：

```
Edward Teach was a notorious English pirate.
```

2.10　I/O 多路复用

应用通常需要在多个文件描述符上阻塞：在键盘输入（stdin）、进程间通信以及很多文件之间协调 I/O。基于事件驱动的图形用户界面（GUI）应用可能会和成百上千个事件的主循环竞争[1]。

如果不使用线程，而是独立处理每个文件描述符，单个进程无法同时在多个文件描述符上阻塞。只要这些描述符已经有数据可读写，也可以采用多个文件描述符的方式。但是，要是有个文件描述符数据还没有准备好——比如发送了 read()调用，但是还没有任何数据——进程会阻塞，而且无法对其他的文件描述符提供服务。该进程可能只是阻塞几秒钟，导致应用效率变低，影响用户体验。然而，如果该文件描述符一直没有数据，进程就会一直阻塞。因为文件描述符的 I/O 总是关联的（比如管道），很可能一个文件描述符依赖另一个文件描述符，在后者可用前，前者一直处于不可用状态。尤其是对于网络应用而言，可能同时会打开多个 socket，从而引

---

[1] 对于那些编写 GUI 应用的人来说，对于主循环（Mainloop）应该并不陌生——比如 GNOME 应用使用了其基础库 GLib 提供的一个主循环。主循环支持监控多个事件，并从单个阻塞点响应。

发很多问题。

试想一下如下场景：当标准输入设备（stdin）挂起，没有数据输出，应用在和进程间通信（IPC）相关的文件描述符上阻塞。只有当阻塞的 IPC 文件描述符返回数据后，进程才知道键盘输入挂起——但是如果阻塞的操作一直没有返回，又会发生什么呢？

如前所述，非阻塞 I/O 是这种问题的一个解决方案。使用非阻塞 I/O，应用可以发送 I/O 请求，该请求返回特定错误，而不是阻塞。但是，该方案效率不高，主要有两个原因：首先，进程需要连续随机发送 I/O 操作，等待某个打开的文件描述符可以执行 I/O 操作。这种设计很糟糕。其次，如果进程睡眠则会更高效，睡眠可以释放 CPU 资源，使得 CPU 可以处理其他任务，直到一个或多个文件描述符可以执行 I/O 时再唤醒进程。

下面我们一起来探讨 I/O 多路复用。

I/O 多路复用支持应用同时在多个文件描述符上阻塞，并在其中某个可以读写时收到通知。因此，I/O 多路复用成为应用的关键所在，在设计上遵循以下原则。

1．I/O 多路复用：当任何一个文件描述符 I/O 就绪时进行通知。

2．都不可用？在有可用的文件描述符之前一直处于睡眠状态。

3．唤醒：哪个文件描述符可用了？

4．处理所有 I/O 就绪的文件描述符，没有阻塞。

5．返回第 1 步，重新开始。

Linux 提供了三种 I/O 多路复用方案：select、poll 和 epoll。本章先探讨 select 和 poll，epoll 是 Linux 特有的高级解决方案，将在第 4 章详细说明。

2.10.1　select()

select()系统调用提供了一种实现同步 I/O 多路复用的机制：

```
#include <sys/select.h>

int select (int n,
            fd_set *readfds,
            fd_set *writefds,
            fd_set *exceptfds,
            struct timeval *timeout);
```

```
FD_CLR(int fd, fd_set *set);
FD_ISSET(int fd, fd_set *set);
FD_SET(int fd, fd_set *set);
FD_ZERO(fd_set *set);
```

在给定的文件描述符 I/O 就绪之前并且还没有超出指定的时间限制，select()调用就会阻塞。

监视的文件描述符可以分为 3 类，分别等待不同的事件。对于 readfds 集中的文件描述符，监视是否有数据可读（即某个读操作是否可以无阻塞完成）；对于 writefds 集中的文件描述符，监视是否有某个写操作可以无阻塞完成；对于 exceptfds 中的文件描述符，监视是否发生异常，或者出现带外（out-of-band）数据（这些场景只适用于 socket）。指定的集合可能是 NULL，在这种情况下，select()不会监视该事件。

成功返回时，每个集合都修改成只包含相应类型的 I/O 就绪的文件描述符。举个例子，假定 readfds 集中有两个文件描述符 7 和 9。当调用返回时，如果描述符 7 还在集合中，它在 I/O 读取时不会阻塞。如果描述符 9 不在集合中，它在读取时很可能会发生阻塞。（这里说的是"很可能"是因为在调用完成后，数据可能已经就绪了。在这种场景下，下一次调用 select()就会返回描述符可用。）[1]

第一个参数 n，其值等于所有集合中文件描述符的最大值加 1。因此，select()调用负责检查哪个文件描述符值最大，将该最大值加 1 后传给第一个参数。

参数 timeout 是指向 timeval 结构体的指针，定义如下：

```
#include <sys/time.h>

struct timeval {
        long tv_sec;            /* seconds */
        long tv_usec;           /* microseconds */
};
```

如果该参数不是 NULL，在 tv_sec 秒 tv_usec 微秒后。select()调用会返回，即使没有一个文件描述符处于 I/O 就绪状态。返回时，在不同的 UNIX 系统中，该结构体是未定义的，因此每次调用必须（和文件描述符集一起）重新初始化。实际上，当前 Linux 版本会自动修改该参数，把值修改成剩余的时间。因此，如果超时设置是 5 秒，在文件描述符可用之前已逝去了 3 秒，那么在调用返回时，tv.tv_sec 的值就是 2。

---

1 这是因为 select()操作和 poll()操作都是条件触发（level-triggered），而不是边缘触发（edge-triggered）（译者注：条件触发是指当条件满足时发生一个 I/O 事件，边缘触发是指当状态改变时发生一个 I/O 事件。我们将在第 4 章探讨的 epoll()这两种模式都支持。边缘触发更简单，但是不注意的话很容易丢失 I/O 事件）。

如果超时值都是设置成 0，调用会立即返回，调用时报告所有事件都挂起，而不会等待任何后续事件。

不是直接操作文件描述符集，而是通过辅助宏来管理。通过这种方式，UNIX 系统可以按照所希望的方式来实现。不过，大多数系统把集合实现成位数组。

FD_ZERO 从指定集合中删除所有的文件描述符。每次调用 select()之前，都应该调用该宏。

```
fd_set writefds;

FD_ZERO(&writefds);
```

FD_SET 向指定集中添加一个文件描述符，而 FD_CLR 则从指定集中删除一个文件描述符。

```
FD_SET(fd, &writefds);    /* add 'fd' to the set */
FD_CLR(fd, &writefds);    /* oops, remove 'fd' from the set */
```

设计良好的代码应该都不需要使用 FD_CLR，极少使用该宏。

FD_ISSET 检查一个文件描述符是否在给定集合中。如果在，则返回非 0 值，否则返回 0。当 select()调用返回时，会通过 FD_ISSET 来检查文件描述符是否就绪：

```
if (FD_ISSET(fd, &readfds))
        /* 'fd' is readable without blocking! */
```

由于文件描述符集是静态建立的，所以文件描述符数存在上限值，而且存在最大文件描述符值，这两个值都是由 FD_SETSIZE 设置。在 Linux，该值是 1024。我们将在本章稍后一起来看各种不同限制。

返回值和错误码

select()调用成功时，返回三个集合中 I/O 就绪的文件描述符总数。如果给出了超时设置，返回值可能是 0。出错时，返回-1，并把 errno 值设置成如下值之一：

EBADF

某个集合中存在非法文件描述符。

EINTR

等待时捕获了一个信号，可以重新发起调用。

EINVAL

参数 n 是负数，或者设置的超时时间值非法。

ENOMEM

没有足够的内存来完成该请求。

select()示例

我们来看看下面的示例代码，虽然简单但对 select()用法的说明却非常实用。在这个例子中，会阻塞等待 stdin 的输入，超时设置是 5 秒。由于只监视单个文件描述符，该示例不算 I/O 多路复用，但它很清晰地说明了如何使用系统调用：

```c
#include <stdio.h>
#include <sys/time.h>
#include <sys/types.h>
#include <unistd.h>

#define TIMEOUT 5       /* select timeout in seconds */
#define BUF_LEN 1024    /* read buffer in bytes */

int main (void)
{
        struct timeval tv;
        fd_set readfds;
        int ret;

        /* Wait on stdin for input. */
        FD_ZERO(&readfds);
        FD_SET(STDIN_FILENO, &readfds);

        /* Wait up to five seconds. */
        tv.tv_sec = TIMEOUT;
        tv.tv_usec = 0;

        /* All right, now block! */
        ret = select (STDIN_FILENO + 1,
                        &readfds,
                        NULL,
                        NULL,
                        &tv);
        if (ret == -1) {
                perror ("select");
                return 1;
        } else if (!ret) {
                printf ("%d seconds elapsed.\n", TIMEOUT);
                return 0;
        }

        /*
         * Is our file descriptor ready to read?
```

```
 * (It must be, as it was the only fd that
 * we provided and the call returned
 * nonzero, but we will humor ourselves.)
 */
if (FD_ISSET(STDIN_FILENO, &readfds)) {
        char buf[BUF_LEN+1];
        int len;
        /* guaranteed to not block */
        len = read (STDIN_FILENO, buf, BUF_LEN);
        if (len == -1) {
                perror ("read");
                return 1;
        }

        if (len) {
                buf[len] = '\0';
                printf ("read: %s\n", buf);
        }

        return 0;
}

fprintf (stderr, "This should not happen!\n");
return 1;
}
```

用 select()实现可移植的 sleep 功能

在各个UNIX系统中,相比微秒级的sleep功能,对select()的实现更普遍,因此select()调用常常被作为可移植的 sleep 实现机制:把所有三个集都设置 NULL,超时值设置为非 NULL。如下:

```
struct timeval tv;

tv.tv_sec = 0;
tv.tv_usec = 500;

/* sleep for 500 microseconds */
select (0, NULL, NULL, NULL, &tv);
```

Linux 提供了高精度的 sleep 机制。在第 11 章中,我们将详细说明它。

pselect()

select()系统调用很流行,它最初是在 4.2BSD 中引入的,但是 POSIX 标准在 POSIX 1003.1g-2000 和后来的 POSIX 1003.1-2001 中定义了自己的 pselect()方法:

```
#define _XOPEN_SOURCE 600
#include <sys/select.h>

int pselect (int n,
```

```
              fd_set *readfds,
              fd_set *writefds,
              fd_set *exceptfds,
              const struct timespec *timeout,
              const sigset_t *sigmask);
/* these are the same as those used by select() */
FD_CLR(int fd, fd_set *set);
FD_ISSET(int fd, fd_set *set);
FD_SET(int fd, fd_set *set);
FD_ZERO(fd_set *set);
```

pselect()和 select()存在三点区别：

- pselect()的 timeout 参数使用了 timespec 结构体，而不是 timeval 结构体。timespec 结构体使用秒和纳秒，而不是秒和毫秒，从理论上讲更精确些。但实际上，这两个结构体在毫秒精度上已经不可靠了。

- pselect()调用不会修改 timeout 参数。因此，在后续调用中，不需要重新初始化该参数。

- select()系统调用没有 sigmask 参数。当这个参数设置为 NULL 时，pselect()的行为和 select()相同。

timespec 结构体定义如下：

```
#include <sys/time.h>

struct timespec {
        long tv_sec;            /* seconds */
        long tv_nsec;           /* nanoseconds */
};
```

把 pselect()添加到 UNIX 工具箱的主要原因是为了增加 sigmask 参数，该参数是为了解决文件描述符和信号之间等待而出现竞争条件（在第 10 章将深入讨论信号）。假设信号处理程序设置了全局标志位（大部分都如此），进程每次调用 select()之前会检查该标志位。现在，假定在检查标志位和调用之间收到信号，应用可能会一直阻塞，永远都不会响应该信号。pselect()提供了一组可阻塞信号，应用在调用时可以设置这些信号来解决这个问题。阻塞的信号要等到解除阻塞才会处理。一旦pselect()返回，内核就会恢复老的信号掩码。

在 Linux 内核 2.6.16 之前，pselect()还不是系统调用，而是由 glibc 提供的对 select()调用的简单封装。该封装对出现竞争的风险最小化，但是并没有完全消除竞争。当真正引入了新的系统调用 pselect()之后，才彻底解决了竞争问题。

虽然和 select()相比，pselect()有一定的改进，但大多数应用还是使用 select()，有的是出于习惯，也有的是为了更好的可移植性。

2.10.2　poll()

poll()系统调用是 System V 的 I/O 多路复用解决方案。它解决了一些 select()的不足，不过 select()还是被频繁使用（还是出于习惯或可移植性的考虑）：

```
#include <poll.h>

int poll (struct pollfd *fds, nfds_t nfds, int timeout);
```

select()使用了基于文件描述符的三位掩码的解决方案，其效率不高；和它不同，poll()使用了由 nfds 个 pollfd 结构体构成的数组，fds 指针指向该数组。pollfd 结构体定义如下：

```
#include <poll.h>

struct pollfd {
        int fd;              /* file descriptor */
        short events;        /* requested events to watch */
        short revents;       /* returned events witnessed */
};
```

每个 pollfd 结构体指定一个被监视的文件描述符。可以给 poll()传递多个 pollfd 结构体，使它能够监视多个文件描述符。每个结构体的 events 变量是要监视的文件描述符的事件的位掩码。用户可以设置该变量。revents 变量是该文件描述符的结果事件的位掩码。内核在返回时会设置 revents 变量。events 变量中请求的所有事件都可能在 revents 变量中返回。以下是合法的 events 值：

POLLIN

有数据可读。

POLLRDNORM

有普通数据可读。

POLLRDBAND

有优先数据可读。

POLLPRI

有高优先级数据可读。

POLLOUT

写操作不会阻塞。

POLLWRNORM

写普通数据不会阻塞。

POLLBAND

写优先数据不会阻塞。

POLLMSG

有 SIGPOLL 消息可用。

此外，revents 变量可能会返回如下事件：

POLLER

给定的文件描述符出现错误。

POLLHUP

给定的文件描述符有挂起事件。

POLLNVAL

给定的文件描述符非法。

对于 events 变量，这些事件没有意义，events 参数不要传递这些变量，它们会在 revents 变量中返回。poll()和 select()不同，不需要显式请求异常报告。

POLLIN | POLLPRI 等价于 select()的读事件，而 POLLOUT | POLLWRBAND 等价于 select()的写事件。POLLIN 等价于 POLLRDNORM | POLLRDBAND，而 POLLOUT 等价于 POLLWRNORM。

举个例子，要监视某个文件描述符是否可读写，需要把 events 设置成 POLLIN | POLLOUT。返回时，会检查 revents 中是否有相应的标志位。如果设置了 POLLIN，文件描述符可非阻塞读；如果设置了 POLLOUT，文件描述符可非阻塞写。标志位并不是相互排斥的：可以同时设置，表示可以在该文件描述符上读写，而且都不会阻塞。

timeout 参数指定等待的时间长度，单位是毫秒，不论是否有 I/O 就绪，poll()调用都会返回。如果 timeout 值为负数，表示永远等待；timeout 为 0 表示 poll()调用立即返回，并给出所有 I/O 未就绪的文件描述符列表，不会等待更多事件。在这种情况下，poll()调用如同其名，轮询一次后立即返回。

返回值和错误码

poll()调用成功时，返回 revents 变量不为 0 的所有文件描述符个数；如果没有任何事件发生且未超时，返回 0。失败时，返回-1，并相应设置 errno 值如下：

EBADF

一个或多个结构体中存在非法文件描述符。

EFAULT

fds 指针指向的地址超出了进程地址空间。

EINTR

在请求事件发生前收到了一个信号，可以重新发起调用。

EINVAL

nfds 参数超出了 RLIMIT_NOFILE 值。

ENOMEM

可用内存不足，无法完成请求。

poll()示例

我们一起来看一下 poll()的示例程序，它同时检测 stdin 读和 stdout 写是否会发生阻塞：

```
#include <stdio.h>
#include <unistd.h>
#include <poll.h>

#define TIMEOUT 5       /* poll timeout, in seconds */

int main (void)
{
        struct pollfd fds[2];
        int ret;

        /* watch stdin for input */
        fds[0].fd = STDIN_FILENO;
        fds[0].events = POLLIN;
```

```
        /* watch stdout for ability to write (almost always true) */
        fds[1].fd = STDOUT_FILENO;
        fds[1].events = POLLOUT;

        /* All set, block! */
        ret = poll (fds, 2, TIMEOUT * 1000);
        if (ret == -1) {
                perror ("poll");
                return 1;
        }

        if (!ret) {
                printf ("%d seconds elapsed.\n", TIMEOUT);
                return 0;
        }

        if (fds[0].revents & POLLIN)
                printf ("stdin is readable\n");

        if (fds[1].revents & POLLOUT)
                printf ("stdout is writable\n");
        return 0;
}
```

运行后，生成结果如下（和期望一致）：

```
$ ./poll
stdout is writable
```

再次运行，这次把一个文件重定向到标准输入，可以看到两个事件：

```
$ ./poll < ode_to_my_parrot.txt
stdin is readable
stdout is writable
```

如果在实际应用中使用 poll()，不需要在每次调用时都重新构建 pollfd 结构体。该结构体可能会被重复传递多次，内核会在必要时把 revents 清空。

ppoll()

类似于 pselect() 和 select()，Linux 也为 poll() 提供了 ppoll()。然而，和 pselect() 不同，ppoll() 是 Linux 特有的调用：

```
#define _GNU_SOURCE

#include <poll.h>

int ppoll (struct pollfd *fds,
        nfds_t nfds,
        const struct timespec *timeout,
        const sigset_t *sigmask);
```

类似于 pselect()，timeout 参数指定的超时时间是秒和纳秒，sigmask 参数提供了一组等待处理的信号。

2.10.3 poll()和 select()的区别

虽然 poll()和 select()完成相同的工作，但 poll()调用在很多方面仍然优于 select()调用：

- poll()不需要用户计算最大文件描述符值加 1 作为参数传递给它。

- poll()对于值很大的文件描述符，效率更高。试想一下，要通过 select()监视一个值为 900 的文件描述符，内核需要检查每个集合中的每个位，一直检查 900 个位。

- select()的文件描述符集合是静态的，需要对大小设置进行权衡：如果值很小，会限制 select()可监视的最大文件描述符值；如果值很大，效率会很低。当值很大时，大的位掩码操作效率不高，尤其是当无法确定集合是否稀疏集合。[1] 对于 poll()，可以准确创建大小合适的数组。如果只需要监视一项，则仅传递一个结构体。

- 对于 select()调用，返回时会重新创建文件描述符集，因此每次调用都必须重新初始化。poll()系统调用会把输入（events 变量）和输出（revents 变量）分离开，支持无需改变数组就可以重新使用。

- select()调用的 timeout 参数在返回时是未定义的。代码要支持可移植，需要重新对它初始化。而对于 pselect()，不存在这些问题。

不过，select()系统调用也有些优点：

- select()可移植性更好，因为有些 UNIX 系统不支持 poll()。

- select()提供了更高的超时精度：select()支持微秒级，poll()支持毫秒级。ppoll()和 pselect()理论上都提供了纳秒级的超时精度，但是实际上，这两个调用的毫秒级精度都不可靠。

比起 poll()调用和 select()调用，epoll()调用更优，epoll()是 Linux 特有的 I/O 多路复用解决方案，我们将在第 4 章详细探讨。

---

[1] 如果位掩码是稀疏的，组成该掩码的每个值都可以用 0 来检测；只有当检测返回失败时，才需要对每个位进行检测。但是，如果掩码不是稀疏的，这项工作就很耗资源。

2.11　内核内幕

这一节将介绍 Linux 内核如何实现 I/O，重点说明内核的三个主要的子系统：虚拟文件系统（VFS）、页缓存（page cache）和页回写（page writeback）。通过这些子系统间的协作，Linux I/O 看起来无缝运行且更加高效。

 在第 4 章，我们将阐述第四个子系统，I/O 调度器（I/O scheduler）。

2.11.1　虚拟文件系统

虚拟文件系统，有时也称虚拟文件交换（virtual file switch），是一种抽象机制，支持 Linux 内核在不了解（甚至不需要了解）文件系统类型的情况下，调用文件系统函数并操作文件系统的数据。

虚拟文件系统通过通用文件模型（common file model）实现这种抽象，它是 Linux 上所有文件系统的基础。通过函数指针以及各种面向对象方法，通用文件模型提供了一种 Linux 内核文件系统必须遵循的框架。它支持虚拟文件系统向文件系统发起请求。框架提供了钩子（hook），支持读、建立链接、同步等功能。然后，每个文件系统注册函数，处理相应的操作。

这种方式的前提是文件系统之间必须具有一定的共性。比如，虚拟文件系统是基于索引节点、superblock（超级块）和目录项，而非 UNIX 系的文件系统可能根本就没有索引节点的概念，需要特殊处理。而事实上，Linux 确实做到了：它可以很好地支持如 FAT 和 NTFS 这样的文件系统。

虚拟文件系统的优点真是"不胜数"：系统调用可以在任意媒介的任意文件系统上读，工具可以从任何一个文件系统拷贝到另一个上。所有的文件系统都支持相同的概念、相同接口和相同调用。一切都可以正常工作——而且工作得很好。

当应用发起 read()系统调用时，其执行过程是非常奇妙的：从 C 库获取系统调用的定义，在编译时转化为相应的 trap 语句[1]。一旦进程从用户空间进入内核，交给系统调用 handler 处理，然后交给 read()系统调用。内核确定给定的文件描述符所对应的对象类型，并调用相应的 read()函数。对于文件系统而言，read()函数是文件系统代码的一部分。然后，该函数继续后续操作——比如从文件系统中读取数据，并把

---

[1] 译注：trap 语句是用于指定在接收到信号后要采取的操作。

数据返回给用户空间的 read() 调用，该调用返回系统调用 handler，它把数据拷贝到用户空间，最后 read() 系统调用返回，程序继续执行。

对于系统程序员来说，虚拟文件系统带来的"变革"是很深刻的。程序员不需要担心文件所在的文件系统及其存储介质。通用的系统调用——比如 read()、write()等，可以在任意支持的文件系统和存储介质上操作文件。

2.11.2　页缓存

页缓存是通过内存保存最近在磁盘文件系统上访问过的数据的一种方式。相对于当前的处理器速度而言，磁盘访问速度过慢。通过在内存中保存被请求数据，内核后续对相同数据的请求就可以直接从内存中读取，避免了重复访问磁盘。

页缓存利用了"时间局部性（temporal locality）"原理，它是一种"引用局部性（locality of reference）"，时间局部性的理念基础是认为刚被访问的资源在不久后再次被访问的概率很高。在第一次访问时对数据进行缓存，虽然消耗了内存，但避免了后续代价很高的磁盘访问。

内核查找文件系统数据时，会首先查找页缓存。只有在缓存中找不到数据时，内核才会调用存储子系统从磁盘读取数据。因此，第一次从磁盘中读取数据后，就会保存到页缓存中，应用在后续读取时都是直接从缓存中读取并返回。页缓存上的所有操作都是透明的，从而保证其数据总是有效的。

Linux 页缓存大小是动态变化的。随着 I/O 操作把越来越多的数据存储到内存中，页缓存也变得越来越大，消耗掉空闲的内存。如果页缓存最终消耗掉了所有的空闲内存，而且有新的请求要求分配内存，页缓存就会被"裁剪"，释放它最少使用的页，让出空间给"真正的"内存使用。这种"裁剪"是无缝自动处理的。通过这种动态变化的缓存，Linux 可以使用所有的系统内存，并缓存尽可能多的数据。

一般来说，把进程内存中很少使用的页缓存"交换（swap）"给磁盘要比清理经常使用的页缓存更有意义，因为如果清理掉经常使用的，下一次读请求时又得把它读到内存中。（交换支持内核在磁盘上存储数据，得到比机器 RAM 更大的内存空间。）Linux 内核实现了一些启发式算法，来平衡交换数据和清理页缓存（以及其他驻存项）。这些启发式算法可能会决定通过交换数据到磁盘来替代清理页缓存，尤其当被交换的数据没有在使用时。

交换-缓存之间的平衡可以通过 /proc/sys/vm/swappiness 来调整。虚拟文件数可以是 0 到 100，默认是 60。值越大，表示优先保存页缓存，交换数据；值越小，表示优先清理页缓存，而不是交换数据。

另一种引用局部性是"空间局部性（sequential locality）"，其理论基础是认为数据往往是连续访问的[1]。基于这个原理，内核实现了页缓存预读技术。预读是指在每次读请求时，从磁盘数据中读取更多的数据到页缓存中——实际上，就是多读几个比特。当内核从磁盘中读取一块数据时，它还会读取接下来一两块数据。一次性读取较大的连续数据块会比较高效，因为通常不需要磁盘寻址。此外，由于在进程处理第一块读取到的数据时，内核可以完成预读请求。正如经常发生的那样，如果进程继续对接下来连续块提交新的读请求，内核就可以直接返回预读的数据，而不用再发起磁盘 I/O 请求。

和页缓存类似，内核对预读的管理也是动态变化的。如果内核发现一个进程一直使用预读的数据，它就会增加预读窗口，从而预读进更多的数据。预读窗口最小 16KB，最大 128KB。反之，如果内核发现预读没有带来任何有效命中——也就是说，应用随机读取文件，而不是连续读——它可以把预读完全关闭掉。

页缓存对程序员而言是透明的。一般来说，系统程序员无法优化代码以更好地利用页缓存机制——除非自己在用户空间实现这样一种缓存。通常情况下，要最大限度利用页缓存，唯一要做的就是代码实现高效。此外，如果代码高效，还可以利用预读机制。虽然并不总是如此，连续 I/O 访问通常还是远远多于随机访问。

2.11.3　页回写

正如 2.3.6 小节介绍的那样，内核通过缓冲区来延迟写操作。当进程发起写请求，数据被拷贝到缓冲区，并将该该缓冲区标记为"脏"缓冲区，这意味着内存中的拷贝要比磁盘上的新。此时，写请求就可以返回了。如果后续对同一份数据块有新的写请求，缓冲区就会更新成新的数据。对该文件中其他部分的写请求则会开辟新的缓冲区。

最后，那些"脏"缓冲区需要写到磁盘，将磁盘文件和内存数据同步。这个过程就是所谓的"回写（writeback）"。以下两个情况会触发回写：

- 当空闲内存小于设定的阈值时，"脏"缓冲区就会回写到磁盘上，这样被清理的缓冲区会被移除，释放内存空间。

- 当"脏"缓冲区的时长超过设定的阈值时，该缓冲区就会回写到磁盘。通过这种方式，可以避免数据一直是"脏"数据。

回写是由一组称为 flusher 的内核线程来执行的。当出现以上两种场景之一时，

---

[1] 译注：即如果某个存储单元被访问，它附近的存储单元很可能也会很快被访问。

flusher 线程被唤醒，并开始将"脏"缓冲区写到磁盘，直到不满足回写的触发条件。

可能存在多个 flusher 线程同时执行回写。多线程是为了更好地利用并行性，避免拥塞。拥塞避免（congestion avoidance）机制确保在等待向某个块设备进行写操作时，还能够支持其他的写操作。如果其他块设备存在脏缓冲区，不同 flusher 线程会充分利用每一块设备。这种方式解决了之前内核的一处不足：先前版本的 flusher 线程（pdflush 以及 bdflush）会一直等待某个块设备，而其他块设备却处于空闲状态。在现代计算机上，Linux 内核可以使多个磁盘处于饱和状态。

缓冲区在内核中是通过 buffer_head 数据结构来表示的。该数据结构跟踪和缓冲区相关的各种元数据，比如缓冲区是否是"脏"缓冲区。同时，它还维护了一个指向真实数据的指针。这部分数据保存在页缓存中。通过这种方式，实现了缓冲子系统（buffer subsystem）和页缓存之间的统一。

在早期的 Linux 内核版本中（2.4 以前），缓冲子系统与页缓存是分离的，因此同时存在页缓存和缓冲缓存。这意味着数据可以同时在缓冲缓存（作为"脏"缓冲区）和页缓存（用来缓存数据）中存在。不可避免地，对这两个独立缓存进行同步需要很多工作。因此，在 2.4 Linux 内核中引入了统一的页缓存，这个改进很不错！

在 Linux 中，延迟写和缓冲子系统使得写操作性能很高，其代价是如果电源出现故障，可能会丢失数据。为了避免这种风险，关键应用可以使用同步 I/O 来保证（在本章先前讨论过）。

2.12　结束语

本章讨论了 Linux 系统编程的基础：文件 I/O。在 Linux 这样遵循一切皆文件的操作系统中，了解如何打开、读、写和关闭文件是非常重要的。所有这些操作都是传统的 UNIX 方式，很多标准都涵盖它们。

下一章将重点探讨缓冲 I/O，以及标准 C 库的标准 I/O 接口。标准 C 库不仅仅是出于方便考虑，用户空间的缓冲 I/O 提供了关键的性能改进。

第 3 章

缓冲 I/O

在第 1 章中，我们已经提到块（block）是文件系统中最小存储单元的抽象。在内核中，所有的文件系统操作都是基于块来执行的。实际上，块是 I/O 中的基本概念。因此，所有 I/O 操作都是在块大小或者块大小的整数倍上执行，也就是说，也许你只想读取一个字节，实际上需要读取整个块。想写 4.5 个块的数据？你需要写 5 个块的数据，也就是说读取最后一块整块的数据，更新（删掉）后半部分内容，然后再把整个块写出去。

你很快会发现这个问题：对非整数倍块大小的操作效率很低。操作系统需要对 I/O 进行"修补"，确保所有操作都是在块大小整数倍上执行，并且和下一个最大块对齐。问题在于，用户空间的应用在实现时并不会考虑到块的概念。绝大多数应用都是在更高层抽象上执行的，比如成员变量和字符串，其大小变化和块大小无关。最糟糕的是，用户空间应用可能每次只读写一个字节！这会带来很多不必要的开销。实际上，对于每次写一个字节的应用，实际上往往也是要写整个块。

额外的系统调用所带来的开销会导致操作性能急剧下降。举个例子，假设要读取 1 024 个字节，如果每次读一个字节需要执行 1 024 次调用，而如果一个读取 1 024 字节的块则只需要调用一次。对于前一种，提升其性能的途径是"用户缓冲 I/O"（user-buffered I/O），通过缓冲 I/O，从用户角度，读写数据并没有任何变化，而实际上，只有当数据量大小达到文件系统块大小整数倍时，才会执行真正的 I/O 操作。

3.1 用户缓冲 I/O

需要对普通文件执行很多轻量级 I/O 请求的程序通常会采用用户缓冲 I/O。用户缓冲 I/O 是在用户空间而不是内核中完成的，它可以在应用程序中设置，也可以调用标准库，对用户而言"透明"执行。正如在第 2 章中所提到的，出于性能考虑，内核通过延迟写、合并相邻 I/O 请求以及预读等操作来缓冲数据。通过不同的方式，用户缓冲也是旨在提升性能。

以用户空间程序 dd 的使用为例：

```
dd bs=1 count=2097152 if=/dev/zero of=pirate
```

由于设置了参数 bs=1, dd 命令会从设备/dev/zero（提供值全为 0 的文件流的虚拟设备）中拷贝 2MB 的数据到文件 pirate 中，每次操作拷贝一个字节，共执行 2 097 152 次操作。也就是说，该程序大约会执行两百万次的读写操作——每次一个字节。

再来看看另一种使用方式，同样是拷贝 2MB 的数据，每次操作 1 024 字节的数据块

```
dd bs=1024 count=2048 if=/dev/zero of=pirate
```

该操作也是拷贝相同的 2MB 字节数据到相同的文件中，但是和前一种方式相比，它的读写操作次数仅仅是前一种的 1/1 024。正如表 3-1 所示，其性能提升是非常明显的。表中记录了（通过三种不同的指标）四次 dd 调用命令，这四次操作区别仅仅是块大小不同。Real time（实际时间）是总共花费的时间，user time（用户时间）是在用户空间执行程序代码所花费的时间，system time（系统时间）是指进程在内核空间执行系统调用的时间。

表 3-1   块大小对性能的影响

块 大 小	Real time	User time	System time
1 字节	18.707 秒	1.118 秒	17.549 秒
1 024 字节	0.025 秒	0.002 秒	0.023 秒
1 130 字节	0.035 秒	0.002 秒	0.027 秒

和每次读写 1 字节相比，每次读取 1 024 字节的数据块的性能有显著提升。但是，该表也表明了使用更大的块大小（意味着系统调用次数更少），如果块大小不是磁盘块大小的整数倍，会导致性能变差。虽然每次读写 1 130 字节，调用次数更少，但是由于不是磁盘块大小整数倍导致不对齐操作（即系统需要"修补"），因此比每次读写 1 024 字节效率更低。

为了利用性能提升的优势，需要预先了解物理块大小。表 3-1 所示的结果表明块大小一般是 1 024、1 024 的整数倍或 1 024 的约数。对于/dev/zero，最优的块大小是 4 096 字节。

块大小

实际应用中，块大小一般是 512 字节、1 024 字节、2 048 字节或 4 096 字节。如表 3-1 所示，把每次操作的数据设置为块大小的整数倍或约数，可以实现大规模的效率提升。内核和硬件之间的交互单元是块，因此，使用块大小或者块大小的约数可以保证 I/O 请求是块对齐的，可以避免内核内其他冗余操作。

通过系统调用 stat() (将在第 7 章讨论) 或 stat(1)，可以轻松为给定设备指定块大小。不过，实际上，一般情况下我们不需要知道精确的块大小.

为 I/O 操作设置缓冲大小的主要目标是不要选择类似 1 130 这种古怪的值。对于 UNIX 系统，块长度从未出现过是 1 130 字节，选择这样的块大小会在第一次请求操作后导致 I/O 不对齐。设置成块大小的整数倍或约数都可以避免不对齐的情况。因此，只要设置的大小保证所有操作都是块对齐，I/O 性能就会很高。设置较大的块大小整数倍时减少了系统调用次数。

因此，I/O 操作最简单的方式是设置一个较大的缓冲区大小，是标准块大小的整数倍，比如设置成 4 096 或 8 192，性能都不错。

那么，每次 I/O 请求都处理 4KB 或 8KB 的块大小，性能一定就会很高吗？不一定。问题在于程序很少是以块为单位处理的。程序处理的是变量、行和字符，而不是像块这样的抽象单元。因此，应用使用自己的抽象结构，通过用户缓冲 I/O，实现块操作。其工作原理很简单，却很有效：当数据被写入时，它会被存储到程序地址空间的缓冲区中。当缓冲区数据大小达到给定值，即缓冲区大小 (buffer size)，整个缓冲区会通过一次写操作全部写出。同样，读操作也是一次读入缓冲区大小且块对齐的数据。应用的各种大小不同的读请求不是直接从文件系统读取，而是从缓冲区中一块块读取。应用读取的数据越来越多，缓冲区一块块给出数据。最后，当缓冲区为空时，会读取另一个大的块对齐的数据。通过这种方式，虽然应用设置的读写大小很不合理，数据会从缓冲区中获取，因此对文件系统还是发送大的块对齐的读写请求。其最终结果是对于大量数据，系统调用次数更少，且每次请求的数据大小都是块对齐的，通过这种方式，可以确保有很大的性能提升。

用户可以在自己的程序中实现缓冲，实际上很多关键应用就是自己实现了用户缓冲。不过，大部分程序可以通过标准 I/O 库 (C 标准库) 或 iostream 库 (C++标准库) 来实现，它们实现了健壮有效的用户缓冲方案。

3.2 标准 I/O

C 标准库中提供了标准 I/O 库（简称 stdio），它实现了跨平台的用户缓冲解决方案。这个标准 I/O 库使用简单，且功能强大。

和编程语言如 FORTRAN 不同，除了流控、算术运算等基本操作外，C 语言并不支持其他高级功能如内嵌功能或关键字，当然也没有对 I/O 的内在支持。随着 C 语言的发展，程序员们开发了一些标准的程序集，提供核心功能，如字符串处理、数学计算、时间和日期功能以及 I/O 等。随着这些程序集不断成熟，在 1989 年得到 ANSI C 委员会的许可（C89），这些程序集最终被归入 C 语言标准库中。虽然 C95、C99 和 C11 添加了一些新的接口，标准 I/O 库与 1989 年刚刚创建时相比变化不大。

本章的剩余部分将会讨论用户缓冲 I/O，因为它和文件 I/O 相关，而且是在 C 标准库中实现——即通过 C 标准库完成打开、关闭和读写操作。应用是使用标准 I/O（可定制用户缓冲方式），还是直接使用系统调用，这些都需要开发人员慎重权衡应用的需求和行为后才能确定。

C 标准通常会把细节留给每个实现本身，而具体的实现则通常又会加入一些额外特性。本章以及本书的其他章节，主要探讨现代 Linux 系统的接口和行为，这些接口和行为主要是通过 glibc 实现的。当 Linux 和标准不一致时，书中会特别说明。

文件指针

标准 I/O 程序集并不是直接操作文件描述符。相反，它们通过唯一标识符，即文件指针（file pointer）来操作。在 C 标准库里，文件指针和文件描述符一一映射。文件指针是由指向类型定义 FILE 的指针表示，FILE 类型定义在<stdio.h>中。

FILE：为什么全部大写?

FILE 名称由于全部大写经常引发非议，由于 C 标准（及因此而带来的很多应用编码风格）的函数和类型都是全小写的，因此 FILE 全部大写显得分外格格不入。全部大写可以归于历史原因：标准 I/O 最初是通过宏指令实现的，不仅 FILE 全部大写，I/O 库所有的方法都是实现成一组指令集。当时的编码风格是（即便现在也是如此）所有的宏指令名称全部大写。随着 C 语言的成长，标准 I/O 已经被 C 语言官方认可，很多方法都重新实现成合适的函数，FILE 成了类型定义（typedef），全部大写的风格也保留下来。

在标准 I/O 中，打开的文件称为"流"（stream）。流可以被打开用来读（输入流）、写（输出流）或者二者兼有（输入/输出流）。

3.3 打开文件

文件是通过 fopen()打开以供读写操作：

```
#include <stdio.h>

FILE * fopen (const char *path, const char *mode);
```

该函数根据 mode 参数，按指定模式打开 path 所指向的文件，并给它关联上新的流。

模式

参数 mode 描述如何打开指定文件。它可以是以下字符串之一：

r

以只读模式打开文件。流指针指向文件的开始。

r+

以可读写模式打开文件。流指针指向文件的开始。

w

以只写模式打开文件。如果文件存在，文件会被清空。如果文件不存在，就会被创建。流指针指向文件的开始。

w+

以可读写模式打开文件。如果文件存在，文件会被清空。如果文件不存在，就会被创建。流指针指向文件的开始。

a

以追加写模式打开文件。如果文件不存在，就会被创建。流指针指向文件的末尾。所有的写入都是追加到文件的末尾。

a+

以追加读写模式打开文件。如果文件不存在，就会被创建。流指针指向文件的末尾。所有的写入都是追加到文件的末尾。

给定模式可能还包含字符 b，虽然该值在 Linux 下通常会被忽略。有些操作系统用不同的模式处理文本和二进制文件，b 模式表示以二进制方式打开文件。对于 Linux，以及所有遵循 POSIX 的操作系统，对文本文件和二进制文件的处理没有任何区别。

fopen()执行成功时，返回一个合法的 FILE 指针。失败时，返回 NULL，并相应设置 errno 值。

举个例子，以下代码以只读方式打开/etc/manifest，并将它与流关联：

```
FILE *stream;

stream = fopen ("/etc/manifest", "r");
if (!stream)
        /* error */
```

3.4 通过文件描述符打开流

函数 fdopen()会把一个已经打开的文件描述符（fd）转换成流：

```
#include <stdio.h>

FILE * fdopen (int fd, const char *mode);
```

fdopen()的可能模式和 fopen()相同，而且必须和初始打开文件描述符的模式匹配。可以指定模式 w 和 w+，但是它们不会清空原文件。流指针指向文件描述符指向的文件位置。

一旦文件描述符被转换成流，则在该文件描述符上不应该直接执行 I/O 操作，虽然这么做是合法的。需要注意的是，文件描述符并没有被复制，而只是关联了一个新的流。关闭流也会关闭相应的文件描述符。

fdopen()执行成功时，返回一个合法的文件指针；失败时，返回 NULL 并设置相应的 errno 值。

举个例子，以下代码通过 open()系统调用打开/home/kidd/map.txt 文件，然后通过该文件描述符创建一个关联的流：

```
FILE *stream;
int fd;

fd = open ("/home/kidd/map.txt", O_RDONLY);
if (fd == -1)
        /* error */
```

```
stream = fdopen (fd, "r");
if (!stream)
        /* error */
```

3.5　关闭流

fclose()函数会关闭给定的流：

```
#include <stdio.h>

int fclose (FILE *stream);
```

在关闭前，所有被缓冲但还没有写出的数据都会被写出。fclose()成功时，返回 0。
失败时，返回 EOF 并且相应地设置 errno 值。

关闭所有的流

fcloseall()函数会关闭和当前进程相关联的所有流，包括标准输入、标准输出和标准
错误：

```
#define _GNU_SOURCE

#include <stdio.h>

int fcloseall (void);
```

在关闭前，所有的的流都会被写出。这个函数始终返回 0，它是 Linux 所特有的。

3.6　从流中读数据

了解了如何打开关闭流之后，现在我们来看一些有用的：先从一个流中读数据，再
把数据写到另一个流中。

C 标准库实现了多种从流中读取数据的方法，有很常见的，也有不常用的。本节会
考察其中最常用的三种：每次读取一个字节，每次读取一行以及读取二进制数据。
为了从流中读取数据，该流必须以适当模式打开成输入流，也就是说，除了 w 或 a
之外的任何模式都可以。

3.6.1　每次读取一个字节

通常情况下，理想的 I/O 模式是每次读取一个字符。函数 fgetc()可以用来从流中读
取单个字符：

```
#include <stdio.h>

int fgetc (FILE *stream);
```

该函数从 stream 中读取一个字符，并把该字符强制类型转换成 unsigned int 返回。强制类型转换是为了能够表示文件结束或错误：在这两种情况下都会返回 EOF。fgetc()的返回值必须保存成 int 类型。把返回值保存为 char 类型是经常犯的危险错误，因为这么做会漏掉错误检查。

下面这个例子会从 stream 中读取一个字符，检查错误，然后以字符方式打印结果：

```
int c;

c = fgetc (stream);
if (c == EOF)
        /* error */
else
        printf ("c=%c\n", (char) c);
```

stream 指向的流必须以可读模式打开。

把字符放回到流中

标准输入输出提供了一个函数可以把字符放回到流中。当读取流的最后一个字符，如果不需要该字符的话，可以把它放回流中。

```
#include <stdio.h>

int ungetc (int c, FILE *stream);
```

每次调用会把 int c 强制类型转换成 unsigned char，并放回到 stream 中。成功时，返回 c；失败时，返回 EOF。stream 的下一次读请求会返回 c。如果有多个字符被放回流中，读取时会以相反的顺序返回——也就是说，最后放回的字符先返回。C 标准指出，只保证一次放回成功，而且还必须中间没有读请求。因此，有些实现只支持一次放回。只要有足够的内存，Linux 允许无限次放回。当然，一次放回总是成功。

如果在调用 ungetc()之后，但在发起下一个读请求之前，发起了一次 seek 函数调用（见 3.9 节），会导致所有放回 stream 中的字符被丢弃。在单个进程的多线程场景中会发生这种情况，因为所有的线程共享一个缓冲区。

3.6.2 每次读一行

函数 fgets()会从指定流中读取一个字符串：

```
#include <stdio.h>

char * fgets (char *str, int size, FILE *stream);
```

该函数从 stream 中读取 size-1 个字节的数据，并把结果保存到 str 中。 读完最后一个字节后，缓冲区中会写入空字符（\0）。当读到 EOF 或换行符时，会结束读。如果读到换行符，会把\n 写入到 str 中。

fgets()成功时，返回 str；失败时，返回 NULL。

例如：

```
char buf[LINE_MAX];

if (!fgets (buf, LINE_MAX, stream))
        /* error */
```

POSIX 在<limits.h>中定义了宏 LINE_MAX：LINE_MAX 是 POSIX 的行控制接口能够处理的输入行的最大长度。Linux 的 C 函数库没有这样的限制（行可以是任意长度），但无法获取宏 LINE_MAX 值。可移植程序可以使用 LINE_MAX 来保证安全；在 Linux 系统中，该值设置得相对较大。Linux 特有的程序无需担心行大小的限制。

读取任意字符串

通常而言，基于行的读取 fgets()函数是很有用的。但是很多时候，它又会带来很多麻烦。在某些场景，开发人员希望可以自己设置分隔符而不是使用换行符。还有一些场景，开发人员根本就不想要分隔符——而且他们更不希望在缓冲区中保存分隔符。现在重新回顾，在返回的缓冲区中保存换行符基本上被证明了是错误的。

通过 fgetc()实现 fgets()的功能并不难。例如，以下代码片段从 stream 中读取 n-1 个字节到 str 中，然后追加上一个\0 字符：

```
char *s;
int c;

s = str;
while (--n > 0 && (c = fgetc (stream)) != EOF)
        *s++ = c;
*s = '\0';
```

可以对这段程序进行扩展，支持在任意指定的分隔符 d 处停止读数据（在本例中，整数类型 d 不能是空字符）：

```
char *s;
int c = 0;

s = str;
while (--n > 0 && (c = fgetc (stream)) != EOF && (*s++ = c) != d)
        ;

if (c == d)
        *--s = '\0';
```

```
else
        *s = '\0';
```

把 d 设置为\n 可以实现和 fgets()类似的功能，而且不会在缓冲区中存入换行符。

和 fgets()的实现相比，以上这种实现方式可能要慢些，因为它重复调用了很多次 fgetc()。但是，它和我们最开始的 dd 示例不同。虽然这段代码带来了额外的函数调用代价，但和 dd 示例中设置 bs=1 不同，它并没有带来额外的系统调用代价以及 I/O 块不对齐造成的低效，而相对来讲，后者会产生更大的问题。

3.6.3 读二进制文件

对于某些应用，每次读取一个字符或一行是不够的。在某些场景下，开发人员希望读写复杂的二进制数据，比如 C 结构体。为了解决这个 entire，标准 I/O 库提供了 fread()函数：

```
#include <stdio.h>

size_t fread (void *buf, size_t size, size_t nr, FILE *stream);
```

调用 fread()会从 stream 中读取 nr 项数据，每项 size 个字节，并将数据保存到 buf 所指向的缓冲区。文件指针向前移动读出数据的字节数。

返回读到的数据项的个数（注意：不是读入字节的个数!）。如果读取失败或文件结束，fread()函数会返回一个比 nr 小的数。不幸的是，必须使用 ferror()或 feof()函数（见 3.11 节），才能确定是失败还是文件结束。

由于变量大小、对齐、填充、字节序这些因素的不同，由一个应用程序写入的二进制文件，另一个应用程序可能无法读取，甚至同一个应用程序在另一台机器上也无法读取。

关于 fread()，最简单的例子是从给定流中读取一个线性大小的数据项：

```
char buf[64];
size_t nr;

nr = fread (buf, sizeof(buf), 1, stream);
if (nr == 0)
        /* error */
```

当学习和 fread()相对应的 fwrite()时，会给出一些更复杂的示例。

细说"对齐"

所有的计算机体系结构都需要数据对齐（data alignment）。编程人员往往把内存简单地看成一个字节数组。但是，处理器并不是以字节大小的块对内存进行读写。相反地，处理器以特定的粒度（如 2、4、8 字节或 16 字节）来访问内存。因为每个进程的地址空间都是从地址 0 开始的，进程必须从特定粒度的整数倍开始读取。

因此，C 变量的存储和访问都要求地址对齐。一般而言，变量是自动对齐的，这指的是和 C 数据类型大小相关的对齐。例如，一个 32 位整数占用 4 个字节，它每 4 个字节会对齐。换句话说，在大多数体系结构中，int 需要存储在能被 4 整除的内存地址中。

访问不对齐的数据会带来不同程度的性能问题，这取决于不同的体系结构。有些处理器能够访问不对齐的数据，但是会有很大性能损失。有些处理器根本就无法访问不对齐的数据，尝试这么做会导致硬件异常。更糟的是，有些处理器为了强制地址对齐，会丢弃了低位的数据，从而导致不可预料的行为。

通常，编译器会自动对齐所有的数据，而且对程序员而言，对齐是"透明"的。处理结构体，手动执行内存管理，把二进制数据保存到磁盘中，以及网络通信都会涉及对齐问题。因此，系统程序员应当对这些问题了如指掌。

第 9 章会更深入探讨对齐相关的问题。

3.7   向流中写数据

和读相同，C 标准库定义了一些向打开的流中写数据的函数。本节将介绍三个最常用的写数据的方法：每次写一个字节，每次写一个字符串，和写二进制数据。这些不同的写方法很适合采用缓冲 I/O。为了向流中写数据，必须以适当的输出模式打开流，也就是说，除了模式 r 之外的所有合法模式。

3.7.1   写入单个字符

和 fgetc()函数相对应的是 fputc()：

```
#include <stdio.h>

int fputc (int c, FILE *stream);
```

fputc()函数将参数 c 所表示的字节（强制类型转换成 unsigned char）写到指针 stream 所指向的流。成功时，返回 c。否则，返回 EOF，并相应设置 errno 值。

fputc()的用法很简单：

```
if (fputc ('p', stream) == EOF)
        /* error */
```

这个例子会把字符 p 写到 stream 中，而且 stream 必须以可写模式打开。

3.7.2　写入字符串

函数 fputs()用于向指定流中写入整个字符串：

```
#include <stdio.h>

int fputs (const char *str, FILE *stream);
```

fputs()调用会把 str 指向的所有字符串都写入 stream 指向的流中，不会写入结束标记符。成功时，返回一个非负整数；失败时，返回 EOF。

下面例子以追加可写模式打开文件，将给定字符串写入相关的流中，然后关闭流：

```
FILE *stream;

stream = fopen ("journal.txt", "a");
if (!stream)
        /* error */

if (fputs ("The ship is made of wood.\n", stream) == EOF)
        /* error */

if (fclose (stream) == EOF)
        /* error */
```

3.7.3　写入二进制数据

如果程序需要写入复杂的数据，单字符或行可能会截断数据。为了直接存储如 C 变量这样的二进制数据，标准 I/O 提供了 fwrite()函数：

```
#include <stdio.h>

size_t fwrite (void *buf,
               size_t size,
               size_t nr,
               FILE *stream);
```

调用 fwrite()会把 buf 指向的 nr 个数据项写入到 stream 中，每个数据项长为 size。文件指针会向前移动写入的所有字节的长度。

成功时，返回写入的数据项个数（不是字节个数!）。出错时，返回值小于 nr。

3.8 缓冲 I/O 示例程序

现在我们一起来看个示例（其实是个完整的程序），它涵盖了本章前面涉及的许多
接口。该程序首先定义了一个结构体 pirate，然后声明了两个该类型的变量。程序
对其中的一个变量初始化，然后通过输出流把它写入磁盘文件 data 中。程序通过
另一个流，直接从 data 中读取数据存储到 pirate 结构的另一个实例中。最后，程序
把该 pirate 结构的内容输出到标准输出：

```c
#include <stdio.h>

int main (void)
{
        FILE *in, *out;
        struct pirate {
                char            name[100]; /* real name */
                unsigned long   booty;      /* in pounds sterling */
                unsigned int    beard_len; /* in inches */
        } p, blackbeard = { "Edward Teach", 950, 48 };

        out = fopen ("data", "w");
        if (!out) {
                perror ("fopen");
                return 1;
        }

        if (!fwrite (&blackbeard, sizeof (struct pirate), 1, out)) {
                perror ("fwrite");
                return 1;
        }

        if (fclose (out)) {
                perror ("fclose");
                return 1;
        }

        in = fopen ("data", "r");
        if (!in) {
                perror ("fopen");
                return 1;
        }

        if (!fread (&p, sizeof (struct pirate), 1, in)) {
                perror ("fread");
                return 1;
        }

        if (fclose (in)) {
                perror ("fclose");
                return 1;
        }
```

```
        printf ("name=\"%s\" booty=%lu beard_len=%u\n",
                p.name, p.booty, p.beard_len);

        return 0;
}
```

显然，输出结果和原始值一致：

```
name="Edward Teach" booty=950 beard_len=48
```

再次强调一下，由于变量长度、对其等因素的不同，一个应用程序所写入的数据可能另一个应用程序不可读。也就是说，不同的应用程序——甚至是不同机器上的同一个应用程序——都可能无法正确读取 fwrite()所写入的数据。在这个例子中，假如 unsigned long 大小改变，或者填充的字节数发生变化，都会导致不可读。这些因素只能在 ABI 相同的特定机器上才能保证一致。

3.9　定位流

通常，控制当前流的位置是很有用的。可能应用程序正在读取复杂的、基于记录的文件，而且需要跳跃式读取。有时，需要把流重新设置成指向初始位置。在任何情况下，标准 I/O 提供了一系列功能等价于系统调用 lseek()的函数（在第 2 章中讨论过）。fseek()函数是标准 I/O 最常用的定位函数,控制 stream 指向文件中由参数 offset和 whence 确定的位置：

```
#include <stdio.h>

int fseek (FILE *stream, long offset, int whence);
```

如果参数 whence 设置为 SEEK_SET, stream 指向的文件位置即 offset。如果 whence设置为 SEEK_CUR，stream 指向的文件位置即当前位置加上 offset。如果 whence设置为 SEEK_END，stream 指向的文件位置即文件末尾加上 offset。

fseek()函数成功时，返回 0,并清空文件结束标志符 EOF,取消(如果有的话)ungetc()操作。出错时，返回–1，并相应设置 errno 值。最常见的错误包括两种：流非法（EBADF）和 whence 参数非法（EINVAL）。

此外，标准 I/O 还提供 fsetpos()函数：

```
#include <stdio.h>

int fsetpos (FILE *stream, fpos_t *pos);
```

fsetpos()函数会把 stream 的流指针指向 pos。它的功能和把 fseek()函数的 whence 设置成 SEEK_SET 时一致。成功时，返回 0；否则，返回-1，并且相应地设置 errno

值。该函数（和下面很快要介绍的 fgetpos()函数对应）只是为了给其他通过复杂数据类型表示流位置的平台（非 UNIX）使用。在这些平台上，fsetpos()函数是唯一能够将流位置设置为任意值的方法，因为 C 的 long 整型可能不够大。Linux 上编程一般不使用这个接口，除非希望能够在所有的平台上可移植。

标准 I/O 也提供了 rewind()函数，可以很方便使用：

```
#include <stdio.h>

void rewind (FILE *stream);
```

该调用：

```
rewind (stream);
```

会把位置重新设置成流的初始位置。它的功能等价于：

```
fseek (stream, 0, SEEK_SET);
```

唯一的区别在于 rewind 会清空错误标识。

注意 rewind()没有返回值，因此无法直接提供出错信息。调用函数如果希望获取错误，需要在调用之前清空 errno 值，并且检查该变量值在调用之后是否非零。举个例子：

```
errno = 0;
rewind (stream);
if (errno)
        /* error */
```

获得当前流位置

和 lseek()不同，fseek()不会返回更新后的流位置。另一个接口提供了该功能。ftell()函数返回 stream 的当前流位置：

```
#include <stdio.h>

long ftell (FILE *stream);
```

出错时，该函数会返回-1，并相应设置 errno 值。

此外，标准 I/O 还提供了 fgetpos()函数：

```
#include <stdioh.h>

int fgetpos (FILE *stream, fpos_t *pos);
```

成功时，返回 0，并把当前 stream 的流位置设置为 pos。失败时，返回-1，并相应设置 errno 值。和 fsetpos()一样，fgetpos()只是为了给那些包含复杂文件位置类型的非 Linux 平台使用。

3.10 Flush（刷新输出）流

标准 I/O 库提供了一个接口，可以将用户缓冲区写入内核，并且保证写到流中的所有数据都通过 write()函数 flush 输出。fflush()函数提供了这一功能：

```
#include <stdio.h>

int fflush (FILE *stream);
```

调用该函数时，stream 指向的流中所有未写入的数据会被 flush 到内核中。如果 stream 是空的（NULL），进程中所有打开的流会被 flush。成功时，fflush()返回 0。失败时，返回 EOF，并相应设置 errno 值。

为了更好地理解 fflush()函数的功能，需要理解 C 函数库维持的缓冲区和内核本身的缓冲区之间的区别。本章提到的所有调用所需的缓冲区都是由 C 函数库来维护的，它是在用户空间，而不是内核空间。也就是说，这些调用的性能提升空间来自于用户空间，运行的是用户代码，而不是系统调用。只有当需要访问磁盘或其他某些介质时，才会发起系统调用。

fflush()函数的功能只是把用户缓冲的数据写入到内核缓冲区。其执行结果是看起来似乎没有用户缓冲区，而是直接调用 write()函数。fflush()函数并不保证数据最终会写到物理介质上——如果需要这个功能，应该使用 fsync()这类函数（参见 2.4 节）。为了确保数据最终会写到备份存储（backing store）中，可以如下来完成——在调用 fflush()后，立即调用 fsync()：也就是说，先保证用户缓冲区被写入到内核，然后保证内核缓冲区被写入到磁盘。

3.11 错误和文件结束

对于某些标准 I/O 接口，如 fread()函数，把失败信息返回给调用方做得很不友好，因为它们没有提供机制可以区分错误和文件结束（EOF）。对于这些调用，在某些场合需要检查流的状态，从而区分是出现错误还是达到文件尾。标准 I/O 为此提供了两个接口。函数 ferror()用于判断给定的 stream 是否有错误标志：

```
#include <stdio.h>

int ferror (FILE *stream);
```

错误标志由其他标准 I/O 接口在响应某种错误情况时设置。如果错误标志被设置，

ferror()函数返回非 0 值，否则返回 0。

函数 feof()用于判断指定 stream 是否设置了文件结束标志：

```
#include <stdio.h>

int feof (FILE *stream);
```

当到达文件结尾时，其他标准 I/O 函数会设置 EOF 标志。如果设置了 EOF 标志，feof()函数会返回非 0 值，否则返回 0。

clearerr()函数会清空指定 stream 的错误和 EOF 标志：

```
#include <stdio.h>

void clearerr (FILE *stream);
```

clearer()函数没有返回值，而且不会失败（因此无法判断是否提供的是一个非法的流）。只有检查了错误标志和 EOF 标志后，才可以调用 clearerr()，因为清空操作是不可恢复的。例如：

```
/* 'f' is a valid stream */

if (ferror (f))
        printf ("Error on f!\n");
if (feof (f))
        printf ("EOF on f!\n");

clearerr (f);
```

3.12 获取关联的文件描述符

在某些情况下，获得指定流的文件描述符是很方便的。例如，当不存在和流关联的标准 I/O 函数时，可以通过其文件描述符对该流执行系统调用。为了获得和流关联的文件描述符，可以使用 fileno()函数：

```
#include <stdio.h>

int fileno (FILE *stream);
```

成功时，fileno()返回和指定 stream 关联的文件描述符。失败时，返回-1。只有当指定流非法时，才会失败，这时 fileno()函数会将 errno 值设置为 EBADF。

通常，不建议混合使用标准 I/O 调用和系统调用。当使用 fileno()函数时，编程人员必须非常谨慎，确保基于文件描述符的操作和用户缓冲没有冲突。尤其值得注意的是，在操作和流关联的文件描述符之前，最好先对流进行刷新（flush）。记住，最好永远都不要混合使用文件描述符和基于流的 I/O 操作。

3.13 控制缓冲

标准 I/O 实现了三种类型的用户缓冲,并为开发者提供了接口,可以控制缓冲区类型和大小。以下不同类型的用户缓冲提供不同功能,并适用于不同的场景:

无缓冲(Unbuffered)

不执行用户缓冲。数据直接提交给内核。因为这种无缓冲模式不支持用户缓冲(而用户缓冲一般会带来很多好处),通常很少使用,只有一个例外:标准错误默认是采用无缓冲模式。

行缓冲(Line-buffered)

缓冲是以行为单位执行。每遇到换行符,缓冲区就会被提交到内核。行缓冲对把流输出到屏幕时很有用,因为输出到屏幕的消息也是通过换行符分隔的。因此,行缓冲是终端的默认缓冲模式,比如标准输出。

块缓冲(Block-buffered)

缓冲以块为单位执行,每个块是固定的字节数。本章一开始讨论的缓冲模式即块缓冲,它很适用于处理文件。默认情况下,和文件相关的所有流都是块缓冲模式。标准 I/O 称块缓冲为“完全缓冲(full buffering)”。

大部分情况下,默认的缓冲模式即对于特定场景是最高效的。但是,标准 I/O 还提供了一个接口,可以修改使用的缓冲模式:

```
#include <stdio.h>

int setvbuf (FILE *stream, char *buf, int mode, size_t size);
```

setbuf()函数把指定 stream 的缓冲模式设置成 mode 模式,mode 值必须是以下之一:

_IONBF   无缓冲。

_IOLBF   行缓冲。

_IOFBF   块缓冲。

在_IONBF 无缓冲模式下,会忽略参数 buf 和 size;对于其他模式,buf 可以指向一个 size 字节大小的缓冲空间,标准 I/O 会用它来执行对给定流的缓冲。如果 buf 为空，glibc 会自动分配指定 size 的缓冲区。

setvbuf()函数必须在打开流后，并在执行任何操作之前被调用。成功时，返回 0；出错时，返回非 0 值。

在关闭流时，其使用的缓冲区必须存在。一个常见的错误是把缓冲区定义成某个作用域中的一个局部变量，在关闭流之前就退出这个作用域了。特别需要注意的是，不要在 main()函数中定义一个局部缓冲区，且没有显式关闭流。比如以下代码存在bug：

```c
#include <stdio.h>

int main (void)
{
        char buf[BUFSIZ];

        /* set stdin to block-buffered with a BUFSIZ buffer */
        setvbuf (stdout, buf, _IOFBF, BUFSIZ);
        printf ("Arrr!\n");

        return 0;
        /* 'buf' exits scope and is freed, but stdout isn't closed until later */
}
```

这类错误可以通过两种方式来解决：一是在离开作用域之前显式关闭流，二是把 buf 设置成全局变量。

总体而言，开发者不需要关心如何在流上使用缓冲。对于标准出错，终端是采用行缓冲模式；对于文件，采用块缓冲模式。默认的块缓冲区大小是 BUFSIZ，在<stdio.h>中定义，而且通常情况下该大小设置是最优的（一个较大值，是标准块大小的整数倍）。

3.14　线程安全

线程是指在一个进程中的执行单元。绝大多数进程只有一个线程。不过，一个进程也可以持有多个线程，每个线程执行自己的代码逻辑。我们称这种进程为"多线程（multithreaded）"。可以把多线程的进程理解成有多个进程共享同一地址空间，如果没有显式协调，线程会在任意时刻、以任意方式运行。在多处理器系统中，同一个进程的两个或多个线程可能会并发执行。在访问共享数据时，有两种方式可以避免修改它：一是采取数据同步访问（synchronized access）机制（通过加锁实现），二是把数据存储在线程的局部变量中（thread-local，也称为线程封闭 thread confinement）。

支持线程的操作系统提供了锁机制（锁是指可以保证相互排斥的程序结构），从而保证线程之间不会互相干扰。标准 I/O 使用了这些机制，保证单个进程的多个线程可以同时发起标准 I/O 调用——甚至可以对于同一个流发起多个调用，不会由于并发操作而彼此干扰。但是，这些机制通常还不能满足需求。举个例子，在某些情况下，你希望给一组调用加锁，把一个 I/O 操作的临界区（critical region，是指一段独立运行的代码，不受其他线程干扰）扩大为几个 I/O 操作。而在另外一些情况下，你可能希望取消全部锁，以提高程序效率[1]。本节中，我们将会讨论如何处理这两种情况。

标准 I/O 函数在本质上是线程安全的。在每个函数的内部实现中，都关联了一把锁、一个锁计数器，以及持有该锁并打开一个流的线程。每个线程在执行任何 I/O 请求之前，必须首先获得锁而且持有该锁。两个或多个运行在同一个流上的线程不会交叉执行标准 I/O 操作，因此，在单个函数调用中，标准 I/O 操作是原子操作。

当然，在实际应用中，很多应用程序需要比独立函数调用级别更强的原子性。举个例子，假设一个进程中有多个线程发起写请求，由于标准 I/O 函数是线程安全的，各个写请求不会交叉执行导致输出混乱。也就是说，即使两个线程同时发起请求操作，加锁可以保证执行一个写请求后再执行另一个写请求。但是，如果进程连续发起很多写请求，希望不但不同线程的写请求不会交叉，同一线程的写请求也不会交叉，该怎么做呢？为了支持该功能，标准 I/O 提供了一系列函数，每个函数可以操纵和流关联的锁。

3.14.1　手动文件加锁

函数 flockfile()会等待指定 stream 被解锁，然后增加自己的锁计数，获得锁，该函数的执行线程成为流的持有者，并返回：

```
#include <stdio.h>

void flockfile (FILE *stream);
```

函数 funlockfile() 会减少和指定 stream 关联的锁计数：

```
#include <stdio.h>

void funlockfile (FILE *stream);
```

如果锁计数值为 0，当前线程会放弃对该流的持有权，另一个线程可以获得该锁。

---

[1] 通常，取消锁会带来各种问题。但有些程序可能会通过把所有 I/O 委托给单个线程的方式（即一种线程封闭方式），来实现线程安全策略。这样，就不必增加锁的开销。

这些调用可以嵌套。也就是说，单个线程可以执行多次 flockfile()调用，而直到该进程执行相同数量的 funlockfile()调用后，该流才会被解锁。

ftrylockfile()函数是 flockfile()函数的非阻塞版：

```
#include <stdio.h>

int ftrylockfile (FILE *stream);
```

如果指定 stream 流当前已经加锁，ftrylockfile()函数不做任何处理，会立即返回一个非 0 值。如果指定 stream 当前并没有加锁，执行 ftrylockfile()的线程会获得锁，增加锁计数值，成为该 stream 的持有者，并返回 0。

我们来看下面这个例子。假设需要向一个文件中写多行数据，保证在写数据时多个线程的写操作不会交织在一起：

```
flockfile (stream);

fputs ("List of treasure:\n", stream);
fputs ("    (1) 500 gold coins\n", stream);
fputs ("    (2) Wonderfully ornate dishware\n", stream);

funlockfile (stream);
```

尽管各个 fputs()操作不会和其他 I/O 操作造成竞争——比如"List of treasure"的输出中间不会夹杂任何东西——另一个线程对该流的其他标准 I/O 操作线程可能会夹杂在当前线程的两个 fputs()语句之间。理想情况下，应用在设计上应该避免多个线程向同一个流提交 I/O 操作。但是，如果应用确实需要这么做，并且需要一个比单个函数调用更大的原子操作区域，flockfile()及其相关函数可以解决这个问题。

3.14.2　对流操作解锁

手动给流加锁还有另外一个原因。只有应用开发者才能提供更精细、更准确的锁控制，这样才可以将加锁的代价降到最小，并提高效率。为此，Linux 提供了一系列函数，类似于常见的标准 I/O 接口，但是不执行任何锁操作。实际上，这些锁是不加锁的标准 I/O：

```
#define _GNU_SOURCE

#include <stdio.h>

int fgetc_unlocked (FILE *stream);
char *fgets_unlocked (char *str, int size, FILE *stream);
size_t fread_unlocked (void *buf, size_t size, size_t nr,
                       FILE *stream);
int fputc_unlocked (int c, FILE *stream);
```

```
int fputs_unlocked (const char *str, FILE *stream);
size_t fwrite_unlocked (void *buf, size_t size, size_t nr,
                        FILE *stream);
int fflush_unlocked (FILE *stream);
int feof_unlocked (FILE *stream);
int ferror_unlocked (FILE *stream);
int fileno_unlocked (FILE *stream);
void clearerr_unlocked (FILE *stream);
```

除了不检查或获取指定 stream 上的锁以外，这些函数和其对应的加锁函数功能完全相同。如果需要加锁，程序员需要确保手工获得并释放锁。

委托 I/O（Relegating I/O）
使用不加锁的标准 I/O 函数，会带来可观的性能提升。此外，不需要考虑使用 flockfile()函数的复杂的加锁操作，代码会简洁很多。在设计应用时，考虑把所有的 I/O 委托给单个线程（或者把所有 I/O 委托给线程池，每个流映射到线程池中的一个线程）。

虽然 POSIX 定义了一些不加锁的标准 I/O 函数，但以上这些函数都不是 POSIX 定义的。它们都是 Linux 所特有的，虽然很多其他 UNIX 系统支持以上某些函数。

我们将在第 7 章详细探讨线程。

3.15 对标准 I/O 的批评

虽然标准 I/O 使用广泛，有些专家还是指出了其不足之处。有些函数如 fgets()，在某些场景下不满足要求，设计不良。其他函数如 gets()，太不安全，差点被逐出标准函数库。

标准 I/O 最大的诟病是两次拷贝带来的性能开销。当读取数据时，标准 I/O 会向内核发起 read()系统调用，把数据从内核中复制到标准 I/O 缓冲区。当应用通过标准 I/O 如 fgetc()发起读请求时，又会拷贝数据，这次是从标准 I/O 缓冲区拷贝到指定缓冲区。写入请求刚好相反：数据先从指定缓冲区拷贝到标准 I/O 缓冲区，然后又通过 write()函数，从标准 I/O 缓冲区写入内核。

避免两次拷贝的一个解决办法是，每个读请求返回一个指向标准 I/O 缓冲区的指针。这样，数据就可以直接从标准 I/O 缓冲区中读取，不需要多余的拷贝操作。如果应用确实需要把数据拷贝到自己本地缓冲区时（可能向其中写数据），总是可以手动地执行拷贝操作。这种实现方式需要提供资源"释放（free）"接口，允许应用在不用缓冲区时发出信号。

写请求会更复杂些，但是还是可以避免两次拷贝。当发起写请求时，记录指针位置，最终当准备将数据刷新到内核时，再通过记录的指针列表把数据写出去。这些可以通过分散-聚集 I/O(scatter-gather I/O)模型的 writev()函数来实现,这样写请求就只需要单个系统调用。（我们将在下一章探讨分散-聚集 I/O）。

现在有一些高度优化的用户缓冲库，它们通过类似刚刚讨论的实现方式来解决两次拷贝问题。还有一些开发者选择实现自己的用户缓冲方案。但是尽管存在这些不同的解决方式，标准 I/O 仍然很流行。

3.16　结束语

标准 I/O 是 C 标准库提供的一个用户缓冲库。虽然有些不足，它是一个功能强大且非常流行的解决方案。实际上，许多 C 程序员，除了采用标准 I/O，对其他解决方案一无所知。当然，对于终端 I/O，行缓冲是最理想的，而且标准 I/O 是它唯一的解决方式。谁会直接调用 write()向标准输出写数据呢？

标准 I/O（一般来说也包括用户缓冲）适用于下列情况：

- 很可能会发起多个系统调用，而你希望合并这些调用从而减少开销。

- 性能至关重要，你希望保证所有 I/O 操作都是以块大小执行，从而保证块对齐。

- 访问模式是基于字符或行，你希望通过接口可以简单地实现这种访问，但又不希望产生额外的系统调用。

- 和底层的 Linux 系统调用相比，更喜欢调用高层的接口。

然而，最大的灵活在于直接使用 Linux 系统调用。下一章，我们将学习高级 I/O 及其关联的系统调用。

第 4 章

高级文件 I/O

在第 2 章，我们介绍了 Linux 下的基本 I/O 系统调用。这些调用不仅是文件 I/O 的基础，实际上也是 Linux 下所有通信的基础。在第 3 章，我们了解到了在基础 I/O 系统调用上需要经常采用用户空间缓冲，并探讨了特定的用户空间缓冲解决方案，即 C 标准 I/O 库。在本章中，我们将学习 Linux 提供的高级 I/O 系统调用：

分散/聚集 I/O

允许一次调用同时从多个缓冲区读取数据或者同时写入多个缓冲区，它适用于聚集多个不同的数据结构变量，完成一次 I/O 事务。

Epoll

Epoll 是第 2 章提到的 poll()和 select()的改进版，适用于一个线程需要处理数百个文件描述符的场景。

内存映射 I/O

将文件映射到内存，支持通过简单的内存管理方式来处理文件 I/O，适用于某些特定的 I/O 模式。

文件提示

允许进程将文件 I/O 期望使用方式的提示信息提供给内核，可以提升 I/O 性能。

异步 I/O

允许进程发起多个 I/O 请求且不必等待这些请求完成，适用于不使用线程来处理很高的 I/O 负载。

本章的结束部分将会讨论性能问题以及内核的 I/O 子系统。

4.1　分散/聚集 I/O

分散/聚集 I/O 是一种可以在单次系统调用中对多个缓冲区输入输出的方法，可以把多个缓冲区的数据写到单个数据流，也可以把单个数据流读到多个缓冲区中。其命名的原因在于数据会被分散到指定缓冲区向量，或者从指定缓冲区向量中聚集数据。这种输入输出方法也称为向量 I/O（vector I/O）。与之不同，第 2 章提到的标准读写系统调用可以称为线性 I/O（linear I/O）。

与线性 I/O 相比，分散/聚集 I/O 有如下几个优势：

编码模式更自然

如果数据本身是分段的（比如预定义的结构体的变量），向量 I/O 提供了直观的数据处理方式。

效率更高

单个向量 I/O 操作可以取代多个线性 I/O 操作。

性能更好

除了减少了发起的系统调用次数，通过内部优化，向量 I/O 可以比线性 I/O 提供更好的性能。

支持原子性

和多个线性 I/O 操作不同，一个进程可以执行单个向量 I/O 操作，避免了和其他进程交叉操作的风险。

readv()和 writev()

Linux 实现了 POSIX 1003.1-2001 中定义的一组实现分散/聚集 I/O 机制的系统调用。该实现满足了上节所述的所有特性。

readv()函数从文件描述符 fd 中读取 count 个段（segment）[1]到参数 iov 所指定的缓冲区中：

---

[1] 译注：一个段（segment）即一个 iovec 结构体。

```
#include <sys/uio.h>

ssize_t readv (int fd,
               const struct iovec *iov,
               int count);
```

writev()函数从参数 iov 指定的缓冲区中读取 count 个段的数据，并写入 fd 中：

```
#include <sys/uio.h>

ssize_t writev (int fd,
                const struct iovec *iov,
                int count);
```

除了同时操作多个缓冲区外，readv()函数和 writev()函数的功能分别和 read()、write()的功能一致。

每个 iovec 结构体描述一个独立的、物理不连续的缓冲区，我们称其为段（segment）：

```
#include <sys/uio.h>

struct iovec {
        void *iov_base;    /* pointer to start of buffer */
        size_t iov_len;    /* size of buffer in bytes */
};
```

一组段的集合称为向量（vector）。每个段描述了内存中所要读写的缓冲区的地址和长度。readv()函数在处理下个缓冲区之前，会填满当前缓冲区的 iov_len 个字节。writev()函数在处理下个缓冲区之前，会把当前缓冲区所有 iov_len 个字节数据输出。这两个函数都会顺序处理向量中的段，从 iov[0]开始，接着是 iov[1]，一直到 iov[count-1]。

返回值

操作成功时，readv()函数和 writev()函数分别返回读写的字节数。该返回值应该等于所有 count 个 iov_len 的和。出错时，返回-1，并相应设置 errno 值。这些系统调用可能会返回任何 read()和 write()可能返回的错误，而且出错时，设置的 errno 值也与 read()、write()相同。此外，标准还定义了另外两种错误场景。

第一种场景，由于返回值类型是 ssize_t，如果所有 count 个 iov_len 的和超出 SSIZE_MAX，则不会处理任何数据，返回-1，并把 errno 值设置为 EINVAL。

第二种场景，POSIX 指出 count 值必须大于 0，且小于等于 IOV_MAX（IOV_MAX 在文件<limits.h>中定义）。在 Linux 中，当前 IOV_MAX 的值是 1 024。如果 count

为 0，该系统调用会返回 0。[1] 如果 count 大于 IOV_MAX，不会处理任何数据，返回 -1，并把 errno 值设置为 EINVAL。

优化 count 值

在向量 I/O 操作中，Linux 内核必须分配内部数据结构来表示每个段（segment）。一般来说，是基于 count 的大小动态分配进行的。然而，为了优化，如果 count 值足够小，内核会在栈上创建一个很小的段数组，通过避免动态分配段内存，从而获得性能上的一些提升。count 的阈值一般设置为 8，因此如果 count 值小于或等于 8 时，向量 I/O 操作会以一种高效的方式，在进程的内核栈中运行。

大多数情况下，无法选择在指定的向量 I/O 操作中一次同时传递多少个段。当你认为可以试用一个较小值时，选择 8 或更小的值肯定会得到性能的提升。

writev()示例

我们一起看一个简单的例子，向量包含 3 个段，且每个段包含不同长度的字符串，看它是如何把这 3 个段写入一个缓冲区的。以下这个程序足以演示 writev()的功能，同时也是一段有用的代码片段：

```
#include <stdio.h>
#include <sys/types.h>
#include <sys/stat.h>
#include <fcntl.h>
#include <string.h>
#include <sys/uio.h>

int main ()
{
        struct iovec iov[3];
        ssize_t nr;
        int fd, i;

        char *buf[] = {
                "The term buccaneer comes from the word boucan.\n",
                "A boucan is a wooden frame used for cooking meat.\n",
                "Buccaneer is the West Indies name for a pirate.\n" };

        fd = open ("buccaneer.txt", O_WRONLY | O_CREAT | O_TRUNC);
        if (fd == -1) {
                perror ("open");
```

---

[1] 注意，在其他 UNIX 系统中，当 count 值为 0 时，可能将 errno 值设置为 EINVAL。POSIX 标准明确指出，如果 count 为 0，可以设置为 EINVAL 或者由系统做专门处理。

```
                return 1;
        }

        /* fill out three iovec structures */
        for (i = 0; i < 3; i++) {
                iov[i].iov_base = buf[i];
                iov[i].iov_len = strlen(buf[i]) + 1;
        }
        /* with a single call, write them all out */
        nr = writev (fd, iov, 3);
        if (nr == -1) {
                perror ("writev");
                return 1;
        }
        printf ("wrote %d bytes\n", nr);

        if (close (fd)) {
                perror ("close");
                return 1;
        }

        return 0;
}
```

运行该程序，会生成如下结果：

```
$ ./writev
wrote 148 bytes
```

读取该文件，内容如下：

```
$ cat buccaneer.txt
The term buccaneer comes from the word boucan.
A boucan is a wooden frame used for cooking meat.
Buccaneer is the West Indies name for a pirate.
```

readv()示例

现在我们通过 readv()函数从前面生成的文本文件读取数据。这个程序同样也很简单：

```
#include <stdio.h>
#include <sys/types.h>
#include <sys/stat.h>
#include <fcntl.h>
#include <sys/uio.h>

int main ()
{
        char foo[48], bar[51], baz[49];
        struct iovec iov[3];
        ssize_t nr;
        int fd, i;
```

```
        fd = open ("buccaneer.txt", O_RDONLY);
        if (fd == -1) {
                perror ("open");
                return 1;
        }

        /* set up our iovec structures */
        iov[0].iov_base = foo;
        iov[0].iov_len = sizeof (foo);
        iov[1].iov_base = bar;
        iov[1].iov_len = sizeof (bar);
        iov[2].iov_base = baz;
        iov[2].iov_len = sizeof (baz);

        /* read into the structures with a single call */
        nr = readv (fd, iov, 3);
        if (nr == -1) {
                perror ("readv");
                return 1;
        }

        for (i = 0; i < 3; i++)
                printf ("%d: %s", i, (char *) iov[i].iov_base);

        if (close (fd)) {
                perror ("close");
                return 1;
        }

        return 0;
}
```

在运行前一个程序后，再运行该程序，输出结果如下：

```
$ ./readv
0: The term buccaneer comes from the word boucan.
1: A boucan is a wooden frame used for cooking meat.
2: Buccaneer is the West Indies name for a pirate.
```

实现

可以在用户空间简单实现 readv()函数和 writev()函数，代码看起来如下：

```
#include <unistd.h>
#include <sys/uio.h>

ssize_t naive_writev (int fd, const struct iovec *iov, int count)
{
        ssize_t ret = 0;
        int i;

        for (i = 0; i < count; i++) {
```

```
        ssize_t nr;

        errno = 0;
        nr = write (fd, iov[i].iov_base, iov[i].iov_len);
        if (nr == -1) {
                if (errno == EINTR)
                        continue;
                ret = -1;
                break;
        }
        ret += nr;
}

    return ret;
}
```

幸运的是，Linux 内核不是这么实现的：Linux 把 readv()和 writev()作为系统调用实现，在内部使用分散/聚集 I/O 模式。实际上，Linux 内核中的所有 I/O 都是向量 I/O，read()和 write()是作为向量 I/O 实现的，且向量中只有一个段。

4.2   Event Poll

由于 poll()和 select()的局限，Linux 2.6 内核[1]引入了 event poll(epoll)机制。虽然 epoll 的实现比 poll()和 select()要复杂得多，epoll 解决了前两个都存在的基本性能问题，并增加了一些新的特性。

对于 poll()和 select()（见第 2 章），每次调用时都需要所有被监听的文件描述符列表。内核必须遍历所有被监视的文件描述符。当这个文件描述符列表变得很大时——包含几百个甚至几千个文件描述符时——每次调用都要遍历列表就变成规模上的瓶颈。

epoll 把监听注册从实际监听中分离出来，从而解决了这个问题。一个系统调用会初始化 epoll 上下文，另一个从上下文中加入或删除监视的文件描述符，第三个执行真正的事件等待（event wait）。

4.2.1   创建新的 epoll 实例

通过 epoll_create1()创建 epoll 上下文：

```
#include <sys/epoll.h>

int epoll_create1 (int flags);
```

---

[1] epoll 是在 2.5.44 开发版内核中加入，该接口最终在 2.5.66 版本中完成。它是 Linux 专有的。

```
/* deprecated. use epoll_create1() in new code. */
int epoll_create (int size);
```

调用成功时，epoll_create1()会创建新的 epoll 实例，并返回和该实例关联的文件描述符。这个文件描述符和真正的文件没有关系，仅仅是为了后续调用 epoll 而创建的。参数 flags 支持修改 epoll 的行为，当前，只有 EPOLL_CLOEXEC 是个合法的 flag，它表示进程被替换时关闭文件描述符。

出错时，返回-1，并设置 errno 为下列值之一：

EINVAL

参数 flags 非法。

EMFILE

用户打开的文件数达到上限。

ENFILE

系统打开的文件数达到上限。

ENOMEN

内存不足，无法完成本次操作。

epoll_create()是老版本的 epoll_create1()的实现，现在已经废弃。它不接收任何标志位。相反地，它接收 size 参数，该参数没有用。size 之前是用于表示要监视的文件描述符个数；现在，内核可以动态获取数据结构的大小，只需要 size 参数大于 0 即可。如果 size 值小于 0，会返回 EINVAL。如果应用所运行的系统其 Linux 版本低于 Linux 内核 2.6.27 以及 glibc 2.9，应该使用老的 epoll_create()调用。

epoll 的标准调用方式如下：

```
int epfd;

epfd = epoll_create1 (0);
if (epfd < 0)
        perror ("epoll_create1");
```

当完成监视后，epoll_create1()返回的文件描述符需要通过 close()调用来关闭。

4.2.2 控制 epoll

epoll_ctl()函数可以向指定的 epoll 上下文中加入或删除文件描述符：

```
#include <sys/epoll.h>

int epoll_ctl (int epfd,
               int op,
               int fd,
               struct epoll_event *event);
```

头文件<sys/epoll.h>中定义了 epoll event 结构体：

```
struct epoll_event {
        __u32 events;  /* events */
        union {
                void *ptr;
                int fd;
                __u32 u32;
                __u64 u64;
        } data;
};
```

epoll_ctl()调用如果执行成功，会控制和文件描述符 epfd 关联的 epoll 实例。参数 op 指定对 fd 指向的文件所执行的操作。参数 event 进一步描述 epoll 更具体的行为。

以下是参数 op 的有效值：

EPOLL_CTL_ADD

把文件描述符 fd 所指向的文件添加到 epfd 指定的 epoll 监听实例集中，监听 event 中定义的事件。

EPOLL_CTL_DEL

把文件描述符 fd 所指向的文件从 epfd 指定的 epoll 监听集中删除。

EPOLL_CTL_MOD

使用 event 指定的更新事件修改在已有 fd 上的监听行为。

epoll_events 结构体中的 events 变量列出了在指定文件描述符上要监听的事件。多个监听事件可以通过位或运算同时指定。以下为有效的 events 值：

EPOLLERR

文件出错。即使没有设置，这个事件也是被监听的。

EPOLLET

在监听文件上开启边缘触发（edge-triggered）。（参见 4.2.4 小节。）默认是条件触发（level-triggered）。

EPOLLHUP

文件被挂起。即使没有设置，这个事件也是被监听的。

EPOLLIN

文件未阻塞，可读。

EPOLLONESHOT

在事件生成并处理后，文件不会再被监听。必须通过 EPOLL_CTL_MOD 指定新的事件掩码，以便重新监听文件。

EPOLLOUT

文件未阻塞，可写。

EPOLLPRI

存在高优先级的带外（out-of-band）数据可读。

event_poll 中的 data 变量是由用户私有使用。当接收到请求的事件后，data 会被返回给用户。通常的用法是把 event.data.fd 设置为 fd，这样可以很容易查看哪个文件描述符触发了事件。

当成功时，epoll_ctl()返回 0。失败时，返回-1，并相应设置 errno 为下列值：

EBADF

epfd 不是有效的 epoll 实例，或者 fd 不是有效的文件描述符。

EEXIST

op 值设置为 EPOLL_CTL_ADD，但是 fd 已经与 epfd 关联。

EINVAL

epfd 不是 epoll 实例，epfd 和 fd 相同，或 op 无效。

ENOENT

op 值设置为 EPOLL_CTL_MOD 或 EPOLL_CTL_DEL，但是 fd 没有和 epfd 关联。

ENOMEN

没有足够的内存来处理请求。

EPERM

fd 不支持 epoll。

在下面的例子中，在 epoll 实例 epfd 中加入 fd 所指向文件的监听事件，代码如下：

```
struct epoll_event event;
int ret;

event.data.fd = fd; /* return the fd to us later (from epoll_wait) */
event.events = EPOLLIN | EPOLLOUT;

ret = epoll_ctl (epfd, EPOLL_CTL_ADD, fd, &event);
if (ret)
        perror ("epoll_ctl");
```

修改 epfd 实例中的 fd 上的一个监听事件，代码如下：

```
struct epoll_event event;
int ret;

event.data.fd = fd; /* return the fd to us later */
event.events = EPOLLIN;

ret = epoll_ctl (epfd, EPOLL_CTL_MOD, fd, &event);
if (ret)
        perror ("epoll_ctl");
```

相反，从 epoll 实例 epfd 中删除在 fd 上的一个监听事件，代码如下：

```
struct epoll_event event;
int ret;

ret = epoll_ctl (epfd, EPOLL_CTL_DEL, fd, &event);
if (ret)
        perror ("epoll_ctl");
```

需要注意的是，当 op 设置为 EPOLL_CTL_DEL 时，由于没有提供事件掩码，event 参数可能会是 NULL。但是，在 2.6.9 以前的内核版本中，会检查该参数是否非空。为了和老的内核版本保持兼容，必须传递一个有效的非空指针，该指针不能只是声明。内核 2.6.9 版本修复了这个 bug。

4.2.3　等待 epoll 事件

系统调用 epoll_wait() 会等待和指定 epoll 实例关联的文件描述符上的事件：

```
#include <sys/epoll.h>

int epoll_wait (int epfd,
                struct epoll_event *events,
                int maxevents,
                int timeout);
```

当调用 epoll_wait()时，等待 epoll 实例 epfd 中的文件 fd 上的事件，时限为 timeout 毫秒。成功时，events 指向描述每个事件的 epoll_event 结构体的内存，且最多可以有 maxevents 个事件，返回值是事件数；出错时，返回–1，并将 errno 设置为以下值：

EBADF

epfd 是一个无效的文件描述符。

EFAULT

进程对 events 所指向的内存没有写权限。

EINTR

系统调用在完成前发生信号中断或超时。

EINVAL

epfd 不是有效的 epoll 实例，或者 maxevents 值小于或等于 0。

如果 timeout 为 0，即使没有事件发生，调用也会立即返回 0。如果 timeout 为–1，调用将一直等待到有事件发生才返回。

当调用返回时，epoll_event 结构体中的 events 变量描述了发生的事件。data 变量保留了用户在调用 epoll_ctl()前的所有内容。

一个完整的 epoll_wait()例子如下：

```
#define MAX_EVENTS    64

struct epoll_event *events;
int nr_events, i, epfd;

events = malloc (sizeof (struct epoll_event) * MAX_EVENTS);
if (!events) {
        perror ("malloc");
        return 1;
}

nr_events = epoll_wait (epfd, events, MAX_EVENTS, -1);
if (nr_events < 0) {
        perror ("epoll_wait");
        free (events);
        return 1;
}

for (i = 0; i < nr_events; i++) {
```

```
          printf ("event=%ld on fd=%d\n",
                  events[i].events,
                  events[i].data.fd);
          /*
           * We now can, per events[i].events, operate on
           * events[i].data.fd without blocking.
           */
  }

  free (events);
```

我们将在第 9 章探讨 malloc()函数和 free()函数。

4.2.4　边缘触发事件和条件触发事件

如果 epoll_ctl()的参数 event 中的 events 项设置为 EPOLLET，fd 上的监听方式为边缘触发（Edge-triggered），否则为条件触发（Level-triggered）。

考虑下面的生产者和消费者在通过 UNIX 管道通信时的情况。

1．生产者向管道写入 1KB 数据。

2．消费者在管道上调用 epoll_wait()，等待管道上有数据并可读。

通过条件触发监视时，在步骤 2 中 epoll_wait()调用会立即返回，表示管道可读。通过边缘触发监视时，需要步骤 1 发生后，步骤 2 中的 epoll_wait()调用才会返回。也就是说，对于边缘触发，在调用 epoll_wait()时，即使管道已经可读，也只有当有数据写入之后，调用才会返回。

条件触发是默认行为，poll()和 select()就是采用这种模式，也是大多数开发者所期望的。边缘触发需要不同的编程解决方案，通常是使用非阻塞 I/O，而且需要仔细检查 EAGAIN。

边缘触发

"边缘触发"这个术语源于电子工程领域。条件触发是只要有状态发生就触发。边缘触发是只有在状态改变的时候才会发生。条件触发关心的是事件状态，边缘触发关心的是事件本身。

举个例子，对于一个读操作的文件描述符，如果是条件触发，只要文件描述符可读了，就会收到通知，是"可读"这个条件触发了通知。如果是边缘触发，当数据可读时，会接收到通知，而且通知有且仅有一次：是"有数据"这个变化本身触发了通知。

4.3 存储映射

除了标准文件 I/O，内核还提供了一个接口，支持应用程序将文件映射到内存中，即内存地址和文件数据一一对应。这样，开发人员就可以直接通过内存来访问文件，就像操作内存中的数据块一样，甚至可以写入内存数据区，然后通过透明的映射机制将文件写入磁盘。

Linux 实现了 POSIX.1 标准中定义的 mmap()系统调用，该调用将对象映射到内存中。本节将会讨论 mmap()，它实现了在 I/O 中将文件映射到内存的功能。在第 9 章，我们将看到 mmap()调用的其他应用。

4.3.1 mmap()

mmap()调用请求内核将文件描述符 fd 所指向的对象的 len 个字节数据映射到内存中，起始位置从 offset 开始。如果指定 addr，表示优先使用 addr 作为内存中的起始地址。参数 prot 指定了访存权限，flags 指定了其他操作行为。

```
#include <sys/mman.h>

void * mmap (void *addr,
             size_t len,
             int prot,
             int flags,
             int fd,
             off_t offset);
```

addr 参数告诉内核映射文件的最佳地址，但仅仅是作为提示信息，而不是强制性的，大部分用户对该参数传递 0。调用返回内存映射区域的真实开始地址。

prot 参数描述了对内存区域所请求的访问权限。如果是 PROT_NONE，表示无法访问映射区域的页（基本上不用），也可以是以下标志位的比特位或运算值：

PROT_READ 页可读。

PROT_WRITE 页可写。

PROT_EXEC 页可执行。

prot 参数所设置的访存权限不能和打开文件的访问模式冲突。举例来说，如果程序以只读方式打开文件，prot 参数就不能设置为 PROT_WRITE。

保护标志，体系结构和安全性

虽然 POSIX 标准定义了三种保护位（读，写和执行），一些体系结构只支持其

中几个。这很正常，比如对于处理器而言，读和执行没有区别。因此，处理器可能只有一个读标志。在这些操作系统上，PROT_READ 即 PROT_EXEC。不久之前，体系结构 x86 还属于这样的系统。

当然，依赖这样的处理方式会导致程序不可移植。可移植的程序在执行映射代码时，都应该相应设置 PROT_EXEC。

从另一面来说，这是造成缓冲区溢出攻击盛行的原因之一：即使指定的映射没有执行权限，处理器还是支持执行。

最近，x86 处理器加入了 NX（no-execute）位，它表示映射允许读，但不可执行。在新的系统上，PROT_READ 不再表示 PROT_EXEC。

flag 参数描述了映射的类型及其一些行为。其值为以下值按位或运算的结果：

MAP_FIXED

表示 mmap() 应该强制接收参数 addr，而不是作为提示信息。如果内核无法映射文件到指定地址，调用失败。如果地址和长度指定的内存和已有映射有重叠区域，重叠区的原有内容被丢弃，通过新的内容填充。该选项需要深入了解进程的地址空间，不可移植，因此不鼓励使用。

MAP_PRIVATE

表示映射区不共享。文件映射采用了写时复制[1]，进程对内存的任何改变不影响真正的文件或者其他进程的映射。

MAP_SHARED

表示和所有其他映射该文件的进程共享映射内存。对内存的写操作等效于写文件。读该映射区域会受到其他进程的写操作的影响。

MAP_SHARED 和 MAP_PRIVATE 必须指定其中一个，但不能同时指定。第 9 章将会讨论更多更高级的标志。

当映射文件描述符时，文件的引用计数会加 1。因此，如果映射文件后关闭文件，进程依然可以访问该文件。当你取消映射或者进程终止时，对应的文件引用计数会减 1。

---

[1] "写时复制（Copy-on-write）"这个概念和进程创建相关，在 5.3.2 小节中会描述更多。

下面的示例代码中以只读方式映射到 fd 所指向的文件，从第 1 个字节开始，长度为 len 个字节：

```
void *p;

p = mmap (0, len, PROT_READ, MAP_SHARED, fd, 0);
if (p == MAP_FAILED)
        perror ("mmap");
```

图 4-1 显示了 mmap()参数对文件与进程地址空间映射的影响。

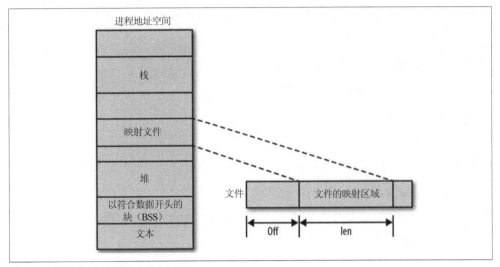

图 4-1　把文件映射到进程地址空间

页大小

页是内存管理单元（MMU）的粒度单位。因此，它是内存中允许具有不同权限和行为的最小单元。页是内存映射的基本块，因而也是进程地址空间的基本块。

mmap()系统调用的操作单元是页。参数 addr 和 offset 都必须按页大小对齐。也就是说，它们必须是页大小的整数倍。

所以，映射区域是页大小的整数倍。如果调用方提供的 len 参数没有按页对齐（可能是因为需要映射的文件大小不是页大小的整数倍），映射区域会一直占满最后一个页。多出来的内存，即最后一个有效字节到映射区域边界这一部分区域，会用 0 填充。 该区域的所有读操作都将返回 0。所有写操作都不会影响文件的最后部分，即使使用参数 MAP_SHARED 进行映射，只有最前面的 len 个字节会写到文件中。

标准 POSIX 规定，获得页大小的方法是通过 sysconf()函数，它将返回一系列系统特定的信息：

```
#include <unistd.h>

long sysconf (int name);
```

sysconf()调用会返回配置项 name 值，如果 name 无效，返回-1。出错时，errno 被设置为 EINVAL。因为-1 对于某些项而言可能是有效值（比如对于 limits，-1 表示没有限制），明智的做法是在调用前清空 errno，并在调用后检查其值来判断是否出错。

POSIX 定义 _SC_PAGESIZE（_SC_PAGE_SIZE 与其同义）表示页大小。因此，在运行时获取页大小其实很简单：

```
long page_size = sysconf (_SC_PAGESIZE);
```

Linux 也提供了 getpagesize()函数来获得页大小：

```
#include <unistd.h>

int getpagesize (void);
```

调用 getpagesize()将返回页按字节计数的大小。使用也比 sysconf()简单：

```
int page_size = getpagesize ();
```

并不是所有的 UNIX 系统都支持这个函数，POSIX 1003.1-2001 弃用了该函数，在这里包含它，只是出于完整性考虑。

页大小是由<asm/pages.h>中的宏 PAGE_SIZE 定义的。因此，第三种获取页大小的方式是：

```
int page_size = PAGE_SIZE;
```

和前两种方式不同，这种方法是在编译时获得页大小，而不是在运行时。一些体系结构支持多种机型使用不同页大小，某些机型本身甚至支持多种页大小。一个二进制文件应该能在指定体系结构下的所有机型上运行，即一次编译，到处运行。对页大小硬编码则会使这种可能性为 0。因此，正确的做法是在运行时确定页大小。因为参数 addr 和 offset 通常设置为 0，在运行时确定其实并不是很困难。

此外，未来的内核版本可能不会将该宏开放给用户空间。本章提到它是因为它在 UNIX 代码中使用很频繁，但是请不要在你自己的程序中使用它。目前看来，为了可移植性和今后的兼容性，sysconf()是最好的选择。

返回值和错误码

成功时，mmap()返回映射区域的地址。失败时，返回 MAP_FAILED，并相应设置

errno 值。mmap()调用永远都不会返回 0。

可能的 errno 值如下：

EACESS 指定的文件描述符不是普通文件，或者打开模式和参数 prot 或 flags 冲突。

EAGAIN 文件已通过文件锁锁定。

EBADF 指定文件描述符非法。

EINVAL 参数 addr、len、off 中的一个或多个非法。

ENFILE 打开文件数达到系统上限。

ENODEV 文件所在的文件系统不支持存储映射。

ENOMEM 内存不足。

EOVERFLOW 参数 addr + len 的结果值超过了地址空间大小。

EPERM 设定了参数 PROT_EXEC，但是文件系统以不可执行方式挂载。

相关信号

和映射区域相关的两个信号如下：

SIGBUS 当进程试图访问一块已经失效的映射区域时，会生成该信号。例如，文件在映射后被截断（truncated）。

SIGSEGV 当进程试图写一块只读的映射区域时，会生成该信号。

4.3.2　munmap()

Linux 提供了 munmap()系统调用，来取消 mmap()所创建的映射。

```
#include <sys/mman.h>

int munmap (void *addr, size_t len);
```

munmap()会消除进程地址空间从 addr 开始，len 字节长的内存中的所有页面的映射。一旦映射被消除，之前关联的内存区域就不再有效，如果试图再次访问会生成 SIGSEGV 信号。

一般来说，传递给 munmap()的参数是上一次 mmap()调用的返回值及其参数 len。

成功时，munmap()返回 0；失败时，返回-1，并相应设置 errno 值。唯一标准的 errno

值是 EINVAL，它表示一个或多个参数无效。

举个例子，下面这个代码段消除了内存中[addr, addr + len]区间内所有页的映射：

```
if (munmap (addr, len) == -1)
        perror ("munmap");
```

4.3.3 存储映射实例

下面，我们来看一个简单的实例，它使用 mmap()将用户选择的文件输出到标准输出：

```
#include <stdio.h>
#include <sys/types.h>
#include <sys/stat.h>
#include <fcntl.h>
#include <unistd.h>
#include <sys/mman.h>
int main (int argc, char *argv[])
{
        struct stat sb;
        off_t len;
        char *p;
        int fd;

        if (argc < 2) {
                fprintf (stderr, "usage: %s <file>\n", argv[0]);
                return 1;
        }

        fd = open (argv[1], O_RDONLY);
        if (fd == -1) {
                perror ("open");
                return 1;
        }

        if (fstat (fd, &sb) == -1) {
                perror ("fstat");
                return 1;
        }

        if (!S_ISREG (sb.st_mode)) {
                fprintf (stderr, "%s is not a file\n", argv[1]);
                return 1;
        }

        p = mmap (0, sb.st_size, PROT_READ, MAP_SHARED, fd, 0);
        if (p == MAP_FAILED) {
                perror ("mmap");
                return 1;
        }
```

```
        if (close (fd) == -1) {
                perror ("close");
                return 1;
        }

        for (len = 0; len < sb.st_size; len++)
                putchar (p[len]);

        if (munmap (p, sb.st_size) == -1) {
                perror ("munmap");
                return 1;
        }

        return 0;
}
```

在本例中，唯一暂未介绍的系统调用是 fstat()，我们将在第 8 章提到它。现在，你只需要了解 fstat()返回指定文件的信息。S_ISREG()宏可以检查这些信息，这样我们可以在映射前确保指定文件是个普通文件（相对于设备文件和目录而言）。映射非普通文件的执行结果取决于该文件所在的设备。有些设备是可以映射的，而有些是不可以的，并会设置 errno 值为 EACCESS。

该例子的其他部分都很简单明了。这段程序完成如下操作：接收一个文件名作为程序参数，打开文件，确保是普通文件，为文件做存储映射，关闭，按字节把文件输出到标准输出，最后消除文件的存储映射。

4.3.4 mmap()的优点

相对于系统调用 read()和 write()而言，使用 mmap()处理文件有很多优点。其中包括：

- 使用 read()或 write()系统调用时，需要从用户缓冲区进行数据读写，而使用映射文件进行操作，可以避免多余的数据拷贝操作。

- 除了可能潜在页错误，读写映射文件不会带来系统调用和上下文切换的开销，它就像直接操作内存一样简单。

- 当多个进程把同一个对象映射到内存中时，数据会在所有进程间共享。只读和写共享的映射在全体中都是共享的；私有可写的映射对尚未进行写时拷贝的页是共享的。

- 在映射对象中搜索只需要很简单的指针操作，不需要使用系统调用 lseek()。

基于以上理由，mmap()是很多应用的明智选择。

4.3.5　mmap()的不足

使用 mmap()时需要注意以下几点：

- 由于映射区域的大小总是页大小的整数倍，因此，文件大小与页大小的整数倍之间有空间浪费。对于小文件，空间浪费会比较严重。例如，如果页大小是 4KB，一个 7 字节的映射就会浪费 4 089 字节。

- 存储映射区域必须在进程地址空间内。对于 32 位的地址空间，大量的大小不同的映射会导致生成大量的碎片，使得很难找到连续的大片空内存。当然，这个问题在 64 位地址空间就不是很明显。

- 创建和维护映射以及相关的内核数据结构有一定的开销。不过，如上节所述，由于 mmap()消除了读写时的不必要拷贝，这种开销几乎可以忽略，对于大文件和频繁访问的文件更是如此。

基于以上理由，处理大文件（浪费空间很小），或者在文件大小恰好被 page 大小整除（没有空间浪费）时，mmap()的优势就会非常显著。

4.3.6　调整映射的大小

Linux 提供了系统调用 mremap()来扩大或减少指定映射的大小。该函数是 Linux 特有的：

```
#define _GNU_SOURCE

#include <sys/mman.h>

void * mremap (void *addr, size_t old_size,
               size_t new_size, unsigned long flags);
```

mremap()将映射区域[addr, addr + old size)的大小增加或减少到 new_size。内核可以同时移动映射区域，这取决于进程地址空间可用以及参数 flags 值。

 在[addr, addr + old size)中，"["表示该内存区域从低地址开始（包括低地址），而 "）"表示区域到高地址结束（不包括高地址）。这个表示惯例称为区间（interval notation）。

参数 flags 的值可以是 0 或 MREMAP_MAYMOVE ，表示内核可以根据需求移动映射区域，设置为重新指定的大小。如果内核可以移动映射区域，一个较大值的大小调整操作才更有可能会成功。

返回值和错误码

成功时，mremap()返回指向新映射区域的指针。失败时，返回 MAP_FAILED，并相应设置 errno 为以下值：

EAGAIN

内存区域被锁，不能重新调整大小。

EFAULT

指定范围内的一些页不是进程地址空间内的有效页，或者在重新映射指定页时出现错误。

EINVAL

某个参数非法。

ENOMEM

如果不进行内存区域移动，则无法扩展指定的范围（而且没有设置 MREMAP_MAYMOVE），或者进程地址空间内没有足够的空闲空间。

库函数如 glibc，经常使用 mremap()来实现高效的 realloc()，realloc()是个接口，可以通过它重新调整由 malloc()分配的内存大小。举个例子：

```
void * realloc (void *addr, size_t len)
{
        size_t old_size = look_up_mapping_size (addr);
        void *p;

        p = mremap (addr, old_size, len, MREMAP_MAYMOVE);
        if (p == MAP_FAILED)
                return NULL;
        return p;
}
```

只有当所有的 malloc()操作都是唯一的匿名映射时，这段代码才有效。即便如此，它也能作为如何提高性能的简单示例。在这个这个例子中，假设 libc 提供了一个名为 look_up_mapping_size()函数。GNU C 库使用 mmap()及其相关函数来进行内存分配。我们将在第 8 章更深入地探讨这个话题。

4.3.7   改变映射区域的权限

POSIX 定义了 mprotect()接口，允许程序改变已有内存区域的权限：

```
#include <sys/mman.h>

int mprotect (const void *addr,
              size_t len,
              int prot);
```

调用 mprotect() 会改变[addr, addr + len]区域内页的访问权限，其中参数 addr 是页对齐的。参数 prot 接收的值和 mmap() 的 prot 参数相同：PROT_NONE、PROT_READ、PROT_WRITE 和 PROT_EXEC。这些值都不能累加，如果某个内存区域可读，而且 prot 值设置为 PROT_WRITE，调用后该区域会变成只可写。

在某些系统上，mprotect() 只能操作之前由 mmap() 所创建的内存区域。在 Linux 中，mprotect() 可以操作任意区域的内存。

返回值和错误码

成功时，mprotect() 返回 0。失败时，返回-1，并把 errno 值相应设置为如下值之一：

EACCESS 内存不能设置参数 prot 所请求的权限。比如，当试图将一个以只读模式打开的文件的映射设置成可写时，会出现该错误。

EINVAL 参数 addr 非法或者没有页对齐。

ENOMEM 内核内存不足，无法满足请求，或者指定内存区域中有一个或多个页面不是有效的进程地址空间。

4.3.8 通过映射同步文件

POSIX 提供了一种通过存储映射来同步文件的方式，它的功能等价于系统调用 fsync()：

```
#include <sys/mman.h>

int msync (void *addr, size_t len, int flags);
```

调用 msync() 可以将 mmap() 生成的映射在内存中的任何修改写回到磁盘中，从而实现同步内存中的映射和被映射的文件。具体来说，文件或者文件子集在内存中的映射从 addr 开始的 len 长度字节被写回到磁盘。参数 addr 必须是页对齐的，通常是上一次 mmap() 调用的返回值。

如果不调用 msync()，无法保证在映射被取消之前，修改过的映射会被写回到硬盘。这一点与 write() 有所不同，被 write() 修改的缓冲区被保存在一个队列中等待被写回。而当向内存映射写数据时，进程会直接修改内核页缓存中的文件页，而无需经过内核。内核不会立即同步页缓存到硬盘。

参数 flag 控制同步操作的行为。它的值是以下值的按位或操作结果:

MS_SYNC

指定同步操作必须同步进行。直到所有页写回磁盘后,msync()调用才会返回。

MS_ASYNC

指定同步操作应该异步执行。更新操作是由系统调度的,而 msync()调用会立即返回,不用等待 write()操作完成。

MS_INVALIDATE

指定所有其他的该块映射的拷贝都将失效。后期对该文件的所有映射区域上的访问操作都将直接同步到磁盘。

MS_ASYNC 和 MS_SYNC 必须指定其一,但二者不能共用。

msync()的用法很简单:

```
if (msync (addr, len, MS_ASYNC) == -1)
        perror ("msync");
```

这个例子是以异步方式把文件的映射区域[addr, addr+len)同步到磁盘。

返回值和错误码

成功时,msync()返回 0。失败时,返回-1,并相应设置 errno 值。以下为有效的 errno 值:

EINVAL

参数 flags 同时设置了 MS_SYNC 和 MS_ASYNC(设置成除以上三个合法参数值外的其他值),或者参数 addr 没有页对齐。

ENOMEM

指定的内存区域(或其中一部分)没有被映射。注意,按 POSIX 规定,Linux 在处理请求同步一块部分被解除映射的内存时,会返回 ENOMEM,但是它依然会同步该区域中所有有效的映射。

在 Linux 内核 2.4.29 版本之前,msync()会返回 EFAULT,而不是 ENOMEM。

4.3.9　给出映射提示

Linux 提供了系统调用 madvise()，进程对自己期望如何访问映射区域给内核一些提示信息。内核会据此优化自己的行为，尽量更好地利用映射区域。内核通常会动态调整自己的行为，一般而言，即便没有显式提示信息，内核也能保证较好的性能，但是，适当的提示信息可以确保在某些负载情况下，可以获得期望的缓存并准确预读。

调用 madvise() 会告诉内核该如何对起始地址为 addr，长度为 len 的内存映射区域进行操作。

```
#include <sys/mman.h>

int madvise (void *addr,
             size_t len,
             int advice);
```

如果 len 为 0，内核将把该提示信息应用于所有起始地址为 addr 的映射。参数 advice 表示提示信息，可以是下列值之一：

MADV_NORMAL 对指定的内存区域，应用没有特殊提示，按正常方式操作。

MADV_RANDOM 应用将以随机（非顺序）访问方式，访问指定范围的页。

MADV_SEQUENTIAL 应用期望从低地址到高地址顺序访问指定范围的页。

MADV_WILLNEED 应用期望会很快访问指定范围的页。

MADV_DONTNEED 应用在短期内不会访问指定范围内的页。

内核得到提示后，实际所采取的执行方式是和具体的实现相关：POSIX 只规定了提示的含义，而没有规定具体的行为。Linux 内核 2.6 以后的版本会以如下方式处理 advice 参数：

MADV_NORMAL 内核行为照常，有适量的预读。

MADV_RANDOM 内核不做预读，每次物理读操作只读取最小量的数据。

MADV_SEQUENTIAL 内核大量预读。

MADV_WILLNEED 内核开始预读，将指定的页预读至内存。

MADV_DONTNEED 内核释放所有和指定页相关的资源，丢弃所有被修改的、未同步写回的页。后续对映射数据的访问会把数据重新载入内存页或以 0 填充请求页。

madvise()的典型用法如下：

```
int ret;

ret = madvise (addr, len, MADV_SEQUENTIAL);
if (ret < 0)
        perror ("madvise");
```

该调用会告诉内核，进程期望连续访问内存区域（addr, addr + len）。

预读

当 Linux 内核访问磁盘上的文件时，通常会采用预读（readahead）来优化。也就是说，当请求加载文件的某块内容时，内核也会读取被加载块的下一个块。如果随后也请求访问下一个块（比如对于连续访问某个文件时会发生），内核可以马上返回数据。因为磁盘有缓冲区（磁盘内部也会有预读行为），而且文件通常是连续分布在磁盘的，这个优化的开销很低。

预读通常是有好处的，但是具体的优化效果依赖于预读的窗口大小。较大的预读窗口在连续访问文件时会很有效，而对随机访问来讲，预读则纯属无用的开销。

正如在第 2 章的"内核内幕"一节所讨论的，内核会动态地调整预读窗口，以保证在预读窗口中一定的命中率。命中率高则意味着最好把预读窗口调大，反之则表示应该把预读窗口调小。应用程序可以通过 madvise()系统调用来影响预读窗口的大小。

返回值和错误码

成功时，madvise()返回 0。失败时，返回-1，并相应设置 errno 值。以下为有效的错误值：

EAGAIN

内核内部资源（可能是内存）不可用，进程可以重试。

EBADF

内存区域存在，但是没有映射到文件。

EINVAL

参数 len 是负数，参数 addr 不是页对齐的，参数 advice 非法，或者页面被锁定或以

MADV_DONTNEED 方式共享该区域。

EIO

advice 参数设置为 MADV_WILLNEED，操作出现内部 I/O 错误。

ENOMEM

指定的区域不是进程地址空间内的合法映射，或者设置了 MADV_WILLNEED，但
是没有足够内存可供分配。

4.4 普通文件 I/O 提示

上一节，我们学习了如何给内核提供存储映射的操作提示。在本节中，我们将学习
在普通文件 I/O 时，如何给内核提供操作提示。Linux 提供了两个接口，可以给出
提示信息：posix_fadvise()和 readahead()。

4.4.1 系统调用 posix_fadvise()

正如它的名字一样，posix_fadvise()函数可以给出提示信息，在 POSIX 1003.1-2003
中定义如下：

```
#include <fcntl.h>

int posix_fadvise (int fd,
                   off_t offset,
                   off_t len,
                   int advice);
```

调用 posix_fadvise()会向内核提供在文件 fd 的[offset, offset + len) 区间内的操作提
示。如果 len 为 0，则该提示适用于区间[offset, length of file]。常见的用法是设置 len
和 offset 为 0，使得提示可以应用于整个文件。

advice 的可用选项和 madvise()类似。advice 参数必须是以下值之一：

POSIXFADV_NORMAL 应用在指定文件的指定区域没有特殊要求，按正常情况
处理。

POSIX_FADV_RANDOM 应用期望在指定范围内随机访问。

POSIX_FADV_SEQUENTIAL 应用期望在指定范围内从低地址到高地址顺序访问。

POSIX_FADV_WILLNEED 应用期望最近会访问指定范围。

POSIX_FADV_NOREUSE 应用可能在最近会访问指定范围，但只访问一次。

POSIX_FADV_DONTNEED 应用最近可能不会访问指定范围。

和 madvise()一样，内核对这些提示的实际处理方式因具体的实现不同而不同，甚至不同版本的 Linux 内核的处理方式也不尽相同。下面是当前内核的处理方式：

POSIX_FADV_NORMAL 内核行为照常，有适量的预读。

POSIX_FADV_RANDOM 内核禁止预读，每次物理读操作尽可能读取最少量的数据。

POSIX_FADV_SEQUENTIAL 内核大量预读，读取预读窗口两倍长度的数据。

POSIX_FADV_WILLNEED 内核开始预读，并将指定页读到内存中。

POSIX_FADV_NOREUSE 当前，其行为与 POSIX_FADV_WILLNEED 一致；未来内核可能会将其作为"只使用一次"的优化，在 madvise()中没有与之对应的选项。

POSIX_FADV_DONTNEED 内核丢弃所有缓存的数据。和其他选项不同，它与 madvise()中对应选项行为不一样。

以下代码片段要求内核随机、无序地访问 fd 所指向的文件：

```
int ret;

ret = posix_fadvise (fd, 0, 0, POSIX_FADV_RANDOM);
if (ret == -1)
        perror ("posix_fadvise");
```

返回值和错误码

成功时，返回 0，失败时，返回-1，并设置 errno 为下列值之一：

EBADF 文件描述符非法。

EINVAL 参数 advice 非法，文件描述符指向一个管道，或者设置的选项无法应用到指定的文件。

4.4.2　readahead()系统调用

posix_fadvise()是在 Linux 内核 2.6 中新加入的系统调用。在此之前，readahead() 可以完成和 posix_fadvise()使用 POSIX_FADV_WILLNEED 选项时同样的功能。和

posix_fadvise()不同的是，readahead()是 Linux 所特有的：

```
#define _GNU_SOURCE

#include <fcntl.h>

ssize_t readahead (int fd,
                   off64_t offset,
                   size_t count);
```

readahead()调用将把 fd 所表示文件的映射区域[offset, offset + count) 读入到页缓存中。

返回值和错误码

成功时，返回 0，失败时，返回-1，并设置 errno 为下列值之一：

EBADF 指定的文件描述符非法或没有打开用于读。

EINVAL 文件描述符对应的文件不支持预读。

4.4.3 "经济实用"的操作提示

通过向内核传递良好的操作提示，很多普通应用的效率可以获得明显提升。这种提示信息对于减轻繁重的 I/O 负荷很有助益。由于磁盘速度（很慢）与现代处理器速度（很快）的不匹配，每个提示位的设置都很重要，良好的提示信息对应用大有帮助。

在读取文件的一个块的内容时，进程可以通过设置 POSIX_FADV_WILLNEED，告诉内核把文件预读到页缓存中。预读的 I/O 操作将在后台异步进行。当应用最终要访问文件时，访问操作可以立即返回，不会有 I/O 阻塞。

相反地，在读写大量数据后（比如往磁盘写入连续的视频数据流），进程可以设置 POSIX_FADV_DONTNEED，告诉内核丢弃页面缓存中指定文件块的内容。大量的流操作会连续填满页缓冲区。如果应用不想再次访问这些数据，则意味着页缓冲区中充斥了过量的数据，其代价是导致没有空间保存有用的数据。因此对于视频流这类应用，应该定期请求将数据从缓存中清除。

如果一个进程想要读取整个文件时，可以设置 POSIX_FADV_SEQUENTIAL，告诉内核要大量预读。相反地，如果一个进程知道自己将随机访问文件，可以设置 POSIX_FADV_RANDOM，告诉内核预读没有用，只会带来无谓的开销。

4.5 同步（Synchronized），同步（Synchronous）及异步（Asynchronous）操作

UNIX 操作系统在使用术语同步（synchronized），非同步（nonsynchronized），同步（synchronous），异步（asynchronous）时很随意，基本没有考虑这几个词所引起的困惑（在英语中，synchronized 和 synchronous 之间的区别很小）。[1]

synchronous 写操作在数据全部写到内核缓冲区之前是不会返回的。synchronous 读操作在数据写到应用程序在用户空间的缓冲区之前是不会返回的。相反地，异步写操作在用户空间还有数据时可能就返回了，异步读操作在数据准备好之前可能就返回了。也就是说，异步操作在请求时并没有被放入操作队列中来执行，而只是在后期查询。当然，在这种情况下，必须存在一定的机制来确认操作是否已经完成以及完成的程度。

synchronized 操作要比 synchronous 操作更严格，也更安全。synchronized 写操作把数据写回硬盘，确保硬盘上的数据和内核缓冲区中的是同步的。synchronized 读操作总是返回最新的数据，一般是从硬盘中读取。

总的来说，同步（synchronous）和异步（asynchronous）是指 I/O 操作在返回前是否等待某些事件（如数据存储）返回。而术语同步（synchronized）和异步（asynchronized）则明确指定了某个事件必须发生（如把数据写回硬盘）。

通常，UNIX 的写操作是 synchronous 但 nonsynchronized，读操作是 synchronous 且 synchronized。[2]对于写操作，上述特性的任意组合都是可能的，如表 4-1 所示。

表 4-1 写操作的同步性（synchronicity）

	同步（synchronized）	非同步（nonsynchronized）
同步（synchronous）	写操作在数据写入磁盘后才返回。当打开文件时指定 O_SYNC 时才按照这种方式执行	写操作在数据保存入内核缓冲区后返回。这是常见执行行为
异步	写操作在请求被加入队列后返回。一旦该操作被执行，会确保数据写入磁盘	写操作在请求被加入队列后返回。一旦该操作被执行，会确保数据写入内核缓冲区

---

[1] 译注：synchronized 与 synchronous 一般都译为同步，在本节后面，为了避免都翻译为"同步"造成的混淆，有些 synchronized 和 synchronous 会直接用原文英语表达方式或翻译后给出原文，两种方式都是为了使阅读更流畅。

[2] 从技术角度看，读操作和写操作类似，都是非同步的（nonsynchronized），但是内核保证页缓冲包含最新的数据。也就是说，页缓冲中的数据总是和磁盘上的数据一样或者更新一些。因此，实际上操作都是同步的。也没有人提出要采用别的方式。

由于读取旧数据没有意义，读操作通常是同步的（synchronized）。读操作既可以是同步（synchronous）的，也可以是异步（asynchronous）的，如表 4-2 所示。

表 4-2   读操作的同步性

	同步的（synchronized）
同步（synchronous）	读操作直到最新数据保存到提供的缓冲区后才返回。（这是常见的执行方式）
异步	读操作在请求被加入队列后返回。一旦该操作被执行，返回最新数据

在第 2 章，我们讨论如何使写操作同步（synchronized）（设置 O_SYNC 标志），以及如何确保所有 I/O 操作是同步的（synchronized）（通过 fsync()及其友元函数）。现在，我们来看看如何使读写操作异步完成。

异步 I/O

执行异步 I/O 需要内核在最底层的支持。 POSIX 1003.1-2003 定义了 aio 接口，幸运的是 Linux 实现了该接口。aio 库提供了一系列函数来实现异步 I/O 并在完成时收到通知。

```
#include <aio.h>

/* asynchronous I/O control block */
struct aiocb {
        int aio_fildes;                 /* file descriptor */
        int aio_lio_opcode;             /* operation to perform */
        int aio_reqprio;                /* request priority offset */
        volatile void *aio_buf;         /* pointer to buffer */
        size_t aio_nbytes;              /* length of operation */
        struct sigevent aio_sigevent;   /* signal number and value */

        /* internal, private members follow... */
};

int aio_read (struct aiocb *aiocbp);
int aio_write (struct aiocb *aiocbp);
int aio_error (const struct aiocb *aiocbp);
int aio_return (struct aiocb *aiocbp);
int aio_cancel (int fd, struct aiocb *aiocbp);
int aio_fsync (int op, struct aiocb *aiocbp);
int aio_suspend (const struct aiocb * const cblist[],
                int n,
                const struct timespec *timeout);
```

4.6 I/O 调度器和 I/O 性能

在现代系统中，磁盘和系统其他组件的性能差距很大，而且还在增大。磁盘性能最糟糕的部分在于把读写头（即磁头）从磁盘的一个位置移动到另一个位置，该操作称为"查找定位（seek）"。在实际应用中，很多操作是以处理器周期（大概是1/3纳秒）来衡量，而单次磁盘查找定位平均需要8毫秒以上——这个值虽然不大，但是它却是CPU周期的2500万倍。

由于磁盘驱动和系统其他组件在性能上的巨大差异，如果每次有I/O请求时，都按序把这些I/O请求发送给磁盘，就显得过于"残忍"，效率也会非常低下。因此，现代操作系统内核实现了I/O调度器（I/O Scheduler），通过操纵I/O请求的服务顺序以及服务时间点，最大程度减少磁盘寻址次数和移动距离。I/O调度器尽力将硬盘访问的性能损失控制在最小。

4.6.1　磁盘寻址

为了理解 I/O 调度器的工作机制，首先需要了解一些背景知识。硬盘基于用柱面（cylinders）、磁头（heads）和扇区（section）几何寻址方式来获取数据，这种方式也被称为 CHS 寻址。每个硬盘都是由多个盘片（platter）组成，每个盘片包括一个磁盘、一个主轴和一个读写头。你可以把每个盘片看作一个 CD，硬盘上所有盘片看作一摞 CD。每个盘片又分成很多环状的磁道，就像 CD 上一样。每个磁道分为整数倍个扇区。

为了定位某个特定数据单元在磁盘上的位置，驱动程序需要知道三个信息：柱面、磁头和扇区的值。柱面值指定了数据在哪个磁道上。如果把盘片放成一摞，磁道在所有盘片上构成了一个柱面。换句话说，一个柱面是由所有盘片上离盘中心相同距离的磁道组成的。磁头值表示准确的读写头（即准确的盘片）。查找先是定位到了单个盘片上的单个磁道。然后，磁盘驱动利用扇区找到磁道上准确扇区。现在，查找完成：硬盘驱动知道了应该在哪个盘片，哪个磁道，哪个扇区来查找数据。然后定位读写头到正确的盘片上正确的磁道，从正确的扇区读写。

幸运的是，现代系统不会直接操作硬盘的柱面、磁头和扇区。硬盘驱动将每个柱面/磁头/扇区的三元组映射成唯一的块号（也叫物理块或设备块），更准确地说，映射到指定的扇区。现代操作系统可以直接使用块号（即逻辑块寻址（LBA））来访问硬盘，硬盘驱动程序把块号转换成正确的 CHS 地址。[1] 很自然地，块到 CHS 的映射是连续的：逻辑块 n 和逻辑块 n + 1 在物理上也是相邻的。稍后我们将看到，这种连续映射是很重要的。

文件系统是软件领域的概念。它们操作自己的操作单元，即逻辑块（有时候称作文

---

[1] 对块绝对数量的限制很大程度上导致了近年来在磁盘容量上的各种限制。

件系统块，或者块）。逻辑块的大小必须是物理块大小的整数倍。换句话说，文件系统的逻辑块会映射到一个或多个硬盘物理块。

4.6.2　I/O 调度器的功能

I/O 调度器实现两个基本操作：合并（merging）和排序（sorting）。合并（merging）操作是将两个或多个相邻的 I/O 请求的过程合并为一个。考虑两次请求，一次读取第 5 号物理块，第二次读取第 6 号和第 7 号物理块上的数据。这些请求被合并为一个对块 5 到 7 的操作。总的 I/O 吞吐量可能一样，但是 I/O 的次数减少了一半。

排序（sorting）是选取两个操作中相对更重要的一个，并按块号递增的顺序重新安排等待的 I/O 请求。比如说，I/O 操作要求访问块 52、109 和 7，I/O 调度这三个请求以 7、52、109 的顺序进行排序。如果还有一个请求要访问 81，它将被插入到访问 52 和 109 的中间。然后，I/O 调度器按它们在队列中的顺序统一调度：7、52、81、109。

按这种方式，磁头的移动距离最小。磁头以平滑、线性的方式移动，而不是无计划地移动（在整个磁盘中来回无序地移动进行查找）。因为寻址是 I/O 操作中代价最高的部分，改进该操作可以使 I/O 性能获得提升。

4.6.3　改进读请求

每次读请求必须返回最新的数据。因此，当请求的数据不在页缓存中时，读请求在数据从磁盘读出前一直会阻塞——这可能是一个相当漫长的操作。我们将这种性能损失称为读延迟（read latency）。

一个典型的应用可能在短时期发起好几个 I/O 读请求。由于每个请求都是同步的，后面的请求会依赖于前面请求的完成。举个例子，假设我们要读取一个目录下所有的文件。应用会打开第一个文件，读取一块数据，等待，然后再读下一段数据，如此往复，直到读完整个文件。然后，该应用开始读取下一个文件。所有的请求都是串行进行的：只有当前请求结束后，后续请求才可以执行。

这和写请求（缺省是非同步的）形成了鲜明的对比，写请求在短时间内不需要发起任何 I/O 操作。从用户空间应用角度看，写操作请求的是数据流，不受硬盘性能的影响。这种数据流行为只会影响读操作：由于写数据流会占用内核和磁盘资源。该现象被称为"写饿死读（writes-starving-reads）"问题。

如果 I/O 调度器总是以插入方式对请求进行排序，可能会"饿死"（无限期延迟）块号值较大的访问请求。下面，我们再来看一下之前的例子。如果新的请求不断加入，比如都是 50～60 间的，第 109 块的访问请求将一直不会被调度到。读延迟的问题很严重，可能会极大影响系统性能。因此，I/O 调度器采用了一种机制，可以避免"饿死"现象。

最简单的方法就是像 Linux 内核 2.4 那样，采用 Linus 电梯调度法（Linus Elevator）[1]，在该方法中，如果队列中有一定数量的旧的请求，则停止插入新的请求。这样整体上可以做到平等对待每个请求，但在读的时候，却增加了读延迟（read latency）。问题在于这种检测方法太简单。因此，2.6 内核丢弃了 Linus 电梯调度算法，转而使用了几种新的调度器算法。

Deadline I/O 调度器

Deadline I/O 调度器（截止时间 I/O 调度器）是为了解决 2.4 调度程序及传统的电梯调度算法的问题。Linus 电梯算法维护了一个经过排序的 I/O 等待列表。队首的 I/O 请求是下一个将被调度的。Deadline I/O 调度器保留了这个队列，为了进一步改进原来的调度器，增加了两个新的队列：读 FIFO 队列和写 FIFO 队列。队列中的项是按请求提交时间来排序。读 FIFO 队列，如它名字所述，只包含读请求，同样写 FIFO 队列只包含写请求。FIFO 队列中的每个请求都设置了一个过期时间。读 FIFO 队列的过期时间设置为 500 毫秒，写队列则为 5 秒。

当提交一个新的 I/O 请求后，它会按序被插入到标准队列，然后加入到相应队列（读队里或写队列）的队尾。通常情况下，硬盘总是先发送标准队列中队首的 I/O 请求。因为普通队列是按块号排列的（linus 电梯调度法也如此），这样可以通过减小查找次数来增大全局吞吐量。

当某个 FIFO 队列的队首请求超出了所在队列的过期时间时，I/O 调度器会停止从标准 I/O 队列中调度请求，转而调度这个 FIFO 队列的队首请求。I/O 调度程序只需检查处理队首请求，因为它是队列中等待时间最久的。

按这种方式，Deadline I/O 调度器在 I/O 请求上加入了最后期限。虽然不能保证在过期时间前调度 I/O 请求，但是一般都是在过期时间左右调度请求。因此，Deadline I/O 调度器能提供很好的吞吐量，而不会让任一个请求等待过长的时间。因为读请求被赋予更小的过期时间，"写饿死读"问题的发生次数降到了最低。

Anticipatory I/O 调度器

Deadline I/O 调度器表现很好，但是并不完美。回想一下我们关于读依赖的讨论。

---

[1] Linus 以他自己的名字命名了这个调度器。这种算法因为和解决电梯平滑运行的问题类似，所以也称为电梯算法。

使用 Deadline I/O 调度器时，在一系列读请求中的第一个，在它的截止时间前或马上到来时将会很快被响应，然后 I/O 调度程序返回，处理队列中其他 I/O 请求。到现在为止，暂时没什么问题。但是假设应用突然提交一个读请求，而且该请求即将到截止时间，I/O 调度器响应该请求，在硬盘查找请求的数据，然后返回，再处理队列中其他请求。这样的前后查找可能持续很长事件，在很多应用中都能看到这样的情况。当延迟保持在很短的时间内时，因为要不断处理读请求并在磁盘上查找数据，所以总的吞吐量并不是很好。如果硬盘能够停下来等待下一个读请求，而不处理排序队列中的请求，性能将会得到一定的提升。不幸的是，在下次应用程序被调度并提交下一个独立的读请求之前，I/O 调度器已经移动磁头了。

当存在很多这种独立的读请求时，问题又会浮现出来——每个读请求在前一个请求返回后才会执行，当应用程序得到数据，准备运行并提交下一个读请求时，I/O 调度程序已经去处理其他的请求了。这样导致了恶性循环——每次查找时都要进行不必要的寻址操作：查找数据、读数据、返回。是否存在这样的情况：I/O 调度器可以预知下一个提交的请求是对磁盘同一部分的访问，等待下次的读，而不必往复进行查找定位。花几毫秒的等待时间来避免"悲催"的查找操作，是很值得的。

这就是 anticipatory I/O 调度器（期望 I/O 调度器）的工作原理。它起源于 Deadline 机制，但是多了预测机制。当提交一个读操作请求时，anticipatory I/O 调度器会在该请求到达终止期限前调度它。和 Deadline I/O 调度器不同的是，anticipatory I/O 调度器会等待 6 毫秒。如果应用程序在 6 毫秒内对硬盘同一部分发起另一次读请求，读请求会立刻被响应，anticipatory I/O 调度器继续等待。如果 6 毫秒内没有收到读请求，anticipatory I/O 调度器确认预测错误，然后返回进行正常操作（例如处理标准队列中的请求）。即使只有一定数目的请求预测正确，也可以节省大量的时间（为了节省寻道时间，每次进行预测是值得的）。因为大部分读是相互依赖的，预测可以节省大量的时间。

CFQ I/O 调度器

尽管在方法上有所区别，但 Complete Fair Queuing（完全公平队列，CFQ）I/O 调度器和上述两种调度器的目标是一致的。[1] 使用 CFQ 时，每个进程都有自己的队列，每个队列分配一个时间片。I/O 调度程序使用轮询方式访问并处理队列中的请求，直到队列的时间片耗尽或所有的请求都被处理完。后一种情况，CFQ I/O 调度器将会空转一段时间（默认 10 毫秒），等待当前队列中新的请求。如果预测成功，I/O

---

[1] 下面的文字讨论当前 CFQ I/O 调度器的实现。之前的孵化原型没有使用时间片或启发式预测，但工作方式类似。

调度器避免了查找操作。如果预测无效，调度程序转而处理下一个进程的队列。

在每个进程的队列中，同步请求（例如读操作）被赋予比非同步请求更高的优先级。在这种情况下，CFQ 更希望进行读操作，也避免了"写饿死读"的问题。由于提供了进程队列设置，CFQ 调度器对所有进程都是公平的，同时全局性能也很优。

CFQ 调度器适合大多数的应用场景，是很多情况下的最佳选择。

Noop I/O 调度器

Noop I/O 调度程序是目前最简单的调度器。无论什么情况，它都不进行排序操作，只是简单地合并。它一般用在不需要对请求排序的特殊设备上。

固态驱动器

固态驱动器（solid state drivers，SSDs）如闪存越来越普遍。有很多驱动器如移动手机和平板，根本没有这样的旋转磁盘设备，全部都是采用闪存。像闪存这样的固态驱动器的查找定位时间要远远低于硬盘驱动器的时间，因为在查找给定数据块时没有"旋转"代价。相反，SSDs 是以类似随机访问内存的方式来索引：它不但可以非常高效地读取大块连续数据，而且访问其他位置的数据耗时也很小。

因此，对于 SSDs，对 I/O 请求排序带来的好处不是很明显，这些设备很少使用 I/O 调度器。对于 SSDs，很多系统采用 Noop I/O 调度器机制，因为该机制提供了合并功能（会带来更多好处），而不是排序。但是，如果系统期望优化交互操作性能，会采用 CFQ I/O 调度器，对于 SSDs 也是如此。

4.6.4　选择和配置你的 I/O 调度器

在启动时可以通过内核命令参数 iosched 来指定默认的 I/O 调度器。有效选项包括 as、cfq、deadline 和 noop。也可以在运行时针对每个块设备进行选择，可以通过修改文件/sys/block/device/queue/scheduler 来完成。读该文件时，可以知道当前的 I/O 调度器是什么，把上述有效选项值写入文件中即可以更改 I/O 调度程序。例如，要设置设备 hda 的 I/O 调度程序为 CFQ，可以使用如下方式：

```
# echo cfq > /sys/block/hda/queue/scheduler
```

目录/sys/block/device/queue/iosched 包含了支持管理员获得和设置的 I/O 调度器相关的选项。准确的选项值依赖于当前 I/O 调度器。改变任何设置都需要 root 权限。

一个好的程序员写的程序不会涉及底层的 I/O 子系统。但是，毫无疑问，对子系统的了解有助于我们写出更优化的代码。

4.6.5 优化 I/O 性能

由于和系统其他组件相比，磁盘 I/O 很慢，而 I/O 系统又是现代计算机很重要的组成部分，因此使 I/O 性能达到最优是非常重要的。

减少 I/O 操作的次数（通过将很多小的操作聚集为一些大的操作），实现块对齐的 I/O，或者使用用户空间缓冲（见第 3 章），这些是系统编程工具箱中非常重要的工具。同样，利用高级 I/O 技术，如向量 I/O、定位 I/O（见第 2 章）和异步 I/O，这些是系统编程中需要考虑的重要模式。

不过，一些关键任务和 I/O 操作频繁的应用程序，可以使用额外的技巧来优化性能。如同前面讨论的，虽然 Linux 内核利用了高级 I/O 调度器来减少磁盘寻址次数，用户空间的应用可以采用类似方式，来实现更大的性能提升。

用户空间 I/O 调度

对于需要发起大量 I/O 请求的 I/O 密集型应用，可以通过使用类似于 Linux I/O 调度器的方法，对挂起的 I/O 请求进行排序和合并，进而获得更多的性能提升。[1]

既然 I/O 调度器会按块排序请求，减少寻址，并尽量使磁头以线性平滑的方式移动，为什么还要在应用程序中重复这些操作呢？举个例子，假设有个应用提交大量未排序的 I/O 请求。这些请求以随机顺序进入 I/O 调度器的队列。I/O 调度器在向磁盘转发请求前对其进行排序和合并，但是当请求开始向磁盘提交时，应用仍在不断提交其他 I/O 请求。I/O 调度程序只能排序大量请求中的一小部分，其余的都被挂起。

因此，如果某个应用会生成大量请求，尤其是请求可能是遍布整个磁盘的数据，最好在提交之前对其排序，确保它们有序提交给 I/O 调度器，这样会带来很大的性能提升。

但是，对于同样的信息，用户空间的程序和内核不见得有同样的访问权限。在 I/O 调度器的最底层，请求已经是以物理块的形式进行组织。对物理块进行排序是很简单的。但是，在用户空间，请求是以文件和文件偏移的形式存在的。用户空间的应用必须获取信息，并对文件系统的布局做出合理的猜测。

为了使某个文件的所有 I/O 请求能以有利于寻址操作的顺序提交，用户空间应用可

---

[1] 只能将这种技术应用于 I/O 操作频繁的应用或者关键应用上。对 I/O 请求很少的应用则没必要对 I/O 操作进行排序。

以做出很多处理。它们可按照以下方式进行排序:

- 绝对路径

- inode 编号

- 文件的物理块

每个选项都涉及一定程度的折衷。我们一起来简单讨论一下。

按路径排序

按路径排序是最简单的,也是最低效的接近块排序的方法。在大部分文件系统所采用的布局算法中,每个目录(以及同一个父目录下的子目录)里的文件,往往在磁盘上物理相邻。同一个目录中的文件,如果在同一段时间内创建,物理相邻的概率更高。

因此,按路径排序几乎相当于文件在磁盘上的物理位置相邻。在同一个目录下的文件显然比在文件系统完全不同位置的两个文件有更大的概率会物理相邻。这种方法的缺点在于没有考虑文件系统的碎片。文件系统碎片越多,按路径排序的作用越小。即使忽略了碎片,按路径排序也只能说是接近实际的物理块顺序。其优点在于,按路径排序至少对于所有文件系统都是可用的。不管在文件布局上是否物理相邻,空间局部性使得这种方式至少比较准确。此外,这种排序方法还很容易实现。

按 inode 排序

在 UNIX 中,inode(索引节点)是包含和文件唯一相关的元信息的结构。一个文件可能占用了多个物理块,但每个文件只有一个 inode,其中包含了文件大小、权限、所有者等信息。我们将在第 8 章更深入探讨 inode。现在,你只需要知道两点:每个文件都有一个 inode 与之关联,这个 inode 是由数字唯一标识。

使用 inode 排序比路径排序更有效,考虑如下关系:

```
file i's inode number < file j's inode number
```
通常意味着:

```
physical blocks of file i < physical blocks of file j
```
对 UNIX 系的文件系统(如 ext2 和 ext3)而言,以上结论是毫无疑问的。对于并不使用 inode 的文件系统来讲,存在各种可能性,但是使用 inode(无论其如何映射)排序也不失为一种比较好的方法。

可以通过 stat()系统调用来获得 inode 序号，在第 8 章中将会讨论更多。由于 inode
和每次请求所涉及的文件关联，可以按 inode 序号升序方式对每个请求进行排序。

以下简单的示例程序可以输出指定文件的 inode 编号：

```
#include <stdio.h>
#include <stdlib.h>
#include <fcntl.h>
#include <sys/types.h>
#include <sys/stat.h>

/*
 * get_inode - returns the inode of the file associated
 * with the given file descriptor, or -1 on failure
 */
int get_inode (int fd)
{
        struct stat buf;
        int ret;

        ret = fstat (fd, &buf);
        if (ret < 0) {
                perror ("fstat");
                return -1;
        }

        return buf.st_ino;
}

int main (int argc, char *argv[])
{
        int fd, inode;

        if (argc < 2) {
                fprintf (stderr, "usage: %s <file>\n", argv[0]);
                return 1;
        }

        fd = open (argv[1], O_RDONLY);
        if (fd < 0) {
                perror ("open");
                return 1;
        }

        inode = get_inode (fd);
        printf ("%d\n", inode);

        return 0;
}
```

在应用中可以很容易使用 get_inode()函数。

按 inode 编号排序有如下优点：inode 编号容易获取，容易排序，和文件的物理布局很近似。主要的缺点是碎片会降低这种近似性，而且近似性只是估算，在非 UNIX 系统上也不够准确。无论如何，使用 inode 进行排序都是在用户空间 I/O 请求调度中最常用的方法。

按物理块排序

设计自己的电梯算法，最好的方式是使用物理块进行排序。如之前讨论的，逻辑块是文件系统最小的分配单元，每个文件都被分割成若干逻辑块。逻辑块的大小和文件系统有关，每个逻辑块对应一个物理块。因此，我们可以通过确定文件的逻辑块数，确定它们对应的物理块，并在此基础上进行排序。

内核提供了通过文件的逻辑块获得物理块的方法。通过系统调用 ioctl()（将在第 8 章讨论），使用 FIBMAP 命令：

```
ret = ioctl (fd, FIBMAP, &block);
if (ret < 0)
        perror ("ioctl");
```

这里，fd 是所请求文件的文件描述符，block 是希望确定其物理块号的逻辑块。调用成功时，block 会被赋值为物理块号。逻辑块号从 0 开始索引，与文件相关。如果文件由 8 个逻辑块组成，其有效值范围为 0 到 7。

获得逻辑块到物理块的映射需要两个步骤。首先，确定给定文件中块的数量。这可以通过 stat()调用来完成。其次，对每个逻辑块，发起 ioctl()调用请求获得相应的物理块。

以下示例程序对通过命令行传递的文件进行相关操作，获取逻辑块号：

```
#include <stdio.h>
#include <stdlib.h>
#include <fcntl.h>
#include <sys/types.h>
#include <sys/stat.h>
#include <sys/ioctl.h>
#include <linux/fs.h>

/*
 * get_block - for the file associated with the given fd, returns
 * the physical block mapping to logical_block
 */
int get_block (int fd, int logical_block)
{
```

```
        int ret;

        ret = ioctl (fd, FIBMAP, &logical_block);
        if (ret < 0) {
                perror ("ioctl");
                return -1;
        }

        return logical_block;
}

/*
 * get_nr_blocks - returns the number of logical blocks
 * consumed by the file associated with fd
 */
int get_nr_blocks (int fd)
{
        struct stat buf;
        int ret;

        ret = fstat (fd, &buf);
        if (ret < 0) {
                perror ("fstat");
                return -1;
        }
        return buf.st_blocks;
}
/*
 * print_blocks - for each logical block consumed by the file
 * associated with fd, prints to standard out the tuple
 * "(logical block, physical block)"
 */
void print_blocks (int fd)
{
        int nr_blocks, i;

        nr_blocks = get_nr_blocks (fd);
        if (nr_blocks < 0) {
                fprintf (stderr, "get_nr_blocks failed!\n");
                return;
        }

        if (nr_blocks == 0) {
                printf ("no allocated blocks\n");
                return;
        } else if (nr_blocks == 1)
                printf ("1 block\n\n");
        else
                printf ("%d blocks\n\n", nr_blocks);

        for (i = 0; i < nr_blocks; i++) {
                int phys_block;
```

```
                phys_block = get_block (fd, i);
                if (phys_block < 0) {
                        fprintf (stderr, "get_block failed!\n");
                        return;
                }
                if (!phys_block)
                        continue;

                printf ("(%u, %u) ", i, phys_block);
        }

        putchar ('\n');
}

int main (int argc, char *argv[])
{
        int fd;

        if (argc < 2) {
                fprintf (stderr, "usage: %s <file>\n", argv[0]);
                return 1;
        }

        fd = open (argv[1], O_RDONLY);
        if (fd < 0) {
                perror ("open");
                return 1;
        }

        print_blocks (fd);

        return 0;
}
```

因为文件往往是物理连续的，所以基于每个逻辑块对 I/O 请求进行排序应该会比较难，按指定文件的第一个逻辑块排序则比较好一些。这样，就不需要 get_nr_blocks() 函数，应用可以根据以下调用的返回值进行排序：

```
get_block (fd, 0);
```

使用 FIBMAP 的缺点在于它需要设置 CAP_SYS_RAWIO 权限——即拥有 root 权限。因此，非 root 的应用无法使用这种方法。此外，虽然 FIBMAP 命令是标准化的，但是其具体的实现则是和每个文件系统相关。虽然常见的文件系统如 ext2 和 ext3 都支持 FIBMAP，但无法避免某些离奇的文件系统不支持的情况。如果不支持 FIBMAP，ioctl() 会返回 EINVAL。

不过，使用 FIBMAP 的优点在于它返回了文件所在的真实物理块号，这正是排序所真正需要的。即使只基于一个块地址对所有同一文件的 I/O 请求进行排序（内核的 I/O 调度器对每个 I/O 请求的排序就是基于块），这种方法也很接近最优排序。

但是，问题在于需要 root 权限，这对大多数初学者而言是不可得的。

4.7　结束语

通过以上 3 章，我们已经了解了 Linux 系统上文件 I/O 的方方面面。在第 2 章，我们学习了基础的 Linux 文件 I/O 的基础（实际上也是 UNIX 编程的基础），如 read()、write()、open()、close()等。在第 3 章，我们讨论了用户空间的缓冲和 C 标准库的实现。在这一章，我们讨论了种种高级 I/O 问题，从"更有效更复杂"的 I/O 系统调用到优化技术以及导致性能严重下降的磁盘寻址操作。

在接下来的两章，我们将学习进程管理：创建、销毁和管理进程。一起继续前进！

第 5 章

进程管理

正如第 1 章所提到的，进程是 UNIX 系统中仅次于文件的基本抽象概念。当目标代码执行时，正在运行的进程不仅仅是汇编代码，而是由数据、资源、状态和虚拟的计算机组成。

本章将会阐述进程从创建到结束所涉及的一些基本概念。自从早期的 UNIX 开始，这些基本概念至今基本没有什么变化。在进程管理这个主题中，处处闪烁着 UNIX 设计者们的智慧和远见。在创建进程上，UNIX 采取了一种有趣的、"不走寻常路"的方式：它把创建进程和加载新的二进制镜像分离。虽然大多数情况下，这两个任务都是顺序执行的，但分离后对两个任务可以有更多的空间来实践和改进。这条"不寻常路"至今依然被证明是正确的。大多数操作系统只是提供单个系统调用来启动新的进程，而 UNIX 提供了两个系统调用：fork 和 exec。在探讨这些系统概念之前，还是先好好研究一下进程的一些基本概念。

5.1 程序、进程和线程

程序（program）是指编译过的、可执行的二进制代码，保存在存储介质如磁盘上，不运行。规模很大的二进制程序集可以称为应用。/bin/ls 和 /usr/bin/X11 都属于二进制程序。

进程（process）是指正在运行的程序。进程包括二进制镜像，加载到内存中，还涉及很多其他方面：虚拟内存实例、内核资源如打开的文件、安全上下文如关联的用户，以及一个或多个线程。线程（thread）是进程内的活动单元。每个线程包含自己的虚拟存储器，包括栈、进程状态如寄存器，以及指令指针。

在单线程的进程中，进程即线程。一个进程只有一个虚拟内存实例，一个虚拟处理器。在多线程的进程中，一个进程有多个线程。由于虚拟内存是和进程关联的，所有线程会共享相同的内存地址空间。

5.2 进程 ID

每个进程都由一个唯一的标识符表示的，即进程 ID，简称 pid。系统保证在任意时刻 pid 都是唯一的。也就是说，在 t+0 时刻有且只有一个进程的 pid 是 770（如果有的话），但并不表示在 t+1 时刻另一个进程的 pid 就不能是 770。从本质上来讲，大多数程序会假定内核不会重用已用过的 pid 值——这个假设，正如你所将看到的，是完全正确的。当然，从进程角度看，其 pid 永远都不会变化。

空闲进程(idle process)——即当没有其他进程在运行时，内核所运行的进程——其 pid 值为 0。在启动后，内核运行的第一个进程称为 init 进程，其 pid 值为 1。一般来说，Linux 中 init 进程就是 init 程序。"init" 这个术语不但表示内核运行的第一个进程，也表示完成该目的的程序名称。

除非用户显式告诉内核要运行哪个程序（通过 init 内核命令行参数），否则内核就必须自己指定合适的 init 程序——这种情况很少见，是内核策略的一个特例。Linux 内核会尝试四个可执行文件，顺序如下。

1．/sbin/init：init 最有可能存在的地方，也是期望存在的地方。

2．/etc/init：init 另一个可能存在的地方。

3．/bin/init：init 可能存在的位置。

4．/bin/sh：Bourne shell 所在的位置，当内核没有找到 init 程序时，就会尝试运行它。

在以上四个可能位置中，最先被发现的就会当作 init 运行。如果四个运行都失败了，内核就会报警，系统挂起。

内核交出控制后，init 会接着完成后续的启动过程。一般而言，这个过程包括初始化系统、启动各种服务以及启动登录进程。

5.2.1 分配进程 ID

缺省情况下，内核将进程 ID 的最大值设置为 32 768，这是为了和老的 UNIX 系统兼容，因为这些系统使用了有符号 16 位数来表示进程 ID。系统管理员可以通过修改/proc/sys/kernel/pid_max 把这个值设置成更大的值，但是会牺牲一些兼容性。

内核分配进程 ID 是以严格的线性方式执行的。如果当前 pid 的的最大值是 17，那么分配给新进程的 pid 值就为 18，即使当新进程开始运行时，pid 为 17 的进程已经不再运行了。内核分配的 pid 值达到了/proc/sys/kernel/pid_max 之后，才会重用以前已经分配过的 pid 值。因此，尽管内核不保证长时间的进程 ID 的唯一性，但这种分配方式至少可以保证 pid 在短时间内是稳定且唯一的。

5.2.2 进程体系

创建新进程的那个进程称为父进程，而新进程被称为子进程。每个进程都是由其他进程创建的（除了 init 进程），因此每个子进程都有一个父进程。这种关系保存在每个进程的父进程 ID 号（ppid）中。

每个进程都属于某个用户和某个组。这种从属关系可以用来实现访问控制。对于内核来说，用户和组都不过是些整数值。通过/etc/passwd 和/etc/group 这两个文件，这些整数被映射成人们易读的形式。UNIX 用户应该对这些比较熟悉了，比如 root 用户、wheel 组（通常来说，内核不关心这些易读的字符串，它更喜欢用整数来标识它们）。每个子进程都继承了父进程的用户和组。

每个进程都是某个进程组（process group）的一部分，进程组表示的是该进程和其他进程之间的关系，和前面提到的用户和组的概念不同，不应混淆。子进程通常属于其父进程所在的那个进程组。此外，当通过 shell 建立管道时（如用户输入了命令 ls | less），所有和管道相关的命令都是同一个进程组。进程组这个概念使得在管道上的进程之间发送信号或者获取信息变得很容易，同样，也适用于管道中的子进程。从用户角度来看，进程组和作业（job）是紧密关联的。

5.2.3 pid_t

从编程角度看，进程 ID 是由数据类型 pid_t 来表示的，pid_t 在头文件<sys/types.h>中定义。pid_t 对应的具体的 C 语言类型是与机器的体系结构相关的，并且在任何 C 语言标准中都没有定义它。但是，在 Linux 中，pid_t 通常定义为 C 语言的 int 类型。

5.2.4 获取进程 ID 和父进程 ID

系统调用 getpid()会返回调用进程的进程 ID，用法如下：

```
#include <sys/types.h>
#include <unistd.h>

pid_t getpid (void);
```

系统调用 getppid()会返回调用进程的父进程 ID，用法如下：

```
#include <sys/types.h>
#include <unistd.h>

pid_t getppid (void);
```

这两个系统调用都不会返回错误，因此，使用很简单：

```
printf ("My pid=%jd\n", (intmax_t) getpid ());
printf ("Parent's pid=%jd\n", (intmax_t) getppid ());
```

在上面这个例子中，我们把返回值强制类型转换成 intmax_t 类型，它是一种 C/C++ 类型，能够确保可以存储系统上的任意有符号整数值。换句话说，它表示的范围大于等于所有其他整数类型表示的范围。通过在 printf()函数中指定输出修饰符为 (%j)，保证可以正确输出 typedef 所表示的整数值。在 intmax_t 之前，没有一种可兼容的方式做到这一点（如果你的系统没有 intmax_t，可以认为 pid_t 就是 int 类型，这适用于绝大多数的 UNIX 系统）。

5.3　运行新进程

在 UNIX 中，把程序载入内存并执行程序映像的操作与创建新进程的操作是分离的。一次系统调用会把二进制程序加载到内存中，替换地址空间原来的内容，并开始执行。这个过程称为"执行（executing）"一个新的程序，是通过一系列 exec 系统调用来完成。

同时，另一个不同的系统调用是用于创建一个新的进程，它基本上相当于复制其父进程。通常情况下，新的进程会立即执行新的程序。创建新进程的操作称为派生 (fork)，是系统调用 fork()来完成这个功能。在新进程中执行一个新的程序需要两个步骤：首先，创建一个新的进程，然后，通过 exec 系统调用把新的二进制程序加载到该进程中。下面，我们先来讲解 exec 系统调用，然后再探讨 fork()。

5.3.1　exec 系统调用

不存在单一的 exec 函数，而是基于单个系统调用，由一系列的 exec 函数构成。我们先来看看其中最简单的调用 execl()：

```
#include <unistd.h>

int execl (const char *path,
           const char *arg,
           ...);
```

execl()调用会把 path 所指路径的映像载入内存，替换当前进程的映像。参数 arg 是它的第一个参数。省略号表示可变长度的参数列表——execl() 函数是可变参数

（variadic），也就是说后续还有一个或多个其他参数，参数列表必须以 NULL 结尾。

举个例子，以下代码会通过/bin/vi 替换当前运行的程序：

```
int ret;

ret = execl ("/bin/vi", "vi", NULL);
if (ret == -1)
        perror ("execl");
```

注意，这段代码遵循了 UNIX 惯例，用"vi"作为第一个参数。当创建/执行（fork/exec）进程时，shell 会把路径中的最后部分即"vi"，放入新进程的第一个参数 argv[0]，程序解析 argv[0]后，就知道二进制映像文件的名字了。在很多情况下，用户会看到有些系统工具有不同的名字，实际上这些名字都是指向同一个程序的硬连接。程序通过第一个参数来确定其具体行为。

另一个例子是，如果你想要编辑文件/home/kidd/hooks.txt，可以执行如下代码：

```
int ret;

ret = execl ("/bin/vi", "vi", "/home/kidd/hooks.txt", NULL);
if (ret == -1)
        perror ("execl");
```

通常情况下，execl()不会返回。调用成功时，会跳转到新的程序入口点，而刚刚运行的代码是不再存在于进程的地址空间中。错误时，execl()会返回-1，并相应设置 errno 值，表示错误信息。我们将在后面章节中讨论 errno 的可能值。

成功的 execl()调用不仅改变了地址空间和进程映像，还改变了进程的其他一些属性：

- 所有挂起的信号都会丢失。

- 捕捉到的所有信号都会还原为默认处理方式，因为信号处理函数已经不存在于地址空间中了。

- 丢弃所有内存锁（参看第 9 章）。

- 大多数线程的属性会还原成默认值。

- 重置大多数进程相关的统计信息。

- 清空和进程内存地址空间相关的所有数据，包括所有映射的文件。

- 清空所有只存在于用户空间的数据，包括 C 库的一些功能（如 atexit()的函数行为）。

但是，进程的某些属性还是没有改变，如 pid、父进程的 pid、优先级、所属的用户和组。

通常，打开的文件描述符也通过 exec 继承下来。这意味着如果新进程知道原进程所打开的文件描述符，它就可以访问所有这些文件。但是，这通常并不是期望的行为，所以实际操作中一般会在调用 exec 前关闭打开的文件，当然，也可以通过fcntl()，让内核去自动完成关闭操作。

exec 系的其他函数

除了 execl()外，exec 系还有其他 5 个函数，分别如下：

```
#include <unistd.h>

int execlp (const char *file,
            const char *arg,
            ...);

int execle (const char *path,
            const char *arg,
            ...,
            char * const envp[]);

int execv (const char *path, char *const argv[]);

int execvp (const char *file, char *const argv[]);

int execve (const char *filename,
            char *const argv[],
            char *const envp[]);
```

这些函数很容易记住。l[1] 和 v 分别表示参数是以列表方式还是数组(向量)方式提供的。p 表示会在用户的绝对路径 path 下查找可执行文件。使用变量 p 的命令可以只指定文件名，该文件必须在用户路径下。最后，e 表示会为新进程提供新的环境变量。奇怪的是，exec 函数中没有一个同时可以搜索路径和使用新环境变量的函数，虽然从技术角度看完全可以实现它。这可能是因为带 p 的 exec 函数主要是用于 shell的，因为 shell 执行的进程通常会从 shell 本身继承环境变量。

和前面的例子一样，以下代码段使用 execvp()来执行 vi，它依赖于 vi 必须在用户路径下：

```
int ret;

ret = execvp ("vi", "vi", "/home/kidd/hooks.txt", NULL);
if (ret == -1)
        perror ("execvp");
```

---

[1] 译注："l"表示在函数名中，在"exec"后包含"l"，包括 execlp()和 execle()。其他类似。

execlp()和 execvp()的安全隐患

当需要设置组 ID 和设置用户 ID 操作时，进程应该以二进制程序的组或用户权限运行，而不应该以调用方的组或用户身份运行——不要调用 shell 或那些会调用 shell 的操作。否则会产生安全漏洞，调用方可能会设置环境变量来操纵 shell 行为。对于这类攻击，最常见的形式是"路径注入（path injection）"，黑客设置 PATH 变量，导致进程通过 execlp()执行他选中的二进制代码，使得黑客可以以和该进程相同的权限运行任意程序。

exec 系函数也可以接收数组，先构建数组，再把该数组作为参数传递。使用数组可以支持在运行时确定参数。对于可变参数列表，数据必须以 NULL 结束。

和前一个例子类似，以下代码段会使用 execv()来执行 vi：

```
const char *args[] = { "vi", "/home/kidd/hooks.txt", NULL };
int ret;

ret = execv ("/bin/vi", args);
if (ret == -1)
        perror ("execvp");
```

在 Linux 中，exec 系函数只有一个是真正的系统调用，其他都是基于该系统调用在 C 库中封装的函数。由于处理变长参数的系统调用难于实现，而且用户的路径只存在于用户空间中，所以 execve()是唯一系统调用，其原型和用户调用完全相同。

错误返回值

成功时，exec 调用不会返回。失败时，返回-1，并把 errno 设置为下列值之一：

E2BIG 参数列表（arg）或者环境变量（envp）的长度过长。

EACCESS 没有在 path 所指定路径的查找权限；path 所指向的文件不是一个普通文件；目标文件不可执行；path 或文件所位于的文件系统以不可执行(noexec)的方式挂载。

EFAULT 给定指针非法。

EIO 底层 I/O 错误（这种情况很糟糕）。

EISDIR 路径 path 的最后一部分或者路径解释器是个目录。

ELOOP 系统在解析 path 时遇到太多的符号连接。

EMFILE 调用进程打开的文件数达到进程上限。

ENFILE 打开文件达到系统上限。

ENOENT 目标路径或文件不存在，或者所需要的共享库不存在。

ENOEXEC 目标文件不是一个有效的二进制可执行文件或者是其他体系结构上的可执行格式。

ENOMEM 内核内存不足，无法执行新的程序。

ENOTDIR path 中除最后名称外的其中某个部分不是目录。

EPERM path 或文件所在的文件系统以没有 sudo 权限的用户（nosuid）挂载，而且用户不是 root 用户，path 或文件的 suid 或 sgid 位被设置（只允许有 sudo 权限执行）。

ETXTBSY 目标目录或文件被另一个进程以可写方式打开。

5.3.2 fork()系统调用

通过 fork()系统调用，可以创建一个和当前进程映像一样的进程：

```
#include <sys/types.h>
#include <unistd.h>

pid_t fork (void);
```

当 fork()调用成功时，会创建一个新的进程，它几乎与调用 fork()的进程完全相同。这两个进程都会继续运行，调用者进程从 fork()返回后，还是照常运行。

新进程称为原进程的“子进程”，原进程称为“父进程”。在子进程中，成功的 fork()调用会返回 0。在父进程中，fork()会返回子进程的 pid。除了一些本质性区别，父进程和子进程之间在其他各个方面都完全相同：

- 子进程的 pid 是新分配的，与父进程不同。

- 子进程的 ppid 会设置为父进程的 pid。

- 子进程中的资源统计信息（Resource statistics）会清零。

- 所有挂起的信号都会清除，也不会被子进程继承（参看第 10 章）。

- 所有文件锁也都不会被子进程所继承。

出错时，不会创建子进程，fork()返回-1，并相应设置 errno 值。errno 有两种可能值，包括三种不同的含义：

EAGAIN 内核申请资源时失败，例如达到进程数上限，或者达到了 RLIMIT_NPROC 设置的资源限制（rlimit）（参见第 6 章）。

ENOMEM 内核内存不足，无法满足所请求的操作。

fork()系统调用的用法如下：

```
pid_t pid;

pid = fork ();
if (pid > 0)
        printf ("I am the parent of pid=%d!\n", pid);
else if (!pid)
        printf ("I am the child!\n");
else if (pid == -1)
        perror ("fork");
```

最常见的 fork()用法是创建一个新的进程，载入新的二进制映像——类似 shell 为用户创建一个新进程，或者一个进程创建了一个辅助进程。首先，该进程创建了新的进程，而这个新建的子进程会执行一个新的二进制可执行文件的映像。这种"派生/执行"的方式很常见，而且非常简单。下面的例子创建了一个新的进程来运行/bin/windlass：

```
pid_t pid;

pid = fork ();
if (pid == -1)
        perror ("fork");

/* the child ... */
if (!pid) {
        const char *args[] = { "windlass", NULL };
        int ret;

        ret = execv ("/bin/windlass", args);
        if (ret == -1) {
                perror ("execv");
                exit (EXIT_FAILURE);
        }
}
```

除了创建了一个子进程外，父进程会照常继续运行。调用 execv()会使子进程运行/bin/windlass。

写时复制

在早期的 UNIX 系统中，创建进程很简单，甚至有些过于简单。调用 fork()时，内核会复制所有的内部数据结构，复制进程的页表项，然后把父进程的地址空间按页

（page-by-page）复制到子进程的地址空间中。糟糕的是，这种按页复制方式是十分耗时的。

现代 UNIX 系统采取了更优的实现方式。在现代 UNIX 系统如 Linux 中，采用了写时复制（copy-on-write，COW）的方式，而不是对父进程空间进行整体复制。

写时复制是一种基于惰性算法的优化策略，为了避免复制时的系统开销。其前提假设很简单：如果有多个进程要读取它们自己那部分资源的副本，那么复制是不必要的。每个进程只要保存一个指向这个资源的指针就可以了。只要没有一个进程修改自己的"副本"，每个进程就好像独占那个资源，从而避免了复制带来的开销。如果某个进程想要修改自己的那份资源"副本"，就会开始复制该资源，并把副本提供给这个进程。复制过程对进程而言是"透明"的。这个进程后面就可以反复修改其持有的副本，而其他进程还是共享原来那份没有修改过的资源。这就是"写时复制"这个名称的由来：只有在写入时才执行复制。

写时复制的主要好处在于：如果进程从未修改资源，则都不需要执行复制。一般来说，惰性算法的好处就在于它们会尽量延迟代价高的操作，直到必要时才执行。

在使用虚拟内存的场景下，写时复制（Copy-on-write）是以页为基础执行的。所以，只要进程没有修改其全部地址空间，就不需要复制整个地址空间。在 fork()调用结束后，父进程和子进程都以为自己有唯一的地址空间，实际上它们共享父进程的原始页，这些页后面可能又会被其他的父进程或子进程共享。

写时复制在内核中的实现非常简单。这些页被标记为只读，并对内核页相关的数据结构实现写时复制。如果有进程试图修改某个页，就会产生缺页中断。内核处理缺页中断的处理方式就是对该页执行一次透明复制。这时，会清空该页的写时复制属性，表示这个页不再被共享。现代的计算机结构体系中都在内存管理单元（MMU）提供了硬件级别的写时复制支持，所以实现是很容易的。

对于调用 fork()创建进程的场景，写时复制有更大的优势。由于大量的 fork 创建之后都会紧接着执行 exec，因此把整个父进程地址空间中的内容复制到子进程的地址空间往往只是纯属浪费：如果子进程立刻执行一个新的二进制可执行文件的映像，它先前的地址空间就会被交换出去。写时复制可以对这种情况进行优化。

vfork()

在实现对页写时复制之前，UNIX 的设计者们就一直很关注在 fork 后立刻执行 exec 所造成的地址空间的浪费。因此，BSD 的开发者们在 BSD 3.0 系统中引入了 vfork() 系统调用。

```
#include <sys/types.h>
#include <unistd.h>

pid_t vfork (void);
```

vfork()调用成功时，其执行结果和 fork()是一样的，除了子进程会立即执行一次 exec 系统调用，或者调用_exit()退出（将在下面的章节中讨论）。vfork()系统调用会通过挂起父进程，直到子进程终止或执行新的二进制镜像，从而避免地址空间和页表拷贝。在这个过程中，父进程和子进程共享相同的地址空间和页表项，并不使用写时复制。实际上，vfork()调用只完成了一件事：复制内部的内核数据结构。因此，子进程也就不能修改地址空间中的任何内存。

系统调用 vfork()是个历史遗留，Linux 系统本不应该实现它，虽然需要注意的是，即使提供了写时复制机制，vfork()也比 fork()快，因为它没有进行页表项的复制。[1] 然而，写时复制的出现减弱了以 vfork()替换 fork()的争论。实际上，在 Linux 内核 2.2.0 之前，vfork()只是简单的 fork()封装。由于对 vfork()的需求要小于 fork()，所以 vfork()的这种实现方式是可行的。

严格来讲，vfork()的所有实现都是有 bug 的：考虑一下这种情况，如果 exec 调用失败了，父进程将被一直挂起，直到子进程采取措施或退出。程序应该更倾向于使用简单明了的 fork()调用。

5.4 终止进程

POSIX 和 C89 都定义了一个标准函数，可以终止当前进程：

```
#include <stdlib.h>

void exit (int status);
```

对 exit()的调用通常会执行一些基本的关闭步骤，然后通知内核终止这个进程。这个函数无法返回错误值——实际上它也从不返回。因此在 exit()之后执行任何指令都没有意义。

参数 status 用于标识进程的退出状态。其他程序比如 shell 用户，可以检查这个值。具体来说，会返回给父进程 status & 0377 这个值。在本章后面，我们会具体讨论如何获取这个返回值。

EXIT_SUCCESS 和 EXIT_FAILURE 这两个宏分别表示成功和失败，而且是可移植

---

[1] 写时复制共享表项的实现补丁已经在 Linux 内核邮件列表中得到推崇。如果 Linux 内核合并了该补丁，使用 vfork()实现就更是没有好处了。

的。在 Linux 中，0 通常表示成功；非 0 值，如 1 或-1，表示失败。

因此，成功退出时，只需要简单地写上类似这样的一行代码：

```
exit (EXIT_SUCCESS);
```

在终止进程之前，C 库会按顺序执行以下关闭进程的步骤。

1．调用任何由 atexit() 或 on_exit()注册的函数，和在系统中注册时顺序相反（我们将在本章后面讨论这些函数）。

2．清空所有已打开的标准 I/O 流（参见第 3 章）。

3．删除由 tmpfile()函数创建的所有临时文件。

这些步骤完成了在用户空间需要做的所有工作，最后 exit()会调用系统调用_exit( )，内核可以处理终止进程的剩余工作：

```
#include <unistd.h>

void _exit (int status);
```

当进程退出时，内核会清理进程所创建的、不再使用的所有资源。这包括但不局限于：分配内存、打开文件和 System V 的信号量。清理完成后，内核会摧毁进程，并告知父进程其子进程已经终止。

应用可以直接调用_exit()，但这通常并不合适：绝大多数应用在完全退出前需要做一些清理工作，例如清空 stdout 流。然而，需要注意的是，vfork()用户终止进程时必须调用_exit()，而不是 exit()。

```
#include <stdlib.h>

void _Exit (int status);
```

5.4.1　终止进程的其他方式

终止进程的典型方式不是通过显式系统调用，而是采用"直接跳到结束（falling off the end）"的方式。在 C 和 C++语言中，当 main()函数返回时会发生这种情况。然而，这种直接跳到结束的方式还是会执行系统调用：编译器会在最后关闭代码后插入隐式 exit()调用。在 main()函数返回时显式给出返回状态值，或者调用 exit()函数，这是一个良好的编程习惯。shell 会根据这个返回值来判断命令是否成功执行。注意，成功时返回 exit(0)，或者是从 main()函数返回 0。

如果进程收到一个信号，并且这个信号对应的处理函数是终止进程,进程也会终止。

这样的信号包括 SIGTERM 和 SIGKILL（参考第 10 章）。

最后一种进程终止方式是被内核强制终止。内核可以杀死执行非法指令、引起段错误、耗尽内存、消耗资源过多的任何进程。

5.4.2 atexit()

系统调用 atexit()是由 POSIX 1003.1-2001 所定义，Linux 也实现了该函数。它是用来注册一些在进程结束时要调用的函数：

```
#include <stdlib.h>

int atexit (void (*function)(void));
```

atexit()调用成功时，会注册指定的函数作为终止函数，在程序正常结束时（即进程通过调用 exit()或从 main()函数中返回）运行。如果进程调用了 exec 函数，会清空所注册的函数列表（这些函数不再存在于新进程的地址空间中）。如果进程是通过信号结束，就不会调用这些注册的函数。

指定函数必须是无参的，且没有返回值。函数形式如下：

```
void my_function (void);
```

函数调用的顺序和函数注册的顺序相反。也就是说，这些函数是存储在栈中，以后进先出的方式调用（LIFO）。注册的函数不能调用 exit()，否则会导致递归调用死循环。如果需要提前结束进程，应该调用_exit()。一般不推荐这种行为，因为它会使得一些重要的关闭函数不会被调用到。

POSIX 标准要求 atexit()至少支持注册 ATEXIT_MAX 个注册函数，而且这个值至少是 32。具体的最大值可以通过 sysconf( )得到，参数是_SC_ATEXIT_MAX：

```
long atexit_max;

atexit_max = sysconf (_SC_ATEXIT_MAX);
printf ("atexit_max=%ld\n", atexit_max);
```

成功时，atexit()返回 0。错误时，返回-1。

以下是个简单的例子：

```
#include <stdio.h>
#include <stdlib.h>

void out (void)
{
        printf ("atexit() succeeded!\n");
}
```

```
int main (void)
{
        if (atexit (out))
                fprintf(stderr, "atexit() failed!\n");

        return 0;
}
```

5.4.3 on_exit()

SunOS 4 自己定义了一个和 atexit() 等价的函数：on_exit()。Linux 的 glibc 也支持该函数：

```
#include <stdlib.h>

int on_exit (void (*function)(int, void *), void *arg);
```

该函数的工作方式和 atexit() 一样，只是注册的函数形式不同：

```
void my_function (int status, void *arg);
```

参数 status 是传给 exit() 的值或者是从 main() 函数返回的值。arg 是传给 on_exit () 的第二个参数。需要注意的是，当调用该注册函数时，要保证 arg 所指的内存地址必须是合法的。

最新版本的 Solaris 不再支持 on_exit() 函数了。因此，应该使用和标准兼容的 atexit()。

5.4.4 SIGCHLD

当一个进程终止时，内核会向其父进程发送 SIGCHILD 信号。默认情况下，父进程会忽略此信号量，也不会采取任何操作。但是，进程也可以选择通过 signal() 或 sigaction() 系统调用来处理这个信号。这些系统调用和信号处理的精彩内容将会在第 10 章讲解。

SIGCHILD 信号可能会在任意时刻产生，并在任意时刻被传递给父进程，因为对于父进程而言，子进程的终止是异步的。通常情况下，父进程都希望能更多地了解到子进程的终止，或者显式等待子进程终止。这可以通过系统调用来实现，我们将在后面讨论这些调用。

5.5　等待子进程终止

可以通过信号通知父进程，但是很多父进程想知道关于子进程终止的更多信息——比如子进程的返回值。

如果终止时，子进程完全消失了，父进程就无法获取关于子进程的任何信息。所以，

UNIX 的最初设计者们做了这样的决定：如果子进程在父进程之前结束，内核应该把该子进程设置成特殊的进程状态。处于这种状态的进程称为僵尸（zombie）进程。僵尸进程只保留最小的概要信息———一些基本内核数据结构，保存可能有用的信息。僵尸进程会等待父进程来查询自己的状态（这个过程称为在僵尸进程上等待）。只有当父进程获取到了已终止的子进程的信息，这个子进程才会正式消失，不再处于僵尸状态。

Linux 内核提供了一些接口，可以获取已终止子进程的信息。其中最简单的一个是 wait()，它由 POSIX 所定义：

```
#include <sys/types.h>
#include <sys/wait.h>

pid_t wait (int *status);
```

调用 wait()成功时，会返回已终止子进程的 pid；出错时，返回-1。如果没有子进程终止，调用会阻塞，直到有一个子进程终止。如果有个子进程已经终止了，调用会立即返回。因此，当得到子进程终止信息后——比如接收到 SIGCHLD 信号，调用 wait()函数，就会立即返回，不会被阻塞。

出错时，errno 有两种可能的值：

ECHILD   调用进程没有任何子进程。

EINTR   在等待子进程结束时收到信号，调用提前返回。

如果 status 指针不是 NULL，那它包含了关于子进程的一些其他信息。由于 POSIX 允许实现可以根据需要给 status 定义一些合适的比特位来表示附加信息，POSIX 标准提供了一些宏来解释 status 参数：

```
#include <sys/wait.h>

int WIFEXITED (status);
int WIFSIGNALED (status);
int WIFSTOPPED (status);
int WIFCONTINUED (status);

int WEXITSTATUS (status);
int WTERMSIG (status);
int WSTOPSIG (status);
int WCOREDUMP (status);
```

前两个宏可能会返回真（一个非 0 值），这取决于子进程的结束情况。如果进程正常结束了——也就是进程调用了_exit( )，第一个宏 WIFEXITED 会返回真。在这种情况下 WEXITSTATUS 会返回 status 的低八位，并传递给_exit( )函数。

如果信号导致进程终止（参看第10章对信号的讨论），WIFSIGNALED会返回真。在这种情况下，WTERMSIG会返回导致进程终止的信号编号。如果进程收到信号时生成core，WCOREDUMP就返回true。虽然很多UNIX系统，包括Linux都支持WCOREDUMP，但POSIX并没有定义它。

当子进程停止或继续执行时，WIFSTOPPED和 WIFCONTINUED会分别返回真。当前，进程状态是通过系统调用 ptrace()跟踪。只有当实现了调试器时，这些状态才可用，虽然和waitpid()一起使用时（参看下一节），这些调试器也可以用来实现作业控制。通常情况下，wait()仅用于获取子进程的终止信息。如果WIFSTOPPED返回真，WSTOPSIG 就返回使进程终止的信号编号。虽然 POSIX 没有定义WIFCONTINUED，但是新的标准为waitpid()函数定义了这个宏。正如在2.6.10内核中，Linux也为wait()函数提供了这个宏。

下面，让我们来看一个示例程序，它使用wait()来确定其子进程的状态：

```c
#include <unistd.h>
#include <stdio.h>
#include <sys/types.h>
#include <sys/wait.h>

int main (void)
{
        int status;
        pid_t pid;

        if (!fork ())
                return 1;

        pid = wait (&status);
        if (pid == -1)
                perror ("wait");

        printf ("pid=%d\n", pid);

        if (WIFEXITED (status))
                printf ("Normal termination with exit status=%d\n",
                        WEXITSTATUS (status));

        if (WIFSIGNALED (status))
                printf ("Killed by signal=%d%s\n",
                        WTERMSIG (status),
                        WCOREDUMP (status) ? " (dumped core)" : "");

        if (WIFSTOPPED (status))
                printf ("Stopped by signal=%d\n",
                        WSTOPSIG (status));
```

```
        if (WIFCONTINUED (status))
                printf ("Continued\n");

        return 0;
    }
```

在这个程序中，创建了一个子进程，然后程序立即退出。随后，父进程调用了系统调用 wait() 来获取子进程的状态。父进程会打印出子进程的 pid 以及结束信息。在这个例子中，子进程是通过从 main() 返回来结束，因而输出结果如下所示：

```
$ ./wait
pid=8529
Normal termination with exit status=1
```

如果子进程的结束不是从 main() 返回，而是调用 abort()[1]，会给自己发送一个 SIGABRT 信号，我们会看到如下的结果输出：

```
$ ./wait
pid=8678
Killed by signal=6
```

5.5.1 等待特定进程

监视子进程的行为是很重要的。但是，一个进程通常会有很多子进程，而且需要等待所有子进程的结束，父进程只想等待其中一个特定的子进程。一种解决方式就是多次调用 wait()，每次根据返回值来判断是不是那个特定的进程。这个办法十分笨重——但是，假设这样一种情况，如果后面要检测另一个子进程的状态呢？父进程必须保存 wait() 的所有返回值，以备将来会用到。

如果知道需要等待的进程的 pid，可以使用系统调用 waitpid()：

```
#include <sys/types.h>
#include <sys/wait.h>

pid_t waitpid (pid_t pid, int *status, int options);
```

比起 wait() 来，waitpid() 是一个更强大的系统调用。它额外的参数可以支持细粒度调整。

参数 pid 指定要等待的一个或多个进程的 pid。它的值必须是下面四种情况之一：

<-1 等待一个指定进程组中的任何子进程退出，该进程组的 ID 等于 pid 的绝对值。比如，传递参数值-500，表示等待在进程组 500 中的任何子进程。

---

[1] 在<stdlib.h>中定义。

-1　等待任何一个子进程退出，行为和 wait() 一致。

0　等待同一个进程组中的任何子进程。

>0　等待进程 pid 等于 pid 的子进程。比如，传递参数值 500，表示等待 pid 为 500 的子进程。

参数 status 的作用和 wait() 函数的唯一参数是一样的，而且之前讨论的宏也可以使用。

参数 options 是 0 个或多个以下选项按二进制"或"运算的结果：

WNOHANG

不要阻塞，如果要等待的子进程还没有结束、停止或继续运行，会立即返回。

WUNTRACED

如果设置该位，即使调用进程没有跟踪子进程，也会设置返回调用参数中的 WIFSTOPPED 位。和标志位 WUTRACED 一样，这个标志位可以用来实现更通用的作业控制，如 shell。

WCONTINUED

如果设置该位，即使是调用进程没有跟踪子进程，也会设置返回调用参数中的 WIFCONTINUED 位。和 WUNTRACED 一样，这个标志位对于 shell 的实现很有帮助。

调用成功时，waitpid() 返回状态发生改变的那个进程的 pid。如果设置了 WNOHANG 参数，并且要等待的一个或多个子进程的状态还没有发生改变，waitpid() 返回 0。出错时，调用会返回-1，并且会相应设置 errno 值为以下三个之一：

ECHILD　参数 pid 所指定的进程不存在，或者不是调用进程的子进程。

EINTR　没有设置 WNOHANG，在等待时收到了一个信号。

EINVAL　参数 options 非法。

作为一个例子，假设程序期望获取指定 pid 值为 1 742 的子进程的返回值，如果该子进程没有结束，父进程就立即返回。这段程序代码实现如下：

```
int status;
pid_t pid;
```

```
pid = waitpid (1742, &status, WNOHANG);
if (pid == -1)
        perror ("waitpid");
else {
        printf ("pid=%d\n", pid);

        if (WIFEXITED (status))
                printf ("Normal termination with exit status=%d\n",
                        WEXITSTATUS (status));

        if (WIFSIGNALED (status))
                printf ("Killed by signal=%d%s\n",
                        WTERMSIG (status),
                        WCOREDUMP (status) ? " (dumped core)" : "");
}
```

此外，注意下面 wait() 的用法：

```
wait (&status);
```

它和以如下方式使用 waitpid() 的效果是完全一样的：

```
waitpid (-1, &status, 0);
```

5.5.2　等待子进程的其他方法

对于某些应用，它们希望有更多等待子进程的方式。XSI 扩展了 POSIX，而 Linux 提供了 waitid()：

```
#include <sys/wait.h>

int waitid (idtype_t idtype,
            id_t id,
            siginfo_t *infop,
            int options);
```

和 wait()、waitpid() 一样，waitid() 是用于等待子进程结束并获取其状态变化（终止、停止或者继续运行）的信息。waitid() 提供了更多的选项，但是其代价是复杂性变高。

类似于 waitpid()，waitid() 支持开发人员指定等待哪个子进程，但 waitid() 需要两个参数，而不是一个。参数 idtype 和 id 用来指定要等待哪个子进程，和 waitpid() 中的 pid 参数的作用一样。idtype 的值是下面三个中的一个：

P_PID　　等待 pid 值是 id 的子进程。

P_GID　　等待进程组 ID 是 id 的那些子进程。

P_ALL　　等待所有子进程，参数 id 被忽略。

参数 id 的类型是 id_t，这个类型很少见，它代表着一种通用的 ID 号。由于将来可能会增加 idtype 值，所以引入这个类型，这样新加入的 idtype 值也可以很容易表示。id_t 类型足够大，可以保证能够存储任何类型的 pid_t 值。在 Linux 上，开发人员可以把它当作 pid_t 来用——比如直接把 pid_t 值或数值常量传递给 id_t。然而，有经验的程序员不关心类型转换。

参数 options 是以下一个或者多个选项值进行二进制"或"运算的结果：

WEXITED　调用进程会等待结束的子进程（由 id 和 idtyp 指定）。

WSTOPPED　调用进程会等待因收到信号而停止执行的子进程。

WCONTINUED　调用进程会等待因收到信号而继续执行的子进程。

WNOHANG　调用进程不会阻塞，如果没有子进程结束（停止或继续执行），它就会立即返回。

WNOWAIT　调用进程不会删除相应子进程的僵尸状态。在将来可能会继续等待处理僵尸进程。

成功时，waitid()会填充参数 infop，infop 指向一个合法的 siginfo_t 类型。siginfo_t 结构体的具体成员变量是与实现相关的[1]，但是在调用 waitpid()之后，有一些成员变量就生效了。也就是说，一次成功的调用可以保证下面的成员会被赋值：

si_pid　子进程的 pid。

si_uid　子进程的 uid。

si_code　根据子进程的状态是终止、被信号所杀死、停止或者继续执行而分别设置为 CLD_EXITED、CLD_KILLED、CLD_STOPPED 或 CLD_CONTINUED。

si_signo　设置为 SIGCHLD。

si_status　如果 si_code 是 CLD_EXITED，该变量是子进程的退出值。否则，该变量是导致状态改变的那个信号编码。

当成功时，waitid()返回 0。出错时，返回-1。errno 会被设置成下列值之一：

ECHLD　由 id 和 idtype 确定的进程不存在。

---

[1] 实际上，在 Linux 上，siginfo_t 的结构是很复杂的。关于它的定义，可以参看/usr/include/bits/siginfo.h。我们会在第 10 章讨论关于它的更多细节。

EINTR 在 options 里没有设置 WNOHANG，而且一个信号打断了子进程的执行。

EINVAL options 参数不合法，或者 id 和 idtyp 的组合不合法。

和 wait()、waitpid()相比，waitid()提供了更多有用的语义功能。特别地，从结构体 siginfo_t 获取的信息可能是很有用的。如果不需要这些信息，那么就应该选择更简单的函数，这样可以被更多的系统所支持，并且更容易被移植到更多的非 Linux 系统上。

5.5.3 BSD 中的 wait3()和 wait4()

waitpid()来源于 AT&T 的 System V Release 4，而 BSD 也采用了自己的方法，提供了另外两个函数，用于等待子进程的状态改变：

```
#include <sys/types.h>
#include <sys/time.h>
#include <sys/resource.h>
#include <sys/wait.h>

pid_t wait3 (int *status,
             int options,
             struct rusage *rusage);

pid_t wait4 (pid_t pid,
             int *status,
             int options,
             struct rusage *rusage);
```

数字 3 和 4 实际上是指这两个函数分别是有 3 个和 4 个参数的 wait()函数。Berkeley 在函数名称方面显然不想多费功夫。

除了 rusage 参数外，这两个函数的工作方式基本和 waitpid()一致，以下是对 wait3() 的调用：

```
pid = wait3 (status, options, NULL);
```

它等价于下面的 waitpid()调用：

```
pid = waitpid (-1, status, options);
```

以下是对 wait4()的调用：

```
pid = wait4 (pid, status, options, NULL);
```

它等价于下面的 waitpid()调用：

```
pid = waitpid (pid, status, options);
```

也就是说，wait3()会等待着任意一个子进程改变状态，而 wait4()会等待由 pid 所指定的子进程改变状态。参数 options 的功能和 waitpid()一样。

正如前面所提到的，这些系统调用的最大区别在于 rsuage 参数。如果 rsuage 指针非空，那么会给 rsuage 所指向的结构体赋上与子进程相关的信息。这个结构体提供了子进程资源的使用情况：

```
#include <sys/resource.h>

struct rusage {
        struct timeval ru_utime; /* user time consumed */
        struct timeval ru_stime; /* system time consumed */
        long ru_maxrss;   /* maximum resident set size */
        long ru_ixrss;    /* shared memory size */
        long ru_idrss;    /* unshared data size */
        long ru_isrss;    /* unshared stack size */
        long ru_minflt;   /* page reclaims */
        long ru_majflt;   /* page faults */
        long ru_nswap;    /* swap operations */
        long ru_inblock;  /* block input operations */
        long ru_oublock;  /* block output operations */
        long ru_msgsnd;   /* messages sent */
        long ru_msgrcv;   /* messages received */
        long ru_nsignals; /* signals received */
        long ru_nvcsw;    /* voluntary context switches */
        long ru_nivcsw;   /* involuntary context switches */
};
```

在下一章，我们将会进一步讨论资源使用的问题。

成功时，这两个函数都返回状态发生变化的进程的 pid。出错时，返回-1，errno 会被设置成和 waitpid()出错时一样的值。

因为 wait3()和 wait4()不是由 POSIX 所定义的，[1]所以最好不要使用它们，除非真地需要了解子进程的资源使用情况。尽管这两个调用不是由 POSIX 所定义的，但是几乎所有的 UNIX 系统都支持它们。

5.5.4　创建并等待新进程

ANSI 和 POSIX 都定义了一个用于创建新进程并等待它结束的函数——可以把它想象成是同步创建进程。如果一个进程创建了新进程并立即开始等待它的结束，那就很适合使用下面这个接口：

```
#define _XOPEN_SOURCE    /* if we want WEXITSTATUS, etc. */
#include <stdlib.h>

int system (const char *command);
```

---

[1] 最初 wait3()包含在 Single UNIX Specification 中，但后来被删除了。

system()之所以这样命名是因为进程同步创建一般被称为"交付给系统运行"。通常会使用 system()来运行简单的工具或 shell 脚本,大多数期望能够显式获取其返回值。

调用 system()会执行参数 command 所提供的命令,而且还可以为该命令指定参数。"/bin/sh –c"会作为前缀加到 command 参数前面。通过这种方式,再把整个命令传递给 shell。

成功时,返回值是执行 command 命令得到的返回状态,该状态和执行 wait()所获取的状态一致。因此,可以通过 WEXITSTATUS 获取执行 command 命令的返回值。如果调用/bin/sh 本身失败了,那么从 WEXITSTATUS 返回的值和调用 exit(127)的返回值是一样的。因为也可能是调用的命令返回了 127,但没有办法来检测是 shell 本身发生了错误还是调用 command 命令执行失败而返回 127。失败时,system()调用会返回-1。

如果参数 command 是 NULL 且/bin/sh 是可用的,system()会返回一个非 0 值,否则返回 0。

在执行 command 命令过程中,会阻塞 SIGCHILD 信号,而且 SIGINT 和 SIGQUIT 信号会被忽略。忽略 SIGINT 和 SIGQUIT 信号很有意义,尤其是在循环内调用 system()时。如果在循环内调用 system(),那需要保证程序可以正确地检测子进程的退出状态。举个例子:

```
do {
        int ret;

        ret = system ("pidof rudderd");
        if (WIFSIGNALED (ret) &&
           (WTERMSIG (ret) == SIGINT ||
            WTERMSIG (ret) == SIGQUIT))
                break; /* or otherwise handle */
} while (1);
```

利用 fork()、exec 系统调用和 waitpid()实现一个 system()是非常有用的练习。你应该自己尝试,因为它融合了本章中的许多概念。为了较完整地介绍这些概念,以下是个示例实现:

```
/*
 * my_system - synchronously spawns and waits for the command
 * "/bin/sh -c <cmd>".
 *
 * Returns –1 on error of any sort, or the exit code from the
 * launched process. Does not block or ignore any signals.
 */
```

```
int my_system (const char *cmd)
{
        int status;
        pid_t pid;

        pid = fork ();
        if (pid == -1)
                return -1;
        else if (pid == 0) {
                const char *argv[4];

                argv[0] = "sh";
                argv[1] = "-c";
                argv[2] = cmd;
                argv[3] = NULL;
                execv ("/bin/sh", argv);

                exit (-1);
        }

        if (waitpid (pid, &status, 0) == -1)
                return -1;
        else if (WIFEXITED (status))
                return WEXITSTATUS (status);

        return -1;
}
```

注意，这个例子没有阻塞或者禁止任何信号，这和正式的 system() 调用不同。根据程序情况，这可能是好事也可能是坏事。但是至少要保证 SIGINT 信号不被阻塞，这是很明智的，因为这样可以按照用户的意愿随时终止命令的执行。一个较好的实现可以再添加个指针参数，当指针非空时，表示不同的错误。例如，可能会加入 fork_failed 和 shell_failed。

 system() 调用的安全隐患

system() 系统调用存在与 execlp() 和 execvp() 调用（见之前的讨论）相同的安全隐患。永远都不要从设置组 ID 或设置用户 ID 的程序中执行 system() 调用，因为黑客可能会修改环境变量（最常见的是 PATH），获得和执行程序一样的权限。前面实现的 my_system() 调用，由于使用了 shell，也容易受到攻击。

为了避免这些攻击风险，执行设置组 ID 或设置用户 ID 的程序应该通过 fork() 创建进程，通过 execl() 执行期望的二进制代码，不要使用 shell。如果也不用调用外部二进制代码，那会是更佳的解决方案！

5.5.5 僵尸进程

正如前面所提到的那样，一个进程已经终止了，但是它的父进程还没有获取到其状态，那么这个进程就叫做僵尸进程。僵尸进程还会消耗一些系统资源，虽然消耗很少——仅仅够描述进程之前状态的一些概要信息。保留这些概要信息主要是为了在父进程查询子进程的状态时可以提供相应的信息。一旦父进程得到了想要的信息，内核就会清除这些信息，僵尸进程就不存在了。

然而任何用过 UNIX 系统的人都会或多或少地看到过僵尸进程。通常称这些进程为"幽灵进程（ghosts）"，这些进程没有相应的父进程。如果进程创建了一个子进程，那么它就有责任去等待子进程（除非它的生命周期很短，这种情况你很快就会看到），即使会丢弃得到的子进程信息。否则，如果父进程没有等待子进程，其所有子进程就会成为幽灵进程，并一直存在，占满系统的进程列表，导致应用非常慢，让人讨厌。

然而，如果父进程在子进程结束之前就结束了呢？或者父进程还没有机会等待其僵尸的子进程，就先结束了呢？无论何时，只要有进程结束了，内核就会遍历它的所有子进程，并且把它们的父进程重新设为 init 进程（即 pid 为 1 的那个进程）。这保证了系统中不存在没有父进程的进程。init 进程会周期性地等待所有子进程，确保不会有长时间存在的僵尸进程——没有幽灵进程！因此，当父进程在子进程之前结束，或者在退出前没有等待子进程，那么 init 进程会被指定为这些子进程的父进程，从而确保了它们最终会退出。这种处理方式受到人们的推崇，不过这种安全措施也意味着生命周期短的进程没有必要等待它所有的子进程结束。

5.6 用户和组

正如本章前面和第 1 章中所讨论过的，进程是与用户和组相关联的。用户 ID 和组 ID 分别用 C 语言的 uid_t 和 gid_t 这两个类型表示。映射表示数值和可读字符串之间的关系（例如 root 用户的 uid 是 0），是通过文件/etc/passwd 和/etc/group 在用户空间完成的。内核只处理数值形式。

在 Linux 系统中，一个进程的用户 ID 和组 ID 代表这个进程可以执行哪些操作。进程必须以合适的用户和组运行。许多进程是以 root 用户运行。然而，在软件开发中，最好采取"最小权限"原则，表示进程要尽可能以最小权限来运行。这个要求是动态变化的：如果进程在前期需要以 root 用户的权限运行，而在后面不需要 root 权限了，那么它就应该在后期尽可能地放弃 root 权限。由于这个原因，很多进程——特别是那些需要 root 权限来执行特定操作的进程——经常需要操作自己的用户 ID

或组 ID。

在具体了解如何实现之前，首先需要探索用户 ID 和组 ID 的一些复杂方面。

实际用户 ID/组 ID、有效用户 ID/组 ID 和保留的用户 ID/组 ID

下面会重点讨论用户 ID，组 ID 与之类似。

实际上，与进程相关的用户 ID 有 4 个而不是一个，它们是：实际用户 ID（real user ID）、有效用户 ID（effective user ID）、保留的用户 ID（saved user ID）和文件系统用户 ID（filesystem user ID）。实际用户 ID 是指运行这个进程的用户 uid。这个用户 uid 会被设置为父进程的实际用户 ID，并且在 exec 系统调用中都不会发生改变。一般情况下，登录进程会将用户登录的那个 shell 的实际用户 ID 设置为登录用户的 uid，并且这个用户所有进程的实际用户 ID 都会继承这个值。超级用户（root）可能会把实际用户 ID 修改为任意值，但是其他用户不能改变这个值。

有效用户 ID 是当前进程所使用的用户 ID。权限验证一般是使用这个值。初始时，这个 ID 等于实际用户 ID。因为创建进程时，子进程会继承父进程的有效用户 ID。此外，exec 系统调用不会改变有效用户 ID。但是在 exec 调用过程中，实际用户 ID 和有效用户 ID 开始存在区别：通过执行 setuid（suid），进程可以改变自己的有效用户 ID。准确地说，有效用户 ID 被设置为程序文件所有者的用户 ID。比如，/usr/bin/passwd 是一个 setuid 文件，它的所有者是 root 用户。当一个普通用户创建一个进程来运行它时，不论谁运行了它，这个进程的有效用户 ID 都是 root 用户 ID。

因此，没有特殊权限的用户只能把有效用户 ID 设置成实际用户 ID 或保留的用户 ID。超级用户可以把有效用户 ID 设置成任意值。

保留的用户 ID 是进程原先的有效用户 ID。当创建进程时，子进程会从父进程继承保留的用户 ID。对于 exec 系统调用来说，内核会把保留的用户 ID 设置为有效用户 ID，从而在 exex 系统调用过程中保存了一份有效用户 ID 的记录。没有特殊权限的用户不能改变保留的用户 ID 的值，超级用户可以把它设置为实际用户 ID 的值。

为什么要有这么多的 ID 呢？有效用户 ID 的作用是：它是在检查进程权限过程中使用的用户 ID。实际用户 ID 和保留的用户 ID 是作为代理或潜在用户 ID 值，其作用是允许非 root 进程在这些用户 ID 之间相互切换。实际用户 ID 是真正运行程序的有效用户 id。保留的用户 ID 是在执行 suid 程序前的有效用户 id。

5.6.1 改变实际用户/组 ID 和保留的用户/组 ID

用户 ID 和组 ID 是通过下面两个系统调用来设置：

```
#include <sys/types.h>
#include <unistd.h>

int setuid (uid_t uid);
int setgid (gid_t gid);
```

调用 setuid()会设置当前进程的有效用户 ID。如果进程当前的有效用户 ID 是 0
（root），那么也会设置实际用户 ID 和保留的用户 ID 的值。root 用户可以为 uid 提
供任何值，从而把所有三种用户 ID 的值都设置成 uid。非 root 用户只允许将实际
用户 ID 和保留的用户 ID 设置为 uid。也就是，非 root 用户只能将有效用户 ID 设
置为上述中的一个值。

调用成功时，setuid()返回 0。出错时，返回-1，并把 errno 设置为下面的值之一：

EAGAIN   uid 值和实际用户 ID 值不同，把实际用户 ID 设置成 uid 会导致此用户
拥有的进程数超过上限 RLIM_NPROC 的 rlimit 值（它定义了一个用户可以拥有的
进程数上限）。

EPERM   不是 root 用户，uid 既不是有效用户 ID 也不是保留的用户 ID。

上面的讨论对组也是适用的，只需要将 setuid()替换为 setgid()，把 uid 替换为 gid。

5.6.2　改变有效的用户 ID 或组 ID

Linux 提供了两个 POSIX 所定义的函数，可以设置当前正在执行进程的有效用户 ID
和组 ID 的值：

```
#include <sys/types.h>
#include <unistd.h>

int seteuid (uid_t euid);
int setegid (gid_t egid);
```

调用 seteuid()会把有效用户 ID 设置为 euid。root 用户可以为 euid 提供任何值。而
非 root 用户只能将有效用户 ID 设置为有效用户 ID 或者是保留的用户 ID。成功时，
setuid()返回 0。失败时，返回-1，并把 errno 设置为 EPERM。它表示当前进程的所
有者不是 root 用户，并且 euid 的值既不等于实际用户 ID 也不等于保留的用户 ID。

注意，对于非 root 用户来说，seteuid() 和 setuid()的行为是完全一样的。因此，当
进程需要以 root 权限来运行时，使用 setuid()更合适一些，否则使用 seteuid()应该
是更好的解决方案。

同样，前面的讨论对组也是适用的，只需要将 seteuid()替换为 setegid()，把 euid 替
换为 egid。

5.6.3　BSD 改变用户 ID 和组 ID 的方式

BSD 在改变用户 ID 和组 ID 上有自己的接口。出于兼容性考虑，Linux 也提供了这些接口：

```
#include <sys/types.h>
#include <unistd.h>

int setreuid (uid_t ruid, uid_t euid);
int setregid (gid_t rgid, gid_t egid);
```

调用 setreuid() 会分别将实际用户 ID 和有效用户 ID 设置成 ruid 和 euid。将这两个参数中的任何一个设置为-1 都不会改变相应的用户 ID 值。非 root 用户的进程只允许将有效用户 ID 设置为实际用户 ID 或者是保留的用户 ID，或把实际用户 ID 设置为有效用户 ID。如果实际用户 ID 发生了变化，或者有效用户 ID 被修改成不是先前的实际用户 ID，那么保留的用户 ID 就会修改成新的有效用户 ID。至少，Linux 或其他 UNIX 系统是这么处理的。但是对于 POSIX，这些都是未定义的行为。

成功时，setreuid() 返回 0，出错时返回-1，并把 errno 值设置为 EPERM，表示当前进程的所有者不是 root 用户，并且 euid 的值既不等于实际用户 ID 也不等于保留的用户 ID，或者 ruid 不等于有效用户 ID。

同样，前面的讨论对组也是适用的，只需要将 setreuid() 替换为 setregid()，把 ruid 替换为 rgid，把 euid 替换为 egid。

5.6.4　HP-UX 中改变用户 ID 和组 ID 的方式

你可能已经感到有些混乱了，但是 HP-UX(Hewlett-Packard's UNIX 系统)也有自己设定用户 ID 和组 ID 的方式。Linux 同样也提供了这些接口，如果要和 HP-UX 兼容，需要使用这些接口：

```
#define _GNU_SOURCE
#include <unistd.h>

int setresuid (uid_t ruid, uid_t euid, uid_t suid);
int setresgid (gid_t rgid, gid_t egid, gid_t sgid);
```

调用 setresuid() 会分别将实际用户 ID、有效用户 ID 和保留的用户 ID 设置为 ruid、euid 和 suid。把这几个参数中的任何一个值设置为-1 表示不会改变相应的用户 ID。

root 用户可以把用户 ID 设置为任意值。非 root 用户只可以把用户 ID 设为当前的实际用户 ID、有效用户 ID 和保留的用户 ID。成功时，setresuid()[1]返回 0。出错时返

---

[1] 译注：原文是 setuid()，应该是 setresuid()。

回 0，并把 errno 设置为下列值之一：

EAGAIN　uid 和实际用户 ID 不同，把实际用户 ID 设置为 uid 会导致此用户的进程数超过上限 RLIM_NPROC 的 rlimit(它定义了一个用户可以拥有的进程数上限)。

EPERM　不是 root 用户，并试图设置的新的实际用户 ID、有效用户 ID 或保留的用户 ID，它们和当前的各个相应 ID 值不匹配。

前面的讨论对组也是适用的，只需要将 setresuid()替换为 setresgid ()，ruid 替换为 rgid，euid 替换为 egid，suid 替换为 sgid。

5.6.5　操作用户 ID/组 ID 的首选方法

非 root 用户应该使用 seteuid()来设置有效用户 ID。如果有 root 权限的进程希望改变三种用户 ID，那么应该使用 setuid()；如果只是想临时改变有效用户 ID，那么最好使用 seteuid()。这些函数都很简单，它们的行为遵循 POSIX 定义，并相应地考虑到了保留的用户 ID。

虽然提供额外的功能，BSD 和 HP-UX 所支持的设置和 setuid()、seteuid()是一致的，也并没有支持其他有用的设置。

5.6.6　对保留的用户 ID 的支持

保留的用户 ID 最先是 IEEE Std 1003.1-2001(POSIX 2001)中定义的，Linux 早在 1.1.38 内核时就提供了相应的支持。只在 Linux 上编写的程序可以放心使用保留的用户 ID。在较老版本的 UNIX 上编写的程序在引用保留的用户 ID 或组 ID 之前需要先检查一下_POSIX_SAVED_IDS 宏。

对于不支持保留的用户 ID 和组 ID 的系统，之前的说明依然是成立的，只需要忽略与保留的用户 ID 和组 ID 的相关的说明即可。

5.6.7　获取用户 ID 和组 ID

下面两个系统调用分别返回实际用户 ID 和组 ID：

```
#include <unistd.h>
#include <sys/types.h>

uid_t getuid (void);
gid_t getgid (void);
```

这两个调用都不会失败。类似地，下面两个系统调用分别返回有效用户 ID 和组 ID：

```
#include <unistd.h>
#include <sys/types.h>
```

```
uid_t geteuid (void);
gid_t getegid (void);
```

同样，这两个系统调用也不会失败。

5.7 会话（Session）和进程组

每个进程都属于某个进程组。进程组是由一个或多个为了实现作业控制而相互关联的进程组成的。进程组的主要特征就是信号可以发送给进程组中的所有进程：单个操作可以使同一个进程组中的所有进程终止、停止或者继续运行。

每个进程组都是由进程组 ID(pgid)唯一的标识，并且都有一个"进程组首进程"(process group leader)。进程组 ID 就是进程组首进程的 pid。只要在某个进程组中还有一个进程存在，则该进程组就存在。即使进程组首进程终止了，该进程组依然存在。

当有新的用户登录计算机时，登录进程就会为这个用户创建一个新的会话。这个新的会话只包含单个进程：用户的登录 shell（login shell）。登录 shell 被作为"会话首进程（session leader）"。会话首进程的 pid 就被作为会话 ID。会话是一个或多个进程组的集合。会话囊括了登录用户的所有活动，并且分配给用户一个控制终端(controling terminal)。控制终端是用于处理用户 I/O 的特定 tty 设备。因此，会话的功能和 shell 差不多。实际上，没有谁刻意去区分它们。

虽然进程组提供了向其中所有进程发送信号的机制，这使得作业控制和其他的 shell 功能变得很容易，此外，会话把登录和控制终端联系起来。会话中的进程组分为一个前端进程组以及零个或多个后台进程组。当用户退出终端时，会向前端进程组中的所有进程发送 SIGQUIT 信号。当终端发现网络中断的情况时，会向前端进程组中的所有进程发送 SIGHUP 信号。当用户敲入了终止键（一般是 Ctrl+C），会向前端进程组中的所有进程发送 SIGINT 信号。因此，会话使得 shell 可以更容易管理终端以及登录行为。

回顾一下，假设某个用户登录系统，她登录的 shell 是 bash，并且 pid 是 1700。登录用户的 bash 实例成为新进程组中的唯一进程，也是进程组首进程。这个进程组所在会话的会话 ID 是 1700，而且 bash 成为这个会话中的唯一进程。用户在 shell 中运行的命令在新的进程组中以 1700 会话运行。在进程组中，直接和用户打交道并控制终端的进程，是前端进程组。其他的进程组都是后台进程组。

在指定的系统中，存在着多个会话：每个用户的登录都是一个会话，还有一些是与用户登录会话无关的进程（例如守护进程）。守护进程往往会创建自己的会话，从而避免与其他存在的会话产生关系。

每个会话都包含着一个或多个进程组，而且每个进程组至少包含一个进程。包含多个进程的进程组通常是用来完成作业控制的。

如下的 shell 命令：

```
$ cat ship-inventory.txt | grep booty | sort
```

这条 shell 命令会产生由三个进程构成的一个进程组。以这种方式，shell 可以向三个进程同时发送信号。因为用户直接敲入了这条命令，而且结尾没有使用"&"符号，所以它是一个前端进程组。图 5-1 显示了会话、进程组、进程和控制终端之间的关系。

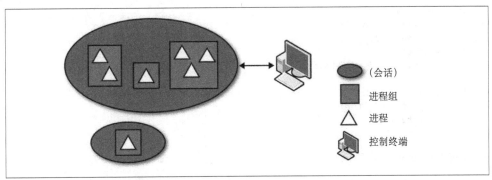

图 5-1　会话、进程组、进程及控制终端之间的关系

Linux 提供了几个接口，可以设置与获取与给定进程相关的会话进程组。这几个接口主要是为 shell 服务的，但是也可用于像守护进程之类的进程，因为守护进程不希望与会话和进程组有任何关系。

5.7.1　与会话相关的系统调用

在登录时，shell 会创建新的会话。这是通过一个特殊的系统调用来完成的，用它可以很容易创建会话：

```
#include <unistd.h>

pid_t setsid (void);
```

假如调用进程不是某个进程组首进程，调用 setsid()会创建新的会话。调用进程就是这个新建会话的唯一进程，也是它的首进程，但是它没有控制终端。同时，调用 setsid()还会在这个会话内创建新的进程组，调用进程成为了首进程，也是进程组中的唯一进程。新会话 ID 和进程组 ID 都被设置为调用进程的 pid。

也就是说，setsid()创建新的会话，并在其中创建一个新的进程组，而且使得调用进程成为新会话的首进程和新进程组的首进程。对于守护进程来说，这十分有用，因为它不想是任何已存在会话的成员，也不想拥有控制终端。对于 shell 来说，它也很有用，因为 shell 希望为每一个登录的用户创建新的会话。

成功时，setsid()会返回新会话的会话 ID。出错时，返回-1，并把 errno 设置为 EPERM，表示调用进程是是当前进程组的首进程。使任何进程不成为首进程的最简单的方式是先创建一个新进程，并终止父进程，然后让子进程来调用 setsid()。如下：

```
pid_t pid;

pid = fork ();
if (pid == -1) {
        perror ("fork");
        return -1;
} else if (pid != 0)
        exit (EXIT_SUCCESS);

if (setsid () == -1) {
        perror ("setsid");
        return -1;
}
```

虽然获得当前进程的会话 ID 不是很常用，但也是可以做到的：

```
#define _XOPEN_SOURCE 500
#include <unistd.h>

pid_t getsid (pid_t pid);
```

对 getsid()的调用会返回进程 pid 的会话 ID。如果参数 pid 是 0，就返回调用进程的会话 ID。出错时，返回-1，而 errno 的唯一可能值就是 ESRCH，其含义是 pid 不表示任何有效进程。注意，在其他的 UNIX 系统中，可能也会把 errno 设置为 EPREM，表示 pid 进程和调用进程不属于同一个会话。Linux 不会这么处理，而是会返回任意一个进程的会话 ID。

getsid()很少使用，它主要用于诊断问题：

```
pid_t sid;

sid = getsid (0);
if (sid == -1)
        perror ("getsid"); /* should not be possible */
else
        printf ("My session id=%d\n", sid);
```

5.7.2　与进程组相关的系统调用

setpgid()调用会把 pid 进程的进程组 ID 设置为 pgid：

```
#define _XOPEN_SOURCE 500
#include <unistd.h>
int setpgid (pid_t pid, pid_t pgid);
```

如果 pid 是 0，则使用调用者的当前进程 ID。如果 pgid 是 0，则将 pid 的进程 ID 设置为进程组 ID。

成功时，返回 0。成功必须依赖以下几个条件：

- pid 进程必须是调用进程或者是其子进程，而且子进程没有调用过 exec 函数并且和 pid 进程在同一个会话中。

- pid 进程不能是会话首进程。

- 如果 pgid 已经存在，它必须与调用进程在同一个会话中。

- pgid 必须为非负值。

出错时，返回-1，并把 errno 设置为下列值之一：

EACCESS　　pid 进程是调用了 exec 函数的调用进程的子进程。

EINVAL　　pgid 小于 0。

EPERM　　pid 进程是会话首进程，或者是与调用进程不在同一个会话中。也可能是试图把一个进程放到不在同一个会话的进程组中。

ESRCH　　pid 不是当前进程、0 或当前进程的子进程。

可以通过会话获得进程的进程组 ID，虽然这种做法用处不大：

```
#define _XOPEN_SOURCE 500
#include <unistd.h>

pid_t getpgid (pid_t pid);
```

getpgid()返回 pid 进程的进程组 ID。如果 pid 是 0，返回当前进程的进程组 ID。出错时，返回-1，并把 errno 设置成唯一可能值是 ERSCH，表示 pid 是个非法的进程标识符。

与 getsid()类似，getpgid()也主要用于诊断错误：

```
pid_t pgid;
```

```
pgid = getpgid (0);
if (pgid == -1)
        perror ("getpgid"); /* should not be possible */
else
        printf ("My process group id=%d\n", pgid);
```

5.7.3　废弃的进程组函数

Linux 支持 BSD 中两个较早的用于操作和获取进程组 ID 的接口。因为和前面讨论的系统调用相比，这两个接口作用比较小。除非对可移植性有严格要求，新的程序应该不使用它们。setpgrp()用于设置进程组 ID：

```
#include <unistd.h>

int setpgrp (void);
```

这个调用：

```
if (setpgrp () == -1)
        perror ("setpgrp");
```

和下面的调用是一样的：

```
if (setpgid (0,0) == -1)
        perror ("setpgid");
```

这两种方式都试图把进程组 ID 设置为当前进程的进程 ID。成功时，返回 0，失败时，返回-1。除了 ERSCH，setpgid()的所有 errno 可能值都适用于 setpgrp()。

同样，getpgrp()用来获取进程组 ID：

```
#include <unistd.h>

pid_t getpgrp (void);
```

这个调用：

```
pid_t pgid = getpgrp ();
```

和下面的是一样的：

```
pid_t pgid = getpgid (0);
```

这两种方式都返回调用进程的进程组 ID。getpgid()不会失败。

5.8　守护进程

守护进程运行在后台，不与任何控制终端相关联。守护进程通常在系统启动时就运行，它们以 root 用户或者其他特殊的用户（例如 apache 和 postfix）运行，并处理一些系统级的任务。习惯上守护进程的名字通常以 d 结尾（就像 crond 和 sshd），但这不是必需的，甚至不是通用的。

这个名字的由来源于 Maxwell's demon，它是物理学家 James Maxwell 在 1867 年进行的一个思想实验。Daemon 这个词也是希腊神话中的鬼怪，它存在于人类和神之间，拥有占卜的能力。与 Judeo-Christian 神话中的 daemon 不同，希腊神话中的 daemon 不是邪恶的。实际上，神话中的 daemon 是神的助手，做一些奥林匹斯山的居民自己不愿做的事——很像 UNIX 中的守护进程，完成前端用户不愿做的事。

对于守护进程，有两个基本要求：一是必须作为 init 进程的子进程运行，一是不与任何控制终端交互。

一般来讲，进程可以通过以下步骤成为守护进程。

1．调用 fork()，创建新的进程，该进程将会成为守护进程。

2．在守护进程[1]的父进程中调用 exit()。这会确保父进程的父进程（即守护进程的祖父进程）在其子进程结束时会退出，保证了守护进程的父进程不再继续运行，而且守护进程不是首进程。最后一点是成功完成下一步骤的前提。

3．调用 setsid()，使得守护进程有一个新的进程组和新的会话，并作为二者的首进程。这也保证不存在和守护进程相关联的控制终端（因为守护进程刚创建了新的会话，不会给它分配一个控制终端）。

4．通过调用 chdir( )，将当前工作目录改为根目录。因为守护进程是通过调用 fork() 创建来创建，它继承来的当前工作目录可能在文件系统中的任何地方。而守护进程往往会在系统开机状态下一直运行，我们不希望这些随机目录一直处于打开状态，导致管理员无法卸载守护进程工作目录所在的文件系统。

5．关闭所有的文件描述符。我们不希望继承任何打开的文件描述符，不希望这些描述符一直处于打开状态而自己没有发现。

6．打开文件描述符 0、1 和 2（标准输入、标准输出和标准错误），并把它们重定向到/dev/null。

下面这个程序遵循了以上这些规则，可以成为守护进程：

```
#include <sys/types.h>
#include <sys/stat.h>
#include <stdlib.h>
#include <stdio.h>
```

---

[1] 译注：即那个将要成为守护进程的进程，后面类似。

```
#include <fcntl.h>
#include <unistd.h>
#include <linux/fs.h>

int main (void)
{
        pid_t pid;
        int i;

        /* create new process */
        pid = fork ();
        if (pid == -1)
                return -1;
        else if (pid != 0)
                exit (EXIT_SUCCESS);

        /* create new session and process group */
        if (setsid () == -1)
                return -1;

        /* set the working directory to the root directory */
        if (chdir ("/") == -1)
                return -1;

        /* close all open files--NR_OPEN is overkill, but works */
        for (i = 0; i < NR_OPEN; i++)
                close (i);

        /* redirect fd's 0,1,2 to /dev/null */
        open ("/dev/null", O_RDWR);      /* stdin */
        dup (0);                         /* stdout */
        dup (0);                         /* stderror */

        /* do its daemon thing... */

        return 0;
}
```

许多 UNIX 系统在它们的 C 函数库中提供了 daemon()函数来自动完成这些工作，从而简化了一些繁琐的工作：

```
#include <unistd.h>

int daemon (int nochdir, int noclose);
```

如果参数 nochdir 是非 0 值，就不会将工作目录改为根目录。如果参数 noclose 是非 0 值，就不会关闭所有打开的文件描述符。如果父进程设置了守护进程的这些属性，那么这些参数是很有用的。通常都会把这些参数设为 0。

成功时，返回 0。失败时，返回-1，并将 errno 设置为调用 fork()或 setsid()的错误码之一。

5.9 结束语

在本章中，我们介绍了 UNIX 系统中进程管理的基本知识，包括从创建进程到结束进程。下一章，我们将会探讨一些更高级进程管理的接口，包括改变进程调度行为的接口。

第 6 章

高级进程管理

在第 5 章中，我们介绍了进程的基本概念，探讨了创建、控制和销毁进程的内核接口。基于这些知识，本章将首先讨论 Linux 进程调度器及其调度算法，然后描述高级进程管理接口。这些系统调用会控制进程的调度行为，从而影响对调度器为实现应用或用户特定需求所采取的策略。

6.1 进程调度

进程调度器是个内核子系统，其功能是把有限的处理器资源分配给系统中的各个进程。换句话说，进程调度器（简称调度器）是个内核组件，决定选择哪个进程来运行。在决定哪个进程运行以及何时运行的过程中，调度器既要最大化处理器资源利用率，同时要支持从用户角度看多个进程是并发、无缝运行的。

在本章，我们将重点讨论"就绪进程（runnable process）"。就绪进程是非阻塞进程；"阻塞进程（blocked process）"是正在睡眠的进程，等待 I/O，需要内核唤醒。

进行用户交互、执行大量的文件读写操作以及响应网络事件的进程往往会花费大量时间来等待资源可用，长时间被阻塞，在这期间无法转为就绪状态。如果只有一个就绪进程，进程调度器的任务就非常简单：运行这个进程！但是，当就绪进程数大于处理器数时，调度器就非常必要了。在这些情况下，有些进程会运行，而其他进程必须等待。决定哪个进程可以运行、何时运行、运行多久是进程调度器的基本功能。

在单处理机上，如果操作系统能交错地运行多个进程，从用户角度似乎是同时运行多个进程，就称该操作系统是"多任务（multitasking）"的。在多处理机上，多任务操作系统支持进程真正在不同处理器上并行执行。对于非多任务操作系统，比如

DOS，每次只能运行一个任务。

多任务操作系统可以分为两大类：协同式（cooperative）和抢占式（preemptive）。Linux 实现了后一种形式的多任务，调度器决定某个进程何时停止运行，而由另一个进程运行。这种中止正在运行的进程而由另一个进程运行的行为称作"抢占"。进程在被抢占前所能够运行的时间称为该进程的"时间片（timeslice）"（该名称归因于调度器给每个就绪进程分配一个处理器"时间片"）。

相反地，在协同式多任务系统中，进程会一直运行直到它自己结束。这种自发结束的行为称为"让出（yielding）"。理想情况下，会经常有进程让出，但操作系统绝不可强制要求其让出。因此，一个拙劣或破坏性的程序可能会运行很长时间，破坏了多任务机制，甚至导致整个系统崩溃。由于这个原因，现代操作系统几乎都采用抢占式多任务机制，Linux 也不例外。

这些年，Linux 进程调度器不断发生变化。当前进程调度器是在 Linux 内核版本 2.6.23 发布的，称为"完全公平调度器（Completely Fair Scheduler,CFS）"。这个名称源于该调度器采用了"公平入队（fair queuing）"策略，公平入队是个调度算法，对竞争进程采取公平访问资源的策略。CFS 和其他 UNIX 进程调度器存在天壤之别，包括其前身 O(1)进程调度器。在 6.2 节中，我们将深入探讨它。

6.1.1　时间片

进程调度器分配给进程的时间片对于系统的全局行为和性能而言，是至关重要的。如果时间片太长，进程在执行前必须等待很长时间，降低了并发运行，用户会因为感觉到明显的延迟而失望；相反，如果时间片太短，大量时间会花费在进程调度上，而且如时间局部性这种性能提升也得不到保证。

因而，确定合适的时间片绝非易事。有些操作系统会给进程分配很长的时间片，期望最大化系统吞吐率和全局性能。其他系统则分配很短的时间片，期望得到最佳交互性能。而 Linux 的完全公平调度器，正如我们很快将看到的，则以一种怪异的方式解决"时间片大小"这一难题：不用时间片。

6.1.2　I/O 约束型进程和处理器约束型进程

一直消耗完所有可用时间片的进程称为"处理器约束型进程（process-bound process）"。这类进程需要获取大量 CPU 资源，会消耗掉调度器分配的全部 CPU。最简单的例子就是如下所示的一个无限循环：

```
// 100% processor-bound
while (1)
    ;
```

其他的例子包括科学计算、数学演算和图像处理，它们没有上例那么极端。

相反，多数时间处于阻塞状态等待资源的进程称为"I/O 约束型进程（I/O-bound process）"。I/O 约束型进程经常发起和等待文件或网络 I/O，阻塞在键盘输入，或等待用户移动鼠标。关于 I/O 约束型进程的应用的例子包括一些文件处理小工具，它们除了请求内核执行 I/O 操作外几乎什么都不做，比如 cp 或者 mv；还包括很多 GUI 应用，花费了大量时间在等待用户输入。

处理器约束型应用和 I/O 约束型应用之间的区别在于：其相应最佳调度器的行为不同。处理器约束的应用期望会获取尽可能长的时间片，从而最大化缓存命中率（通过时间局部性原理），尽快完成任务。相反地，I/O 约束型应用不需要很长的时间片，因为它们一般在发出 I/O 请求前只会运行很短的一段时间，然后阻塞在某些内核资源。对于 I/O 约束型应用，如果调度器能够优先执行，则自然会受益。对于这类应用，在阻塞后越快被唤醒，就可以调度越多的 I/O 请求，应用就能更好地利用系统硬件资源。更进一步说，如果一个在等待用户输入的程序，被调度的速度越快，越能给用户无缝运行的感觉。

平衡处理器约束型应用和 I/O 约束型应用之间的不同需求难比登天。实际上，大多数应用是混合约束型：有些进程是 I/O 约束型，有些进程是处理器约束型。音频/视频的编码/解码就是一个很好的例子，无法把它简单地划分成任意一种。许多游戏也是混合约束型。因此，对于一个应用，并非总是能够判断出它属于哪一种约束型，而且一个进程在不同时间可能会有不同的行为。

6.1.3 抢占式调度

在传统 UNIX 进程调度中，内核会给所有就绪进程分配一个时间片。当进程消耗完其时间片，内核会挂起该进程，开始运行另一个进程。如果系统中没有就绪进程，内核就会给消耗完时间片的所有进程重新分配时间片，并再次运行这些进程。因此，进程在创建或终止时分别进入和退出就绪进程列表，阻塞在 I/O，或者被唤醒，这个过程反复执行。通过这种方式，所有的进程最后都有机会运行，即使在系统中存在优先级高的进程——优先级低的进程只需要等待优先级高的进程消耗完时间片或阻塞，就有机会运行。这种行为方式制定了 UNIX 调度中没有明确指出但非常重要的规则：所有进程都必须运行。

6.2 完全公平调度器

完全公平调度器和传统的 UNIX 进程调度器有很大区别。在大多数 UNIX 系统中，包括引入 CFS 之前的 Linux 系统，在进程调度中存在两个基本的基于进程的因素：优先级和时间片。正如在前面的章节中所提到的，在传统的进程调度器中，会给每个就绪进程分配一个时间片，表示分配给该进程的处理器"分片"。进程可能会一直运行到消耗完其分配到的时间片。此外，还给每个进程分配优先级。进程调度器会先调度运行优先级高的进程，然后再运行优先级低的进程。这个调度算法非常简单，而且对于早期的基于时间片共享的 UNIX 系统效果良好。但是，需要交互和公平性的系统而言，比如现代计算机的桌面和移动设备，该算法就有些差强人意了。

完全公平调度器引入了一种非常不同的算法，称为公平调度，它消除了时间片作为处理器访问分配单元，相反地，它给每个进程分配了处理器的时间比例。算法很简单：CFS 在最初给 N 个进程分别分配 1/N 的处理器时间。然后，CFS 通过优先级（nice value）权衡每个进程的比例，调整分配。默认的优先级是 0，权值是 1，则比例不变。优先级的值设置越小（优先级越高），权值就越高，就增加分配给该进程的处理器的比例值；优先级的值设置越高（优先级越低），权值越低，就减少分配给该进程的处理器的比例值。

通过这种方式，完全公平调度器就给每个进程分配了基于权值的处理器比例。要确定每个进程真正的执行时间，完全公平调度器需要把比例划分成一个固定的周期。该周期称为"目标延迟（target latency）"，它表示系统的调度延迟。下面我们举个例子，可以帮助理解"目标延迟"这个概念。假设"目标延迟"设置为 20ms，存在两个优先级相同的可运行进程。每个进程有相同的权值，并被分配相同的处理器比例，每个进程占用 10ms。这样，完全公平调度器就会先执行一个进程，运行 10ms，然后执行另一个进程，也运行 10ms，这样不断重复。如果系统中有五个可运行的进程，完全公平调度器会每个运行 4ms。

目前来看一切都不错，没什么问题。但是，当有 200 个可运行进程时，怎么办？如果目标延迟是 20ms，完全公平调度器会给每个进程仅分配 100 微妙。由于从一个进程到另一个进程的上下文切换会带来开销（该开销称为"切换开销"），以及无法更好地利用时间局部性,基于以上问题,完全公平调度器引入了另一个关键因素：最小粒度。

"最小粒度"是指任一进程所运行的时间长的基准值。所有进程，不管其分配到的处理器比例是多少，都至少会运行最小粒度的时间（除非被阻塞了）。这种机制可以保证切换代价不会因为目标延迟值很小，而占用过大比例的系统总时间。也就是说，如果在最小粒度内切换进程，就破坏了公平性。设置了目标延迟和最小粒度后，在可运行进程数合理的情况下，不需要应用最小粒度，只需要满足目标延迟，就可以保证公平性。

通过给进程分配处理器资源比例，而不是固定的时间片，完全公平调度可以实现公平性：每个进程都获得了处理器资源的"公平份额"。此外，完全公平调度器还可以支持可配置的调度延迟，因为目标延迟是用户可设置的。在传统的 UNIX 调度器中，进程运行几个固定的时间片，称为"priori（先验值）"，但调度延迟（运行频率）是未知的。在完全公平调度器中，进程按"配额"运行，其延迟称为"priori"，时间片是根据系统上可运行的进程数而动态变化的。完全公平调度器是完全不同的处理进程调度方案，解决了传统进程调度器对于交互进程和 I/O 约束型进程所面临的很多问题。

6.3 让出处理器

虽然 Linux 是个抢占式多任务操作系统，它也提供了一个系统调用，支持进程主动让出处理器，并通知调度器选择新的进程来运行。

```
#include <sched.h>

int sched_yield (void);
```

调用 sched_yield() 函数，会挂起当前正在运行的进程，然后进程调度器会选择一个新的进程来运行，就和内核主动抢占进程一样。注意，在多数情况下，系统中并没有其他就绪进程，让出的进程会立即恢复运行。由于不确定系统是否存在其他就绪进程，而且人们普遍认为应该有其他更好的选择，这一系统调用并不经常使用。

成功时，返回 0，失败时，返回-1，并相应设置 errno 值。在包括 Linux 在内的多数 UNIX 系统上，sched_yield()不会失败，总是返回 0。然而，一个严谨的程序员还是会检查其返回值：

```
if (sched_yield ())
        perror ("sched_yield");
```

合理使用

实际上，在 Linux 系统这样的抢占式多任务系统中，很少有合理使用 sched_yield()的机会。内核完全有能力做出最优化、最有效率的调度决策，这是因为内核显然比一个独立的应用程序更懂得应该何时抢占哪个进程。这正是操作系统放弃协同式多任务机制，而采用抢占式多任务机制的原因。

那么，为什么 POSIX 会提供这种"重新调度"的系统调用呢？这是因为应用需要等待一些外部事件，比如用户、硬件组件或者其他进程所触发的外部事件。例如，如果一个进程需要等待另一个进程，直观的解决方案是"让出处理器，直到另一个进程完成"。一个简单的消费者/生产者模型实现可能看起来如下：

```
/* the consumer... */
do {
        while (producer_not_ready ())
                sched_yield ());
        process_data ();
} while (!time_to_quit ());
```

幸运的是，UNIX 程序员一般不需要编写这样的代码。UNIX 程序通常是事件驱动的，往往会在消费者和生产者之间利用阻塞机制（比如管道）来代替 sched_yield()。在这种情况下，消费者从管道中读取数据，在必要的时候阻塞等待数据。生产者则在有新数据时就向管道写数据。通过这种机制，可以避免用户空间进程之间的协同工作，而是把这些工作交给了内核；对于内核而言，又可以通过使进程睡眠，并在需要的时候以激活的方式来优化管理。一般来说，UNIX 程序会致力于使用事件驱动机制，它需要可阻塞文件描述符。

最近，有一种场景非常迫切需要 sched_yield() 调用：用户空间线程锁。当一个线程试图请求的锁已经被另一个线程持有时，该线程会让出处理器直到锁可用。在内核不支持用户空间锁的时候，这种方法最简单高效。然而，现代 Linux 的线程实现（the Native POSIX Threading Library, NPTL）引入了一个基于快速用户互斥锁（futexes）的优化方案，它在内核中提供对用户空间锁的支持。

sched_yield() 的另一个合理使用场景是"表现友好（playing nicely）"：一个处理器密集的程序可以周期性调用 sched_yield()，减少对系统的影响。这个策略的出发点很不错，但是存在两个缺点。第一，内核可以比一个独立进程做出更好的全局调度决策，因此，使系统操作更平滑的工作应该由调度器来承担，而不是用户进程。第二，减轻处理器密集应用带来的负担，从而保证其他应用可以运行，这是用户的责任，而不是某个应用。用户可以通过 shell 命令"nice"为应用程序设置偏好，本章后面将会探讨它。

6.4　进程优先级

本节讨论的是普通、非实时的进程，实时进程需要不同的调度标准以及独立的优先级系统，在本章后面会讨论实时计算。

Linux 不是随意进行进程调度。相反，它给所有进程分配了一个"优先级"，影响它们的运行时间：回想一下，Linux 通过进程"优先级（nice value）"来调整分配给该进程的处理器比例。先前，UNIX 把这个优先级称为"nice values"，因为它背后的思想是要对其他进程"友好（nice）"，降低该进程的优先级，支持其他进程消耗更多的处理器时间。

合法的 nice value 范围是(-20,19]，默认值为 0。稍让人有些困惑的是：nice value 越低，优先级越高，时间片越长；相反，nice value 越高，优先级越低，时间片越短。因此，增加进程的 nice value 意味着该进程对系统更"友好（nice）"。数值上的反向对应很容易让人混淆。当一个进程有"优先级高"时，是指比起优先级低的进程，该进程运行时间更长，但是该进程的 nice value 值更低。

6.4.1   nice()

Linux 提供了获取和设置进程 nice value 的系统调用。最简单的方式是调用 nice()：

```
#include <unistd.h>

int nice (int inc);
```

nice()调用成功时，会在现有的 nice value 上增加 inc，并返回更新后的值。只有拥有 CAP_SYS_NICE 权限的进程(实际上即进程所有者为 root)才可以使用负值 inc，减少 nice value，从而提升该进程的优先级。因此，非 root 用户的进程只能降低优先级（增加 nice value）。

出错时，nice()返回-1。但是，由于 nice()调用会返回更新后的值，-1 也可能是成功时的返回值。因此，为了判断调用是否成功，在调用前应该先把 errno 值置为 0，然后，在调用后再检查 errno 值。举个例子：

```
int ret;

errno = 0;
ret = nice (10);     /* increase our nice by 10 */
if (ret == -1 && errno != 0)
        perror ("nice");
else
        printf ("nice value is now %d\n", ret);
```

对于 nice()，Linux 只会返回一种错误码：EPERM，表示调用的进程试图提高其优先级（传递 int 值为负数），但没有 CAP_SYS_NICE 权限。当 nice value 超出指定范围时，其他系统还会返回 EINVAL，但 Linux 不会。相反，Linux 会把非法值通过四舍五入方式获取对应值，或者当超出指定范围值时，就设置成下限值。

获得当前优先级的一种简单方式是给 nice()函数传递参数 0：

```
printf ("nice value is currently %d\n", nice (0));
```

通常，当进程需要设置绝对优先级而不是相对增量的时候，可以使用如下代码：

```
int ret, val;

/* get current nice value */
val = nice (0);

/* we want a nice value of 10 */
val = 10 - val;
errno = 0;
ret = nice (val);
if (ret == -1 && errno != 0)
        perror ("nice");
else
        printf ("nice value is now %d\n", ret);
```

6.4.2　getpriority()和 setpriority()

要修改进程优先级，更好的解决方案是通过 getpriority()和 setpriority()系统调用，这两个调用支持更多控制功能，不过使用起来也更复杂：

```
#include <sys/time.h>
#include <sys/resource.h>

int getpriority (int which, int who);
int setpriority (int which, int who, int prio);
```

这两个系统调用可以作用于由参数"which"和"who"指定的进程、进程组或用户。其中，"which"的取值必须是 PRIO_PROCESS、PRIO_PGRP 或 PRIO_USER，而"who"则指定了进程 ID、进程组 ID 或用户 ID。当"who"的值是 0 时，调用分别是在当前进程、当前进程组或当前用户上运行。

调用 getpriority()会返回任何指定进程的最高优先级（即 nice value 最小），调用 setpriority()则将所有进程的优先级都设置为"prio"。和 nice()一样，只有拥有 CAP_SYS_NICE 权限的进程可以提升进程的优先级（降低其 nice value）。此外，只有拥有这样权限的进程才可以调整那些不属于当前用户的进程的优先级。

出错时，getpriority()会返回-1。同 nice()返回值类似，-1 也可能是成功的返回值，因此为了处理错误情况，编程人员必须在调用前把 error 清 0。相反地，setpriority()就没有这些问题：它总是成功时，返回 0；出错时，返回-1。

以下代码会返回当前进程优先级：

```
int ret;

ret = getpriority (PRIO_PROCESS, 0);
printf ("nice value is %d\n", ret);
```

以下代码会把当前进程组的所有进程优先级都设置为 10：

```
int ret;

ret = setpriority (PRIO_PGRP, 0, 10);
if (ret == -1)
        perror ("setpriority");
```

出错时，函数会把 errno 设置为以下几个值之一：

EACCES 进程试图提高进程优先级，但没有 CAP_SYS_NICE 权限（仅适用于 setpriority()）。

EINVAL 参数"which"的值不是 PRIO_PROCESS、PRIO_PGRP 或 PRIO_USER。

EPERM 指定的进程有效用户 ID 和调用进程有效用户 ID 不一致，且调用进程没有 CAP_SYS_NICE 权限（仅适用于 setpriority()）。

ESRCH 不存在匹配参数"which"和"who"所指定值的进程。

6.4.3　I/O 优先级

除了调度优先级，Linux 还支持进程指定 I/O 优先级。I/O 优先级会影响进程的 I/O 请求优先级。内核 I/O 调度器（参考第 4 章）总是优先响应来自于高 I/O 优先级的请求。

缺省情况下，I/O 调度器通过进程的 nice value 决定 I/O 优先级，因此，设置 nice value 会自动改变 I/O 优先级。但是，Linux 内核还提供了两个系统调用来显式设置或获取 I/O 优先级，且和 nice value 无关：

```
int ioprio_get (int which, int who)
int ioprio_set (int which, int who, int ioprio)
```

糟糕的是，glibc 没有提供对这两个系统调用的用户空间接口。没有 glibc 的支持，函数用起来是相当麻烦的。在 glibc 开始支持的时候，接口有可能和系统调用不同。在这之前，有两个可移植方法来操作进程 I/O 优先级：通过 nice value，或者类似于类似 ionice 的工具，ionice 是 util-linux 包的一部分。[1]

不是所有的 I/O 调度器都支持 I/O 优先级，特别地，完全公平队列（Complete Fair Queuing，CFQ）I/O 调度器支持 I/O 优先级，其他标准调度器不支持。如果当前 I/O 调度器不支持 I/O 优先级，调用时会直接忽略，而不会给出任何提示信息。

---

[1] util-linux 包可以从 kernel.org 中获取，授权方式是 GNU General Public Licence v2。

6.5 处理器亲和力（Affinity）

Linux 在单个系统中支持多处理器，除了启动进程，支持多处理器的大多数工作都依赖于进程调度器。在多处理机上，进程调度器必须决定在每个 CPU 上运行哪个进程。

因此，必须解决两大难题：调度器必须尽量充分利用系统的处理器，因为当某个进程在等待运行时有个 CPU 空闲，性能就不会很高。但是，如果一个进程曾在某一 CPU 上运行，后面再运行时，进程调度器还应该尽量把它再放到同一个 CPU 上，因为处理器间的进程迁移会带来性能损失。

处理器间的进程迁移最大的性能损失来自于"缓存效应（cache effects）"。现代对称多处理（SMP）系统的设计中，每个处理器的缓存是各自独立的，而且相互不同。也就是说，处理器并不共享缓存中的数据。因此，当进程迁移到新处理器上后写入新数据到内存时，原有处理器的缓存就过期了，如果依赖原来这份缓存可能会带来损坏（corruption）。为了避免这种情况，缓存读入新的一块内存数据时会标记其他缓存无效。因此，在任意时刻，任意数据仅在一个处理器的缓存中有效（假设该数据被缓存）。因此，当进程在处理器间迁移时，就会带来两方面的代价：一是进程不再能访问缓存数据，二是原处理器的缓存中的数据必须标记为无效。考虑到这些代价，进程调度器会尽量让进程尽可能在固定的某个处理器上运行。

当然，进程调度器的两个目标有潜在的冲突。如果一个处理器比另一个处理器的负载大得多——或者更糟的是，如果一个处理器很忙而另一个空闲——这样，把某些进程重新调度到不忙碌的 CPU 上就很有意义。决定何时移动进程来避免不平衡，称为负载均衡，对 SMP 机器的性能至关重要。

处理器亲和力（processor affinity）表明一个进程会一直被调度到同一处理器上的可能性。术语"软亲和力（soft affinity）"表明调度器持续调度进程到同一处理器上的自然倾向，从上文的讨论可以看到，这是非常有价值的特性。Linux 调度器尽可能地这样做，只有当负载极端不平衡的时候，才考虑迁移进程，从而，最小化迁移的缓存效应，还能保证系统中的处理器负载基本平衡。

但是，有些时候，用户或者应用需要保证进程和处理器间的绑定，这通常发生在进程非常依赖缓存（cache-sensitive），期望能够在同一个处理器下运行。把进程绑定到特定处理器并强制内核保证这种绑定关系，这称为"硬亲和力（hard affinity）"。

sched_getaffinity()和 sched_setaffinity()

子进程会从父进程那里继承处理器亲和力，在默认情况下，进程可以运行在任何
CPU 上。Linux 提供两个系统调用来获取和设定进程的"硬亲和力"：

```
#define _GNU_SOURCE

#include <sched.h>

typedef struct cpu_set_t;

size_t CPU_SETSIZE;

void CPU_SET (unsigned long cpu, cpu_set_t *set);
void CPU_CLR (unsigned long cpu, cpu_set_t *set);
int CPU_ISSET (unsigned long cpu, cpu_set_t *set);
void CPU_ZERO (cpu_set_t *set);
int sched_setaffinity (pid_t pid, size_t setsize,
                       const cpu_set_t *set);

int sched_getaffinity (pid_t pid, size_t setsize,
                       cpu_set_t *set);
```

调用 sched_getaffinity()可以获得由"pid"指定的进程的处理器亲和力，保存在特定
类型 cpu_set_t 中，可以用特殊的宏来访问。如果 pid 值是 0，则返回当前进程的亲
和力。参数 setsize 是 cpu_set_t 类型的大小，glibc 用它来保证将来类型变化时依然
具有兼容性。成功时，函数 sched_getaffinity()返回 0；出错时，返回-1，并设置 errno
值。代码示例如下：

```
cpu_set_t set;
int ret, i;

CPU_ZERO (&set);
ret = sched_getaffinity (0, sizeof (cpu_set_t), &set);
if (ret == -1)
        perror ("sched_getaffinity");

for (i = 0; i < CPU_SETSIZE; i++) {
        int cpu;

        cpu = CPU_ISSET (i, &set);
        printf ("cpu=%i is %s\n", i,
                cpu ? "set" : "unset");
}
```

在调用前，我们调用 CPU_ZERO()函数，把所有的二进制位清零，然后对集合 set
从 0 到 CPU_SETSIZE 进行迭代。注意，CPU_SETSIZE 并不是 set 的大小，这一点
很容易让人误解———一定不要把它作为 setsize()函数的参数，相反，CPU_SETSIZE
是指 set 可能表示的处理器数量。由于当前实现是通过 1 个二进制位来表示一个处

理器，因此，CPU_SETSIZE 实际上比 sizeof(cpu_set_t)大得多。我们通过 CPU_ISSET 检查系统中某个处理器 i 是否被绑定到这个进程，0 表示未绑定，非 0 表示绑定。

只对系统中物理真实存在的处理器进行设置，因此，在双核系统上运行上述代码会得到如下结果：

```
cpu=0 is set
cpu=1 is set
cpu=2 is unset
cpu=3 is unset
...
cpu=1023 is unset
```

从输出中可以看到，当前的 CPU_SETSIZE 值（从 0 开始）是 1 024。

由于系统是双核的，我们只考虑 CPU #0 和#1 这两个处理器。可能我们期望确保进程只运行在 CPU #0 上，而不会运行在#1 上。代码如下：

```
cpu_set_t set;
int ret, i;

CPU_ZERO (&set);          /* clear all CPUs */
CPU_SET (0, &set);        /* allow CPU #0 */
CPU_CLR (1, &set);        /* disallow CPU #1 */
ret = sched_setaffinity (0, sizeof (cpu_set_t), &set);
if (ret == -1)
        perror ("sched_setaffinity");

for (i = 0; i < CPU_SETSIZE; i++) {
        int cpu;

        cpu = CPU_ISSET (i, &set);
        printf ("cpu=%i is %s\n", i,
                cpu ? "set" : "unset");
}
```

首先，我们通过 CPU_ZERO 把 set 清零，然后通过 CPU_SET 把 CPU #0 置成 1，用 CPU_CLR 把 CPU #1 置 0。前面已经对整个 set 清零，所以这里执行 CPU_CLR 是多余的，这里提供仅仅是出于完整性考虑。

在同一台双核系统上运行该程序，其输出结果会和之前的稍有差别：

```
cpu=0 is set
cpu=1 is unset
cpu=2 is unset
...
cpu=1023 is unset
```

现在，CPU #1 已经被禁用，不论如何执行，该进程总是运行在 CPU #0 上。

可能的错误值有以下四种：

EFAULT

提供的指针在进程的地址空间外或非法。

EINVAL

系统中没有处理器被允许调度（仅适用于 sched_setaffinity()），或者 setsize 小于内核中表示处理器集合的内部数据结构的大小。

EPERM

pid 指向的进程不属于当前调用进程的有效用户 ID，而且该进程没有 CAP_SYS_NICE 能力。

ESRCH

pid 指定的进程不存在。

6.6　实时系统

在计算机领域，术语"实时"往往很容易引起困惑和误解。如果一个系统受限于"操作时限（operational deadlines）"，即请求和响应之间的最少且必须执行的次数，就称该系统是"实时系统"。一个常见的"实时系统"是"防抱死（ABS）"系统，几乎在所有的现代机动车都能够看到它。在这个系统中，当踩下刹车时，计算机会调节刹车压力，一般是通过在一秒内多次施加和释放最大刹车压力，以防止轮胎"锁死"，降低刹车动力，避免汽车失控。在这种系统中，系统的"操作时限"是指系统能够多快地响应轮胎"锁死"，能够多快地施加刹车压力。

绝大多数现代操作系统，包括 Linux，都提供了某种程度的"实时"支持。

6.6.1　硬实时系统和软实时系统

实时系统可以分为两大类：硬实时系统和软实时系统。硬实时系统对操作时限要求非常严格，超过期限就会失败，后果很严重。相反，软实时系统并不认为超过期限是个严重失败。

硬实时应用很容易识别，其中一些典型的例子是防抱死系统、军用武器系统、医疗设备、信号处理。软实时应用则不太容易识别，一个比较明显的例子是视频处理应用：如果超过了操作时限，会影响用户体验，而少量的丢帧还是可以忍受的。

很多其他应用也存在时间约束，如果不能满足这些约束条件，就会影响用户体验。多媒体应用、游戏和网络程序都在其中。但是，文本编辑器呢？如果程序不能很快响应键盘输入，用户体验就会变得很差，用户会感到愤怒或有挫败感。这是软实时应用吗？当然，当开发人员实现程序时，他们意识到必须及时响应键盘输入。但是，这是否可以算得上"操作时限"？软实时应用的定义本来就很不清楚。

和一般看法不同，实时系统并不一定就很快。实际上，在相同的硬件条件下，实时系统很可能要慢于非实时系统，其原因在于，即使不考虑其他因素，支持实时进程本身也会增加系统代价。同样，软硬实时系统的区分和操作时限的长短无关。在检测到过量的中子流出的几秒钟内，如果 SCRAM 系统没有把控制杆放低一些，核反应堆就可能过热。这就是操作时限很长的硬实时系统。相反，如果视频播放器无法在 100ms 内重新填充回放缓冲区，该播放器就会跳过一些帧或者发出喳喳声，播放器是对操作实现要求较高的软实时系统。

6.6.2　延迟、抖动和截止期限

"延迟（latency）"是指触发请求（stimulus）开始发生直到执行响应的时间，如果延迟小于等于操作时限，系统会运行正常。在很多硬实时系统中，操作时限和延迟是等价的，系统以固定的时间间隔、在准确时间点处理触发请求。在软实时系统中，响应不需要那么精确，延迟也会有些区别——响应只需要在截止期限内发生就行。

通常很难测量延迟，因为要计算延迟，就必须知道请求发生的时间。但是，给请求打上时间戳，往往会影响对请求的及时响应。因此，很多测量延迟的方法都不这么处理；实际上，人们测量成功响应的时间偏差。连续事件中的时间偏差称为抖动（jitter），而不是延迟。

举个例子，假定触发请求每 10ms 发生一次。为了测量系统性能，我们给响应打上时间戳，确保每 10ms 响应一次，几次测量之间的偏差就是抖动，我们所测量的就是连续响应间的时间偏差。不知道请求发生的时间，我们也就不知道请求和响应之间真正的时间差；即使知道请求每 10ms 发生一次，我们还是不知道第一次请求何时开始。或许更令人惊讶的是，很多测量延迟的操作都错了，实际上得到的是抖动而不是延迟。可以确定的是，抖动是一个很有用的指标，而且这种测量方式很可能也是非常有用的。不管怎么说，我们都必须实事求是！

硬实时系统经常出现一些非常小的抖动，因为它们在一段时间后而不是那段时间内响应刺激。系统追求零抖动，从而使延迟等于操作间隔。如果延迟超过间隔，就会失败。

硬实时系统通常抖动更少，因为它是在请求之后（而不是在请求和响应之间）的某个确切时间点响应。硬实时系统的目标是零抖动，延迟等于操作时延——通常延迟会小很多，有时会大一些。因此，抖动可以作为性能指标的完美替代品了。

6.6.3 Linux 的实时支持

Linux 通过 IEEE Std 1003.1b-1993（缩写为 POSIX 1993 或 POSIX.1b）定义的一系列系统调用来为应用程序提供软实时支持。

从技术上来讲，POSIX 标准并没有指明提供的实时支持是软实时支持还是硬实时支持。实际上，POSIX 标准仅仅描述了一些基于优先级的调度策略，操作系统服从何种时间约束取决于操作系统设计者。

过去这些年，Linux 内核在不牺牲系统性能的情况下，取得了越来越好的实时支持，提供越来越小的延迟以及更一致的抖动。其主要原因在于改进延迟可以帮助很多不同的应用类型，比如桌面和 I/O 约束型进程，而不仅仅是实时应用。改进延迟也可以归功于 Linux 在嵌入式和实时领域的成功。

不幸的是，很多嵌入式和实时领域对 Linux 内核的修改仅仅存在于定制的 Linux 版本中，而没有进入主流的官方内核。其中某些修改进一步减少了延迟，甚至达到了硬实时系统的标准。以下几节仅仅讨论官方内核接口和主流内核行为。幸运的是，大多数实时修改使用的还是 POSIX 接口，因此，接下来的讨论也适用于修改版系统。

6.6.4 Linux 调度策略和优先级

Linux 对进程的调度行为依赖于进程的调度策略，也称为调度类别（scheduling class）。除了正常的默认策略，Linux 还提供了两种实时调度策略。头文件<sched.h>中的预处理器宏表示各个策略：分别是 SCHED_FIFO、SCHED_RR 和 SCHED_OTHER。

每个进程都持有一个静态优先级，该优先级和 nice value 无关。对于普通应用，静态优先级的值为 0；对于实时应用，其值为 1 到 99。Linux 调度器总是选择优先级最高的进程运行（即静态优先级值最大的进程）。如果一个正在运行的进程，其优先级值为 50，当优先级为 51 的进程就绪时，调度器会立即直接抢占当前进程，转而运行新的高优先级进程。相反地，如果一个优先级为 49 的进程就绪，它会一直等待，直到优先级为 50 的进程阻塞才可运行。因为普通进程的优先级是 0，所以任何就绪的实时进程总会抢占非实时进程，开始运行。

"先进先出"策略

先进先出（FIFO）策略是没有时间片、非常简单的实时策略。只要没有更高优先级进程就绪，FIFO 类型的进程就会持续运行，用宏 SCHED_FIFO 表示。

由于缺少时间片，它的操作策略相当简单：

- 如果一个就绪的 FIFO 类型的进程是系统中的最高优先级进程，它就会一直保持运行。特别地，当 FIFO 类型的进程就绪时，它就会立即抢占普通进程。

- FIFO 类型的进程会持续运行，直到阻塞或者调用 sched_yield()，或者有个更高优先级的进程就绪。

- 当 FIFO 类型的进程阻塞时，调度器会将其移出就绪队列。当该进程重新就绪时，会被插到相同优先级的进程队列末尾。因此，它必须等待更高优先级或同等优先级的进程停止运行后，才会运行。

- 当 FIFO 类型的进程调用 sched_yield()时，调度器会把它放到同等优先级的进程队列末尾，因此，它必须等待其他同等优先级的进程停止运行后，才会运行。如果不存在和调用进程相同优先级的进程，调用 sched_yield()就没有用。

- 当 FIFO 类型的进程被抢占，它在优先级队列中的位置不变。因此，一旦高优先级进程停止运行，被抢占的 FIFO 类型的进程就会继续运行。

- 当一个进程成为 FIFO 类型的进程，或者该进程的静态优先级发生变化，它就会被放到相应优先级的进程队列队首。因此，新来的 FIFO 类型的进程会抢占同等优先级的进程。

实质上，只要 FIFO 类型的进程在系统中的优先级最高，我们可以认为它就能一直运行。比较有趣的部分在于同等优先级的 FIFO 进程之间的关系。

轮询策略

轮询（round-robin，RR）策略和 FIFO 策略类似，区别在于对于处理相同优先级的进程，轮询策略还额外指定了一些其他规则。轮询策略以 SCHED_RR 表示。

调度器会给每个轮询类型的进程分配一个时间片。当轮询类型的进程耗光时间片时，调度器会把该进程放到其所在优先级队列的末尾。通过这种方式，轮询类型的进程间就能轮询调度。如果给定优先级队列里只有一个进程，轮询类型就等同于 FIFO 类型，在这种情况下，当进程消耗完当前时间片，会立即继续执行。

我们可以认为轮询类型的进程等同于 FIFO 型进程，只不过轮询类型的进程会是在时间片耗尽的时候停止运行，排到同等优先级队列的末尾。

决定选择 SCHED_FIFO 还是 SCHED_RR 完全取决于内部优先级的操作，轮询类型的进程的时间片仅在相同优先级的进程间相关。FIFO 类型的进程还是会继续运行，轮询类型的进程会在某个相同优先级的进程间调度，但是都不会出现高优先级进程等待低优先级进程的情况。

普通调度策略

SCHED_OTHER 代表标准调度策略，是非实时进程的默认调度策略。所有普通类型的进程的静态优先级都为 0，因此，任何一个就绪的 FIFO 或轮询类型的进程都会抢占它们。

调度器利用先前讨论过的 nice value 来划分普通进程的优先级，静态优先级不受 nice value 的影响，始终为 0。

批调度策略

SCHED_BATCH 是批调度或空闲调度策略，它在某种程度上是实时调度的对立面：这种类型的进程只在系统中没有其他就绪进程时才会运行，即使那些进程已经耗光时间片。这不同于低优先级进程（即 nice value 值最大），在那种情况下，进程最终会在高优先级进程耗光时间片后开始运行。

设置 Linux 调度策略

进程可以通过 sched_getscheduler() 和 sched_setscheduler() 来操作 Linux 调度策略：

```
#include <sched.h>

struct sched_param {
        /* ... */
        int sched_priority;
        /* ... */
};

int sched_getscheduler (pid_t pid);

int sched_setscheduler (pid_t pid,
                        int policy,
                        const struct sched_param *sp);
```

成功调用 sched_getscheduler() 会返回由 pid 指定的进程的调度策略。如果 pid 值为 0，则返回调用进程的调度策略。<sched.h> 中定义了一个整数，表示调度策略：SCHED_FIFO 表示先进先出策略，SCHED_RR 表示轮询策略，SCHED_OTHER 表

示普通策略。出错时，函数值返回-1（-1 不是合法的调度策略），同时相应地设置
errno 值。

sched_getscheduler()的用法很简单：

```
int policy;

/* get our scheduling policy */
policy = sched_getscheduler (0);

switch (policy) {
case SCHED_OTHER:
        printf ("Policy is normal\n");
        break;
case SCHED_RR:
        printf ("Policy is round-robin\n");
        break;
case SCHED_FIFO:
        printf ("Policy is first-in, first-out\n");
        break;
case -1:
        perror ("sched_getscheduler");
        break;
default:
        fprintf (stderr, "Unknown policy!\n");
}
```

调用 sched_setscheduler()将设置由 pid 指定进程的调度策略。和策略相关的其他参
数则是通过 sp 设置。当 pid 值为 0 时，进程将设置自己的策略和参数。成功时，
函数返回 0；失败时，返回-1 并设置 errno 值。

sched_param 结构体中的有效字段依赖于操作系统支持的调度策略。SCHED_RR 和
SCHED_FIFO 都至少需要一个字段 sched_priority 来指明静态优先级。
SCHED_OTHER 不使用任何字段，虽然未来的调度策略可能会用到。因此，可移
植的合法程序不应该对 sched_param 结构体的字段做出任何假定判断。

设置进程调度策略和参数很简单：

```
struct sched_param sp = { .sched_priority = 1 };
int ret;

ret = sched_setscheduler (0, SCHED_RR, &sp);
if (ret == -1) {
        perror ("sched_setscheduler");
        return 1;
}
```

这个代码片段会设置调用进程采用轮询调度策略，其静态优先级值为 1。我们假定

1 是个有效的优先级值——从技术角度看，并不需要这么做。我们会在下一节讨论如何得到有效优先级的取值范围。

设置非 SCHED_OTHER 的调度策略需要 CAP_SYS_NICE 权限，因此，通常由 root 用户运行实时进程。从 2.6.12 内核开始，RLIMIT_RTPRIO 资源限制允许非 root 用户在一定上限内设置实时优先级。

出错时，errno 值可能为以下四种错误值之一：

EFAULT 指针 sp 指向的内存区域非法或不可访问。

EINVAL policy 指定的调度策略无效，或者 sp 值不适用于给定的策略（仅适用于 sched_setscheduler()）。

EPERM 调用进程没有相应权限来执行。

ESRCH pid 指定的进程不存在。

6.6.5　设置调度参数

POSIX 定义的 sched_getparam() 和 sched_setparam() 接口可以获取并设置和已有调度策略相关的参数：

```
#include <sched.h>

struct sched_param {
        /* ... */
        int sched_priority;
        /* ... */
};

int sched_getparam (pid_t pid, struct sched_param *sp);

int sched_setparam (pid_t pid, const struct sched_param *sp);
```

sched_getscheduler() 接口只返回调度策略，不含任何相关的参数。sched_getparam() 调用则将 pid 进程相关的调度参数存储在 sp 中：

```
struct sched_param sp;
int ret;

ret = sched_getparam (0, &sp);
if (ret == -1) {
        perror ("sched_getparam");
        return 1;
}

printf ("Our priority is %d\n", sp.sched_priority);
```

如果 pid 值为 0，sched_getparam()调用会返回调用进程的参数。成功时，调用会返回 0，出错时，返回-1，并相应设置 errno 值。

因为 sched_setscheduler()还设置了所有相关的调度参数，所以只有在后期要修改参数时，sched_setparam()才有用：

```
struct sched_param sp;
int ret;

sp.sched_priority = 1;
ret = sched_setparam (0, &sp);
if (ret == -1) {
        perror ("sched_setparam");
        return 1;
}
```

成功时，函数会根据 sp 设置 pid 指定进程的调度参数，并返回 0。失败时，返回-1，并相应设置 errno 值。

如果以反序运行上面的两个代码片段，可以看到如下输出：

```
Our priority is 1
```

这个例子还是假设 1 是有效的优先级值。它确实是，但可移植的程序应该先判断一下。稍后我们将查看如何检测有效优先级的范围。

错误码

出错时，errno 值可能为以下四个值之一：

EFAULT 指针 sp 指向的内存区域非法或不可访问。

EINVAL sp 值不适用于给定的策略（仅适用于 sched_getparam()）。

EPERM 调用进程没有足够的权限。

ESRCH pid 指定的进程不存在。

确定有效优先级的范围

在前一个例子中，我们把硬编码的优先级数值传递给函数调用。POSIX 并不保证系统上的调度优先级为固定值，只要求至少有 32 个不同的优先级。在 6.6.4 节中，我们曾提到 Linux 为两种实时调度策略提供了从 1 到 99 共 99 级的优先级策略。一个清晰、可移植的程序通常会实现自己的优先级范围，然后映射到操作系统的范围上。比如，如果你希望以四个不同的实时优先级来运行程序，可以动态地确定优先级范围，再从中选择四个值。

Linux 提供两个系统调用来获得有效的优先级范围，一个返回最小优先级，另一个返回最大优先级：

```
#include <sched.h>

int sched_get_priority_min (int policy);

int sched_get_priority_max (int policy);
```

成功时，sched_get_priority_min()会返回最小值，sched_get_priority_max()返回 policy 所关联的调度策略的最大有效优先级。失败时，这两个调用都返回-1。唯一可能的错误是 policy 值非法，在这种情况下，errno 值会被设置为 EINVAL。

这两个函数调用的用法很简单：

```
int min, max;

min = sched_get_priority_min (SCHED_RR);
if (min == -1) {
        perror ("sched_get_priority_min");
        return 1;
}

max = sched_get_priority_max (SCHED_RR);
if (max == -1) {
        perror ("sched_get_priority_max");
        return 1;
}

printf ("SCHED_RR priority range is %d - %d\n", min, max);
```

在标准 Linux 系统上，运行以上代码片段会得到如下输出：

```
SCHED_RR priority range is 1 - 99
```

正如前面所讨论的，数值越大意味着优先级越高。要把进程设置成相应策略的最高优先级，可以通过如下代码实现：

```
/*
 * set_highest_priority - set the associated pid's scheduling
 * priority to the highest value allowed by its current
 * scheduling policy. If pid is zero, sets the current
 * process's priority.
 *
 * Returns zero on success.
 */
int set_highest_priority (pid_t pid)
{
        struct sched_param sp;
```

```
    int policy, max, ret;

    policy = sched_getscheduler (pid);
    if (policy == -1)
            return -1;

    max = sched_get_priority_max (policy);
    if (max == -1)
            return -1;

    memset (&sp, 0, sizeof (struct sched_param));
    sp.sched_priority = max;
    ret = sched_setparam (pid, &sp);

    return ret;
}
```

程序一般都是获取系统的最小优先级或最大优先级,然后按 1 递增(比如 max-1,
max-2 等),给指定进程分配优先级。

6.6.6 sched_rr_get_interval()

正如前面所提到的,除了拥有时间片外,SCHED_RR 进程(即轮询)和 SCHED_FIFO
进程(即先进先出)相同。当 SCHED_RR 进程消耗完时间片时,调度器会把它放
到同一优先级的进程队列队尾。通过这种方式,所有相同优先级的 SCHED_RR 进
程循环运行。无论正在运行的进程时间片是否用完,高优先级的进程(包括同等或
较高优先级的 SCHED_FIFO 进程)总是会抢占它。

POSIX 定义了一个接口,可以获得指定进程的时间片长度:

```
#include <sched.h>

struct timespec {
        time_t  tv_sec;    /* seconds */
        long    tv_nsec;   /* nanoseconds */
};

int sched_rr_get_interval (pid_t pid, struct timespec *tp);
```

sched_rr_get_interval()这个函数命名很糟糕,调用成功时,将把 pid 指定进程的时
间片存储在 tp 指向的 timespec 结构中,并返回 0;失败时,函数返回-1,并相应设
置 errno 值。

POSIX 规定 sched_rr_get_interval()函数只适用于 SCHED_RR 进程,然而在 Linux
上,该函数可以获得任意进程的时间片长度。可移植的应用应该假定该函数仅适用
于轮询策略,而只运行在 Linux 上的程序可以根据需要灵活使用该调用。该函数的
调用例子如下:

```
struct timespec tp;
int ret;

/* get the current task's timeslice length */
ret = sched_rr_get_interval (0, &tp);
if (ret == -1) {
        perror ("sched_rr_get_interval");
        return 1;
}

/* convert the seconds and nanoseconds to milliseconds */
printf ("Our time quantum is %.2lf milliseconds\n",
        (tp.tv_sec * 1000.0f) + (tp.tv_nsec / 1000000.0f));
```

如果进程是 FIFO 类型，则 tv_sec 和 tv_nsec 都是 0，表示时间片无限长。

错误码

出错时，errno 值可能是三种值之一：

EFAULT 指针 tp 指向的内存非法或不可访问。

EINVAL pid 值非法（比如 pid 是负值）。

ESRCH pid 值合法，但指向的进程不存在。

6.6.7 关于实时进程的注意事项

由于实时进程的本质，开发者在开发和调试这类程序时应该特别慎重。如果一个实时程序走极端，系统可能会失去响应。在实时程序中，任何 CPU 约束型的循环——或者是任何不会阻塞的代码——都会一直运行，直到有更高优先级的实时进程就绪。

因此，设计实时程序需要非常慎重。这些实时程序优先级很高，很容易导致系统崩溃。以下是关于实时进程的一些技巧和注意事项：

- 切记，任何 CPU 约束型的循环，如果没有中断或者被高优先级进程打断，在完成前都会一直运行。如果该循环是个无限循环，系统就会失去响应。

- 因为实时进程运行会占有系统的所有资源，所以在设计时需要特别谨慎，不要使得系统中其他程序由于轮不上处理器周期而被"饿死"。

- 注意避免"忙等待（busy waiting）"。如果一个实时进程忙等待一个较低优先级进程占有的资源，该实时进程会永远处于忙等待状态。

- 当开发实时程序时，应该确保一直开着一个终端，以比正在开发的程序更高优先级的方式运行。这样，在紧急情况下，终端会保持响应，允许你杀死失控的实时进程。（当终端空闲等待键盘输入时，除非必要，它不会干扰其他实时进程。）

util-linux 工具包中的实用工具 chrt 可以很容易获取和设置其他实时进程的属性。该工具可以很方便地在实时调度策略下启动任意程序，比如之前提到的终端，或者改变已有应用的实时进程优先级。

6.6.8　确定性

实时进程期望产生确定性的结果。在实时计算中，如果给予相同的输入，一个动作总是在相同的时间内产生相同的结果，我们就说这个动作是"确定性的（deterministic）"。现代计算机可以说是一些不确定性的集合体：多级缓存（命中与否不可预测），多处理器，分页，交换以及多任务这些因素都使估计一个动作需要执行多长时间变得不可能。当然，我们现在的每个动作（相对于硬盘访问而言）都"快得不可思议"，但同时现代系统也使得我们难于精确测量每一个动作的时间。

实时应用往往会对不可预测性以及最坏情况下的延迟有特殊限制。以下章节将讨论实现这一目标的两种方法。

数据故障预测和内存锁定

想象一下以下场景：当洲际导弹系统 ICBM 监视碰撞的监视器接入产生硬件中断时，设备驱动迅速拷贝硬件数据到内核。驱动器发现有个进程因等待数据，阻塞在硬件设备上而进入睡眠状态。驱动器会通知内核唤醒该进程。内核注意到该进程是实时进程且拥有高优先级，就会直接抢占当前运行进程，直接切换成调度该实时进程。调度器也切换成运行实时进程，上下文切换到相应的地址空间。该实时进程又开始继续运行，整个过程耗时 0.3ms，而最大延迟限度是 1ms。

现在，我们来看看用户空间的情况。当实时进程接入洲际导弹系统时，开始处理轨道。当计算好弹道后，实时进程开始配置反导系统。这个过程仅仅耗时 0.1ms，足够部署反弹道导弹响应和拯救生命。但实际上并非如此！因为反弹道导弹代码已经被交换到硬盘上，于是会发生页错误，处理器切换回内核模式，内核启动硬盘 I/O 来获取交换出去的数据。该实时进程会一直休眠，直到解决了页错误问题。这样，几秒钟就过去了，一切都太晚了。

显然，分页和交换给实时进程带来了很多不确定性，可能会带来灾难。为了阻止这种灾难，实时应用往往会通过"锁定"或"硬连接"的方式，把地址空间中的页提前放入物理内存，阻止其被交换出去。一旦页被锁定，内核就不会将其交换出去，对锁定页的任何访问都不会引起页错误，大多数实时应用都会锁定部分和全部页面到物理内存。

Linux 为故障预测和锁定数据都提供了接口。第 4 章讨论了故障预测，把数据预先读入内存的接口，第 8 章将讨论锁定数据到物理内存的接口。

CPU 亲和力和实时进程

实时应用的第二个难点在于多任务。虽然 Linux 内核是抢占式的，但是调度器并不总能直接调度另一个进程。有时，当前进程运行在内核中的临界区，调度器就必须等待该进程退出临界区，如果此时有一个实时进程要运行，延迟就会变得不可接受，很快就会超出操作时限。

同样，多任务和分页一样也带来了类似的不确定性。对于多任务，其解决方案也差不多：消除它。当然，前提是你不能简单地消灭所有其他进程，如果可以的话，可能根本就不需要 Linux 了——一个简单的、定制的操作系统就能满足要求。如果系统中有多个处理器，可以指定一个或多个专门用于处理实时进程。实际上，可以把实时进程从多任务中分离开来。

本章前面已经讨论过用于操作进程 CPU 亲和力的系统调用。对实时进程的潜在优化方式是为每个实时进程保留一个处理器，剩下的处理器由其他进程共享。

要实现这一点，最简单的方式是修改 Linux 的 init 程序，SysVinit[1]，从而可以在启动进程前完成类似下面的操作：

```
cpu_set_t set;
int ret;

CPU_ZERO (&set);         /* clear all CPUs */
ret = sched_getaffinity (0, sizeof (cpu_set_t), &set);
if (ret == -1) {
        perror ("sched_getaffinity");
        return 1;
}

CPU_CLR (1, &set);       /* forbid CPU #1 */
ret = sched_setaffinity (0, sizeof (cpu_set_t), &set);
if (ret == -1) {
        perror ("sched_setaffinity");
        return 1;
}
```

---

[1] 注：SysVinit 源代码可以在 ftp://ftp.cistron.nl/pub/people/miquels/sysvinit/获取，其授权方式是 GNU General Public License v2。

这个代码片段首先得到初始的当前可用处理器集合，我们期望是所有处理器集合。然后，从集合中划出一个处理器 CPU #1，更新可用处理器集合。

因为子进程会继承父进程的可用处理器集合，而 init 又是所有进程的祖先，所以所有的进程都会根据修改后的处理器集合运行，CPU #1 上将不运行任何进程。

接下来，修改实时程序，使它只在 CPU #1 上运行：

```
cpu_set_t set;
int ret;
CPU_ZERO (&set);          /* clear all CPUs */
CPU_SET (1, &set);        /* allow CPU #1 */
ret = sched_setaffinity (0, sizeof (cpu_set_t), &set);
if (ret == -1) {
        perror ("sched_setaffinity");
        return 1;
}
```

因此，结果是实时进程只运行在 CPU #1 上，所有其他的进程分享剩下的处理器。

6.7 资源限制

Linux 内核对进程有资源限制，明确规定了进程可以消耗的内核资源的上限，比如打开文件的数目，内存页数，未处理的信号等。这些限制是强制性的，内核不会允许进程的资源消耗超过这一硬性限制。比如，如果一个打开文件的操作会使得进程拥有的文件超出资源限制，open()调用会失败[1]。

Linux 提供了两个操作资源限制的系统调用。这两个都是标准的 POSIX 调用，而且 Linux 还做了一些补充，可以分别调用 getlimit()和 setlimit()来获取和设置限制：

```
#include <sys/time.h>
#include <sys/resource.h>

struct rlimit {
        rlim_t rlim_cur;  /* soft limit */
        rlim_t rlim_max;  /* hard limit */
};

int getrlimit (int resource, struct rlimit *rlim);
int setrlimit (int resource, const struct rlimit *rlim);
```

一般用类似 RLIMIT_CPU 的整数常量表示资源，rlimit 结构表示实际限制，该结构定义了两个上限：软限制和硬限制。内核对进程采取软限制，但进程自身可以修改

---

[1] 注：此时，调用会设置错误号为 EMFILE，表明进程达到文件数量上限。第 2 章讨论了 open()系统调用。

软限制，设置成 0 到硬限制之间的任意值。不具备 CAP_SYS_RESOURCE 权限的进程（比如，非 root 进程），只能调低硬限制。非特权进程不能提升其硬限制，甚至不能恢复成之前的较高的值，因此，调低硬限制的操作是不可逆的。特权进程则可以把硬限制设置为任意合法值。

限制的真正含义与资源相关。比如资源的上限 RLIMIT_FSIZE，就表示一个进程可以创建的最大文件长度是 RLIMIT_FSIZE 个字节。因此，如果 rlim_cur 是 1 024，则表示进程不可以创建大于 1KB 的文件，也不能扩展文件至 1KB 以上。

所有的资源限制都有两个特殊值：0 和无限制（infinity）。前者表示禁止使用资源，例如如果 RLIMIT_CORE 是 0，则表示内核不会创建内存转储文件。相反，后者表示不存在对资源的限制。内核用特殊值 RLIM_INFINITY 表示无限，该值用-1 表示（可能会和函数调用错误返回-1 值相混淆）。如果 RLIMIT_CORE 是无限制，则内核可以创建任意大小的 core 文件。

函数 getrlimit()会在指针 rlim 指向的结构中存储参数 resource 所指向资源的软硬限制。成功时，返回 0；出错时，返回-1，并设置相应的 errno 值。

因此，函数 setrlimit()会按 rlim 指定的值设置参数 resource 所指向资源的软硬限制。成功时，返回 0，内核更新对应的资源限制；失败时，返回-1，并相应设置 errno 值。

6.7.1　限制项

当前，Linux 提供了 16 种资源限制：

RLIMIT_AS

限制了进程地址空间上限值，单位是字节。如果要增加的地址空间大小超过该上限值——比如调用 mmap()和 brk()函数，这些调用会失败，返回 ENOMEM。如果进程的栈自动增加，超过了限制，内核会给进程发送 SIGSEGV 信号。该限制的值通常为 RLIM_INFINITY。

RLIMIT_CORE

core 文件大小的最大值，单位是字节。如果该上限值非 0，超出限制的 core 文件将截短为最大限制大小；如果是 0，则不会生成 core 文件。

RLIMIT_CPU

一个进程可以使用的最长 CPU 时间，单位是秒。如果进程运行的时间超出这个限制，内核会发出 SIGXCPU 信号，进程会接收并处理该信号。一个可移植程序必须在接收到该信号时中断，POSIX 没有定义内核的下一步动作。如果进程继续运行，有些系统会中断进程，然而 Linux 允许进程继续运行，并且继续每秒给该进程发送一个 SIGXCPU 信号。一旦进程达到硬限制，将会收到 SIGKILL 信号并被中断。

RLIMIT_DATA

进程数据段和堆的大小，单位是字节。如果通过 brk() 来扩大数据段，并超出限制，将会失败并返回 ENOMEM。

RLIMIT_FSIZE

文件可以创建的最大文件，单位是字节。如果进程扩展文件超出了限制，内核将发送 SIGXFSZ 信号。默认情况下，信号将终止进程。但是，进程也可以在系统调用失败返回 EFBIG 时选择自己捕捉和处理信号。

RLIMIT_LOCKS

进程可以拥有的文件锁的最大数量（参见第 7 章关于文件锁的讨论）。一旦达到最大值，任何试图获取额外锁的努力都会失败，返回 ENOLCK。Linux 2.4.25 内核移除了这一功能，在当前内核中，可以设定这一限制，但不会起任何作用。

RLIMIT_MEMLOCK

没有 CAP_SYS_IPC 权限的进程（非 root 进程）通过 mlock()、mlockall() 或者 shmctl() 能锁定的最多内存的字节数。当超过限制的时候，调用失败范围 EPERM。实际上，实际限制向下舍入到整数个内存页。拥有 CAP_SYS_IPC 权限的进程可以锁定任意数量的内存页，此限制不再有效。在 2.6.9 内核前，该限制只局限于有 CAP_SYS_IPC 权限的进程，非特权进程根本不能锁定内存页。该限制项不属于 POSIX 标准，BSD 首先引入了它。

RLIMIT_MSGQUEUE

用户可以在 POSIX 消息队列中分配的最多字节。如果新建的消息超出限制，mp_open() 函数会失败返回 ENOMEM。它不属于 POSIX 标准，发送在内核 2.6.8 中引入，该限制项是 Linux 所特有的。

RLIMIT_NICE

进程可以降低 nice value（提高优先级）的最大值。本章前面已经说明了，普通进程只能提高其 nice value（降低优先级）。这个限制允许管理员规定进程可以合法地提高优先级的级数。因为 nice value 可能是负值，内核用 20-rlim_cur 表示。因此，如果限制设置为 40，进程 nice value 最低为-20（最高优先级）。Linux 2.6.12 内核引入了这个限制。

RLIMIT_NOFILE

该值比进程可以打开的最多文件数大一。任何超出限制的操作都会失败，并返回 EMFILE。在 BSD 中，此限制名字也可以是 RLIMIT_OFILE。

RLIMIT_NPROC

指定某个用户在系统任意时刻允许的最多进程数。任何超出限制的操作都会失败，fork()调用会返回 EAGAIN。此限制不属于 POSIX 标准，而是由 BSD 引入。

RLIMIT_RSS

指定进程可以驻留在内存中的最大页数（即驻留集大小 RSS）。仅在早期的 2.4 内核中强制有该限制；当前内核允许设置该限制，但不强制。此限制不属于 POSIX，由 BSD 引入。

RLIMIT_RTTIME

指定一个实时进程在没有发起阻塞的系统调用时，最多可以消耗的 CPU 时间上限（单位是微秒）。一旦进程发起了阻塞的系统调用，CPU 时间就重新设置为 0。该限制可以避免实时进程运行得不到控制而导致系统崩溃。在 Linux 内核版本 2.6.25 中引入了该限制，它是 Linux 所特有的。

RLIMIT_RTPRIO

指定没有 CAP_SYS_NICE 权限的进程可以拥有的最大实时优先级。通常，非特权进程不会要求实时调度。此限制不属于 POSIX，由 2.6.12 内核引入并为 Linux 所特有。

RLIMIT_SIGPENDING

指定用户消息队列中最多信号数。请求更多的信号将失败，sigqueue()这样的系统调用将返回 EAGAIN。注意，可以无视这个限制而将一个尚未排入队列的信号实例加入该队列。因此，总是可以向进程传递 SIGKILL 和 SIGTERM 信号。此限制不属于 POSIX，由 Linux 独有。

RLIMIT_STACK

指定栈的最大字节长度。超出限制将收到 SIGSEGV 信号。

在 Linux 内核中，以进程为单位管理资源限制。子进程在 fork 时从父进程继承资源限制，这些限制在 exec 调用时会起作用。

默认的限制值

默认的限制值取决于 3 个变量：初始软限制、初始硬限制和系统管理员。内核设置了初始软限制和初始硬限制，如表 6-1 所示。内核在 init 进程中设置这些限制值，由于子进程会继承父进程的限制值，所有后续进程都会继承 init 的软硬限制值。

表 6-1　　　　　　　　　　默认的软硬资源限制

资 源 限 制	软 限 制	硬 限 制
RLIMIT_AS	RLIM_INFINITY	RLIM_INFINITY
RLIMIT_CORE	0	RLIM_INFINITY
RLIMIT_CPU	RLIM_INFINITY	RLIM_INFINITY
RLIMIT_DATA	RLIM_INFINITY	RLIM_INFINITY
RLIMIT_FSIZE	RLIM_INFINITY	RLIM_INFINITY
RLIMIT_LOCKS	RLIM_INFINITY	RLIM_INFINITY
RLIMIT_MEMLOCK	8 pages	8 pages
RLIMIT_MSGQUEUE	800 KB	800 KB
RLIMIT_NICE	0	0
RLIMIT_NOFILE	1 024	1 024
RLIMIT_NPROC	0 (implies no limit)	0 (implies no limit)
RLIMIT_RSS	RLIM_INFINITY	RLIM_INFINITY
RLIMIT_RTPRIO	0	0
RLIMIT_SIGPENDING	0	0
RLIMIT_STACK	8 MB	RLIM_INFINITY

可以通过两种方式改变默认限制：

- 任何进程都可以在 0 到硬限制的范围内增加软限制，也可以减少硬限制，子进程在调用 fork 时会继承更新的限制值。

- 有特殊权限的进程可以任意设置硬限制，子进程同样在调用 fork 时继承这些更新的限制值。

在正常的进程继承体系中，root 进程很少会修改任何硬限制，因此，更多的是通过第一种方式修改默认限制，而不是第二种方式。实际上，对于进程的限制往往由用户通过 shell 设定，系统管理员可以进行设置来提供种类繁多的限制。比如在 Bourne-again shell(bash)中，管理员可以使用 ulimit 命令来设置。注意，管理员不仅可以降低限制值，还可以提升软限制到硬限制，从而给用户提供更合理的限制。这一般是通过使用 RLIMIT_STACK，在很多系统上，该值都被设置为 RLIM_INFINITY。

6.7.2 获取和设置资源限制

前面已经阐述了各种资源限制，现在让我们来考察一下如何获取和设置这些限制。获取资源限制的方法很简单：

```
struct rlimit rlim;
int ret;

/* get the limit on core sizes */
ret = getrlimit (RLIMIT_CORE, &rlim);
if (ret == -1) {
        perror ("getrlimit");
        return 1;
}

printf ("RLIMIT_CORE limits: soft=%ld hard=%ld\n",
        rlim.rlim_cur, rlim.rlim_max);
```

编译包含该代码段的程序，运行时该代码段会输出以下结果：

```
RLIMIT_CORE limits: soft=0 hard=-1
```

可以看到，软限制设置为 0，硬限制设置为-1（-1 代表没有限制）。因此我们可以设置软连接为任意值。下面的例子设置 core 文件最大为 32MB：

```
struct rlimit rlim;
int ret;

rlim.rlim_cur = 32 * 1024 * 1024; /* 32 MB */
rlim.rlim_max = RLIM_INFINITY;    /* leave it alone */
ret = setrlimit (RLIMIT_CORE, &rlim);
if (ret == -1) {
        perror ("setrlimit");
        return 1;
}
```

错误码

出错时，errno 可能有三种值：

EFAULT

rlim 指向的内存非法或不可访问。

EINVAL

resource 值非法，或者 rlim.rlim_cur 值大于 rlim.rlim_max 值（仅适用于 setrlimit()）。

EPERM

调用者要提升硬限制，但没有 CAP_SYS_RESOURCE 权限。

第 7 章

线　程

线程（threading）是指在单个进程内，多路并行执行的创建和管理单元。由于线程引入了数据竞争和死锁，其相关的编程错误不计其数。关于线程这一主题足以写一本书，而且确实已经有了这样的书。这些书主要关注某个特定于线程库提供的各种接口函数。在本章，我们将涵盖 Linux 线程 API 的基础知识，重点在于探讨以下几个问题：在系统编程人员的工具箱中，线程有何作用？为什么要使用线程，以及更重要的一点，为什么不使用线程？哪些设计模式可以帮助我们抽象并构建"线程密集型"应用？最后一点，什么是数据竞争以及如何避免竞争？

7.1　二进制程序、进程和线程

二进制程序（binaries）是指保存在存储介质上的程序，以给定操作系统和计算机体系结构可访问的格式编译生成，可以运行但尚未开始。进程（processes）是操作系统对运行的二进制程序的抽象，包括：加载的二进制程序、虚拟内存、内核资源如打开的文件、关联的用户等。线程（threads）是进程内的执行单元，具体包括：虚拟处理器、堆栈、程序状态。换句话说，进程是正在运行在二进制程序，线程是操作系统调度器可以调度的最小执行单元。

一个进程包含一个或多个线程。如果一个进程只包含一个线程，则该进程只有一个执行单元，每次只有一个操作在运行。我们称这种进程为"单线程"，它们是经典的 UNIX 进程。如果一个进程包含多个线程，每个会有多个操作在同时执行。我们称这种进程为"多线程"。

现代操作系统包括了两种对用户空间的基础的虚拟抽象：虚拟内存和虚拟处理器。它们使得进程"感觉"自己独占机器资源。虚拟内存为每个进程提供独立的内存地址空间，该内存地址连续映射到物理 RAM 或磁盘存储（通过分页实现）。实际上，系统的 RAM 中可能有 100 个不同的正在运行的进程，但是每个进程都"感觉"所有的内存都是自己独占的。虚拟处理器使得进程"感觉"只有自己正在运行，操作系统对其"隐藏"了事实：多个进程在多个处理器（可能）以多任务方式同时运行。

虚拟内存是和进程相关的，与线程无关。因此，每个进程有独立的内存空间，而进程中的所有线程共享这份空间。相反地，虚拟处理器是和线程相关的，与进程无关。每个线程都是可独立调度的实体，支持单个进程每次"处理"多个操作。很多程序员会把虚拟内存和虚拟处理器混淆在一起，但从线程角度看，它们是完全不一样的。和进程一样，线程也"感觉"自己独占一个处理器。但是，和进程不同的是，线程并没有"感觉"自己独占内存——进程中的所有线程共享全部内存地址空间。

7.2　多线程

那么，为什么要有线程呢？显然，我们需要进程，因为它们是正在运行的程序的抽象。但是，为什么要分离执行单元，引入线程？多线程机制提供了六大好处：

编程抽象

把工作切分成多个模块，并为每个分块分配一个执行单元（线程）是解决很多问题的常见方式。利用这种方法的设计模式包括"每个连接一个线程"和线程池模式。编程人员觉得这些模式有用且直观。但是，有些人觉得线程破坏了模式理念。Alan Cox 曾提出这样的说法——"线程是为那些不会使用状态机编程的人设计的"。也就是说，从理论上而言，所有可通过线程解决的编程问题都可以通过状态机解决。

并发性

对于有多个处理器的计算机，线程提供了一种实现"真正并发"的高效方式。每个线程有自己的虚拟处理器，是作为独立的调度实体，因此在多个处理器上可以同时运行多个线程，从而提高系统的吞吐量。由于线程可以实现并发性——也就是说，线程数小于等于处理器数——前面提到的"线程是为那些不会使用状态机编程的人设计的"的说法是不成立的。

提高响应能力

即使是在单处理器的计算机上，多线程也可以提高进程的响应能力。在单线程的进程中，一个长时间运行的任务会影响应用对用户输入的响应，导致应用看起来"僵死"了。有了多线程机制，这些操作可以委托给 worker 线程，至少有一个线程可以响应用户输入并执行 UI 操作。

I/O 阻塞

这和前一项"提高响应能力"紧密相关。如果没有线程，I/O 阻塞会影响整个进程。这对吞吐量和延迟都是灾难。在多线程的进程中，单个线程可能会因 I/O 等待而阻塞，而其他线程可以继续执行。除了线程之外，异步 I/O 和非阻塞 I/O 也是这种问题的解决方案。

上下文切换

在同一个进程中，从一个线程切换到另一个线程的代价要显著低于进程间的上下文切换。

内存保存

线程提供了一种可以共享内存，并同时利用多个执行单元的高效方式。从这个角度看，多线程在某些场景下可以取代多进程。

基于以上这些原因，多线程是操作系统以及应用的较常见的特性。在某些系统上，如 Android，几乎每个进程都是多线程的。十来年前，"线程是为那些不会使用状态机编程的人设计的"的说法基本正确，因为线程的绝大多数优势都可以通过其他方式实现，比如非阻塞 I/O 以及状态机。现在，即使是在很小的计算机上都有多个处理器——甚至连手机都有多个处理器——而某些技术如多核和同步线程（SMT）更使得线程成为最大化系统吞吐量的工具。现在，难以想象会存在一个高性能的 Web 服务不是运行在多核的多线程上。

上下文切换：进程和线程

线程的一大性能优势在于同一个进程内的线程之间的上下文切换代价很低（进程内切换）。在任何系统上，进程内切换的代价低于进程间切换，前者通常是后者的一小部分。在非 Linux 系统上，这种代价差别非常明显，进程间通信代价非常高。因此，在很多系统上，称线程为"轻量级进程"。

在 Linux 中，进程间切换代价并不高，而进程内切换的成本接近于 0：接近进入和退出内核的代价。进程的代价不高，但是线程的代价更低。

计算机体系结构对进程切换有影响，而线程不存在这个问题，因为进程切换涉及把一个虚拟地址空间切换到另一个虚拟地址空间。举个例子，在 x86 系统上，转换后备缓冲器（translation lookaside buffer, TLB），即用于把虚拟内存地址映射

到物理内存地址的缓存，当切换到虚拟地址空间时，必须都清空。在某些负载场景下，TLB 丢失对系统性能有极大损伤。在极端情况下，在某些 ARM 机器上，必须把整个 CPU 缓存都清空！对于线程而言，不存在这些代价，因为线程到线程之间的切换并不会交换虚拟地址空间。

7.2.1 多线程代价

虽然多线程有很多优势，但也不是毫无代价。事实上，有些最可怕的 bug 就是由多线程引起的。设计、编写、理解，以及最重要的——调试多线程程序，这些复杂度都远远高于单个线程的进程。

对线程恐惧的原因还在于：多个虚拟的处理器，但是只有一个虚拟化内存实例。换句话说，多线程的进程有多个事件在同时运行（并发性），而这些事件共享同一块内存。自然而然地，同一个进程的线程会共享资源——也就是说，需要读或写同一份数据。因此，理解程序如何工作就从理解简单的序列化执行指令转变成对多线程独立运行的理解，时间和顺序不可预测，但结果肯定是正确的。如果线程同步失败，会造成输出脏数据，运行出错以及程序崩溃。由于理解和调试多线程代码非常困难，因此线程模型和同步策略必须从一开始就是系统设计的一部分。

7.2.2 其他选择

除了多线程外，还有一些其他选择，这取决于使用多线程的目的。比如，多线程带来的低延迟和高 I/O 吞吐也可以通过 I/O 多路复用（见 2.10 节），非阻塞 I/O（见 2.2.3 小节）和异步 I/O（见 4.5.1 小节）来实现。这些技术支持进程并发执行 I/O 操作，不会阻塞进程。如果目的是实现并发，和 N 个线程相比，N 个进程也可以同样利用处理器资源，除了增加了资源消耗代价和上下文切换开销。相反，如果目的是减少内存使用，Linux 提供了一些工具，比起多线程，它们可以以更严格的方式共享内存。

当前，系统编程人员发现替代方案都没有竞争力。比如，异步 I/O 往往让人很恼火。即使可以通过共享内存和其他共享资源的方式减少多进程之间的代价，上下文切换代价是少不了的。因此，线程在系统编程上很常见，而且几乎到处都是：从底层内核一直到高层 GUI 应用。由于多核变得越来越普遍，对多线程的使用只会变得更加普遍。

7.3 线程模型

在一个系统上实现线程模型的方式有好几种，因内核和用户空间提供的支持而有一定程度的级别差异。最简单的模型是在内核为线程提供了本地支持的情况，每个内核线程直接转换成用户空间的线程。这种模型称为"1:1 线程模型（threading）"，因为内核提供的线程和用户的线程的数量是 1:1。该模型也称为"内核级线程模型（kernel-level threading）"，因为内核是系统线程模型的核心。

Linux 中的线程就是"1:1 线程模型"，在 7.7.1 小节中我们详细探讨了它。在 Linux 内核中只是简单地将线程实现成能够共享资源的进程。线程库通过系统调用 clone() 创建一个新的线程，返回的"进程"直接作为用户空间的线程。也就是说，在 Linux 上，用户调用线程和内核调用线程基本一致。

7.3.1　用户级线程模型

和"内核级线程模型"模型相反，"用户级线程模型（user-level threading）"是"N:1 线程模型（threading)"。在"用户级线程模型"模型中，用户空间是系统线程支持的关键，因为它实现了线程的概念。一个保护 N 个线程的进程只会映射到一个内核进程——即 N:1。该模型很少甚至不包含内核支持，但用户空间代码有很多，包括用来管理线程的用户空间调度器，以及以非阻塞模式捕捉和处理 I/O 的机制。用户级线程模型的优点在于上下文切换几乎是零成本的，因为应用本身可以决定何时运行哪个线程，不需要内核操作。其缺点在于由于支持线程的内核实体只有一个，该模型无法利用多处理器，因此无法提供真正的并行性。在现代的操作系统中，这个缺点很严重，尤其是在 Linux 上，减少上下文切换代价带来的好处微乎其微，因为 Linux 支持非常低成本的上下文切换。

在 Linux 上，虽然也存在用户级线程库，大多数库提供的都是"1:1 线程模型"，在本章后面将会探讨。

7.3.2　混合式线程模型

如果我们把内核级线程模型和用户级线程模型结合起来，结果会怎么样呢？是否可以实现"1:1 线程模型"带来的真正并行性，同时还可以利用"N:1 线程模型"的零成本上下文切换？确实可以，只不过这个模型很复杂。"N:M 线程模型"也称为"混合式线程模型"，正是希望能够充分利用前两种模型的优点：内核提供一个简单的线程概念（thread concept），而用户空间也实现用户线程。然后，用户空间（可能和内核结合起来）决定如何把 N 个用户线程映射到 M 个内核线程中，其中 N≥M。

由于实现机制不同，映射方法也有区别，但是经典策略是不要在一个内核线程中支持大部分的用户线程。一个进程可能包含几百个用户线程，但只包含几个内核线程，由几个处理器（每个处理器至少有一个内核线程支持对系统的完全使用）和阻塞式 I/O 处理。正如你所想象的，该模型很难实现。由于在 Linux 中上下文切换成本很低，很多系统开发人员不觉得这个方法可行，1:1 模型在 Linux 系统上还是很普遍。

 调度器激活（Scheduler Activation）是一种为用户级线程提供内核支持的解决方案，支持更高效的 N:M 线程模型。它是在华盛顿大学的一篇学术论文中提出的，后来被 FreeBSD 和 NetBSD 采用，成为实现线程模型的核心。调度器激活支持在用户空间控制和观察内核中的进程调度，这使得混合式模型更高效，并解决了因内核不支持而出现的一些问题。

FreeBSD 和 NetBSD 都已经放弃了调度器激活机制，转而采用了更简单的 1:1 线程模型。这可以归于两个原因，一是 N:M 模型过于复杂，二是由于 x86 体系结构变得非常普遍，x86 支持相对高效的上下文切换。

7.3.3 协同程序

协同程序（coroutines and fibers[1]）提供了比线程更轻量级的执行单位（coroutines 和 fibers 的区别在于前者是编程语言中的概念，后者是系统中的概念）。和用户级线程模型类似，协同程序也属于用户空间的范畴，但是和用户级线程模型不同的是，几乎不存在用户空间对协同程序的调度和执行的支持。相反，它们是协作式调度，支持显式放弃一个程序而去执行另一个。协同程序和子程序（普通的 C/C++ 函数）的差别非常微小。实际上，你也可以把子程序作为特殊的协同程序。协同程序更侧重于程序流的控制，而不是并发性。

Linux 本身并不支持协同程序，可能还是因为其上下文切换已经非常快，不需要比内核线程性能更好的结构。编程语言 Go 为 Linux 提供了对类似协同程序的语言级支持，称为 Go-routines。协同程序支持区分编程规范和 I/O 模型，这是非常值得关注的，虽然这部分内容超出了本书的探讨范畴。

7.4 线程模式

创建多线程应用的第一步也是最重要的一步就是确定线程模式，线程模式也是应用程序的逻辑处理和 I/O 的模式，可能存在很多抽象和实现细节，但两个核

---

[1] 译注：协同程序（coroutines 和 fibers）都是指非常轻量的执行线程。可以查看 http://en.wikipedia.org/wiki/Fiber_(computer_science)了解更多。

心的编程模式是："每个连接对应一个线程（thread-per-connection）"和"事件驱动（event-driven）"。

7.4.1　每个连接对应一个线程

"每个连接对应一个线程"是一种编程模式，在该模式中，每个工作单元被分配给一个线程，而该线程在该工作单元执行期间，不会被分配给其他工作单元。工作单元是指如何分解应用的工作：请求、连接等。在这里，我们将"连接"作为描述该模式的通用术语。

描述该模式的另一种方式是"运行直到结束"。一个线程处理一个连接或请求，直到处理结束，这样线程就可以处理另一个新的请求。这对于 I/O 很有意义，实际上，I/O 是"每个连接对应一个线程"模式和事件驱动模式之间的一个很大区别。在"每个连接对应一个线程"模式中，采用阻塞式 I/O——实际上任何 I/O 都是允许的，因为连接"持有"该线程。阻塞线程只会中止引起阻塞的连接。在这种情况下，"每个连接对应一个线程"模式使用内核处理工作调度以及 I/O 管理。

在这种模式下，线程数是个实现细节。目前为止，我们已经讨论了每个连接对应一个线程，假设每个工作单元都有线程来处理它。这种情况是存在的，但是对于大多数应用在实现时都倾向于对创建线程数设置上限。如果当前正在执行的连接数（即线程数）达到上限，新的连接可能会入队列，可能会被拒绝，直到正在执行的连接数下降到上限值以下。

注意，该模式本身并不需要线程。实际上，如果把"线程"替换成"进程"，就相当于描述老的 UNIX 服务器。比如，Apache 的标准 fork 模式就遵循这个模式。这也是 Java I/O 的经典模式，虽然偏好有变化。

7.4.2　事件驱动的线程模式

事件驱动的线程模式和"每个连接对应一个线程"的模式是对立的。以 Web 服务器为例。对于计算能力，当前硬件可以同时处理多个请求。在"每个连接对应一个线程"模式中，就需要很多线程。线程自身的成本是固定的，主要需要内核和用户空间栈。这些固有成本带来了可扩展性上限，对一个进程中的线程数有上限，尤其是对于 32 位的系统（对于 64 位的系统而言，"每个连接对应一个线程"模式的局限性不是那么明显，但是事件驱动还是更优的选择）。系统可能有计算资源可以处理数千个正在执行的连接，但是运行这么多并发线程会带来可扩展性上限。

在寻求备选方案时，系统设计人员发现很多线程执行很多等待操作：读文件，等待数据库返回结果，发送远程过程调用。实际上，回顾第 201 页关于"多线程"的探讨：使用的线程数如果超出系统的处理器个数，并不会给并发带来任何好处。相反，这种线程使用方式反映了一种编程抽象，敏捷编程方式可以通过更正式的控制流模式来实现复制。

有了这些观察之后，就提出了"事件驱动的线程模式"。因为在"每个连接对应一个线程"模式中大部分工作负荷是在等待，我们把这些等待操作从线程中剥离出来。转而通过发送异步 I/O 请求和使用 I/O 多路复用（参见 2.10 节）来管理服务器中的控制流。在这种模式下，请求处理转换成一系列异步 I/O 请求及其关联的回调函数。这些回调函数可能会通过 I/O 多路复用方式来等待，完成该操作的进程称为"事件循环（event loop）"。当返回 I/O 请求时，事件循环会向等待的线程发送回调。

和"每个连接对应一个线程"模式一样，事件驱动模式本身也都不需要线程。实际上，如果一个单线程的进程执行回调时，事件循环可以完全没有。只有当真正可以提供并发时，才使用线程。在这个模式中，线程数没有理由要大于处理器数。

不同模式随着欢迎程度不断兴衰变更，事件驱动模式是当前设计多线程服务器的最佳选择。举个例子，在过去几年发展起来的除了 Apache 外的其他服务器，都是事件驱动模式。在设计多线程的系统软件时，建议首先考虑事件驱动模式：异步 I/O、回调、事件循环，一个很小的线程池，每个处理器只有一个线程。

7.5 并发性、并行性和竞争

线程引入了两个相关但截然不同的概念：并发性（Concurrency）和并行性（Parallelism）。两者都是有好有坏，带来了线程代价及其收益。并发性是指两个或多个线程可以在重叠的时间周期内执行。并行性是指可以同时运行两个或两个以上的线程。并发不一定是并行：比如在单处理器系统上的多任务机制。并行性（有时出于强调，称为真正并行性 true Parallelism）是一种特殊的并发，它需要多个处理器（或者支持多个执行引擎的单处理器，如 GPU）。如果不是并发，多个线程都执行处理，但不一定是同时的。对于并行性，线程实际上是并行执行的，多线程的程序可以利用多个处理器。

并发性是一种编程模式，是处理问题的一种方式。并行性是一种硬件特征，可以通过并发性实现。两者都是有用的。

竞争

并发性给线程编程带来了很多挑战。由于支持重叠执行（overlapping execution），线程以不可预测的顺序执行。在某些情况下，这不会带来问题。但是，如果线程间需要共享资源，怎么办呢？即使只是访问内存中的一个单词都会造成"竞争"，程序由于不确定哪个线程先执行而带来行为不一致。

一般而言，竞争条件是指由两个或多个线程对共享资源的非同步访问而导致错误的程序行为。共享资源可以是以下任意一种：系统硬件、内核资源或内存中的数据。后者是最常见的，称为数据竞争（data race）。竞争所发生的窗口——需要同步的代码区——称为"临界区"。竞争可以通过对临界区的同步线程访问来消除。在深入探讨同步机制之前，我们先来探讨一些条件竞争的例子。

现实世界中的竞争场景

假设有个自动取款机（ATM）。使用方式很简单：来到取款机前，刷卡，输入个人识别码（PIN），然后输入要提取的金额。然后，把钱取走。在这个过程中，银行需要验证你的账户是否有足够金额，如果有，则从你的账户中减去要提取的金额。算法看起来如下。

1．账户是否有足够 X 金额？

2．如果有，从账户余额中减去 X，把 X 金额弹出给用户。

3．如果没有，返回错误。

C 代码看起来如下：

```
int withdraw (struct account *account, int amount)
{
        const int balance = account->balance;
        if (balance < amount)
                return -1;
        account->balance = balance - amount;

        disburse_money (amount);

        return 0;
}
```

这种执行方式会产生可怕的竞争问题。想象一下，如果银行并发执行两次该函数，会发生什么情况。可能客户正在取钱，同时银行在处理在线账单或评估异常账单。如果这两项账户余额检查发生在同一时刻，都发生在已经弹出取款金额，并在更新账户余额之前，结果会怎么样？会弹出两次金额，即使账户余额不够弹出两次！举个例子，假设账户中有 500 美元，两次取款请求分别是 200 美元和 400 美元，这两次取款请求都会成功，虽然这样会导致 100 美元坏账，当然，代码本身也不希望允许这种情况。

实际上，这个函数还存在另一个竞争问题。假设把更新的余额值保存到 account 字段中。两次取款对于更新账户余额也会存在竞争。在前面给出的例子中，最后保存的余额值可能是 300 美元或 100 美元。在这种情况下，银行不仅允许执行本不应该支持的两次取款操作，而且还可能会导致给客户余额额外 400 美元。

实际上，该函数每一行操作几乎都涉及临界区。如果这家银行要通过可行的商业模式生存下去，需要对 withdraw() 函数以同步方式来操作，确保即使有两个或多个线程并发执行，整个函数还是作为原子单元来执行：银行需要加载账户余额，检查可用的资源，并且把余额在一次不可分割的事务中记入借方。

在查看银行如何执行之前，先来考虑一个示例，它说明了竞争条件是多么基本的。银行取款示例实际是非常高层的：甚至我们都不需要给出示例代码。银行经理理解如果允许账户同时记账和借账，那计算就乱套了。竞争条件也都存在于最底层。

比如以下这段简单的代码：

```
x++;  // x is an integer
```

该 ++ 操作符是个后增操作符，我们都知道它会执行什么操作：获取当前的 x 值，把 x 值加 1，把加 1 后的新的值再保存到 x 中，该表达式的返回值即更新后的 x 值。该操作如何编译成机器码取决于架构，它看起来可能如下：

```
load x into register
add 1 to register
store register in x
```

是的，x++ 也是个竞争条件。假设有两个线程并发执行 x++，其中 x=5。以下是期望的输出：

时　　间	线程 1	线程 2
1	把 x 加载到寄存器（5）	
2	寄存器值加 1（6）	
3	把寄存器值赋给 x（6）	
4		把 x 加载到寄存器中（6）
5		寄存器加 1（7）
6		把寄存器值赋给 x（7）

当然，下面这种情况也是期望的：

时 间	线程 1	线程 2
1		把 x 加载到寄存器（5）
2		寄存器值加 1（6）
3		把寄存器值赋给 x（6）
4	把 x 加载到寄存器中（6）	
5	寄存器加 1（7）	
6	把寄存器值赋给 x（7）	

如果是以上两种执行方式之一，那是幸运的。但是，我们还是无法避免下面这种情况：

时 间	线程 1	线程 2
1	把 x 加载到寄存器（5）	
2	寄存器值加 1（6）	
3		把 x 加载到寄存器中（5）
4	把寄存器值赋给 x（6）	
5		寄存器加 1（6）
6		把寄存器值赋给 x（6）

很多其他组合也会带来不期望的结果。这些示例说明了并发性，而不是并行性。有了并行性，线程可以同时执行，就会带来更多的潜在错误：

时 间	线程 1	线程 2
1	把 x 加载到寄存器（5）	把 x 加载到寄存器（5）
2	寄存器值加 1（6）	寄存器值加 1（6）
3	把寄存器值赋给 x（6）	把寄存器值赋给 x（6）

现在，你可能已经明白了。即使是对于给变量加 1 的操作——一行 C 或 C++代码，一旦有多个线程并发执行，都会充满竞争条件。我们甚至不需要并行性。一台处理器就可以——而且可能会遇到这些竞争问题。条件竞争是程序员挫折感和程序 bug 的最大来源。我们一起来看看程序员是如何处理这些问题的。

7.6　同步

竞争的最根本的源头在于临界区是个窗口，在这个窗口内，正确的程序行为要求线程不要交叉执行。为了阻止竞争条件，程序员需要在这个窗口内执行同步访问操作，确保对临界区以互斥的方式访问。

在计算机科学中，如果一个操作（或一组操作）不可分割，我们就称该操作是原子性的（atomic），不能和其他操作交叉。对于系统的其他部分而言，原子操作看起来是瞬间发生的，而这正是临界区的问题：这些区域不是不可分割，也不是瞬间发生的，它们不是原子的。

7.6.1 互斥

实现临界区原子性访问的技术有很多种：从单一指令解决方案到大块的代码段。最常见的技术是锁（lock），锁机制可以保证临界区的互斥，使得对临界区的操作具备原子性。由于锁支持互斥，在 Pthreads（以及其他地方）中称之为"互斥（mutexes）"。

计算机的"锁"和现实世界的锁的工作机制类似：假设房间是个临界区。如果没有锁，人们（线程）就可以在房间里（临界区）随意来来去去。在特定情况下，同一时刻房间里可以有多个人。因此，我们给房间安上门并锁上门。我们给这扇门发个钥匙。当有人（线程）来到门前时，他们发现钥匙在外面，就拿钥匙开门，进到房间里，然后从里面锁上门。不会再有其他人进来。他们可以在房间内做自己的事情，而不会被打扰。没有其他人会同时占用该房间，它是个互斥的资源。当这个人不需要房间时，打开门出去，把钥匙留在外面。可能会有下一个人进来，并锁上门，这样不断重复。

锁在线程机制下的工作方式很类似。程序员定义锁，并确保在进入临界区之前获取该锁。锁的实现机制确保一次只能持有一个锁。如果有另一个线程使用锁，新的线程在继续之前必须等待。如果不再在临界区，就释放锁，让等待线程（如果有的话）持有锁并继续执行。

回想一下第 7.5 节中的银行取款的例子。我们一起来看下互斥是如何阻止一场灾难性的（至少对银行而言）条件竞争。稍后，我们将探讨实际的互斥操作（参见 7.7.9 节），但是现在我们先假定通过函数 lock()和 unlock()分别获取和释放互斥。

```c
int withdraw (struct account *account, int amount)
{
        lock ();
        const int balance = account->balance;
        if (balance < amount) {
                unlock ();
                return -1;
        }
        account->balance = balance - amount;
        unlock ();
```

```
            disburse_money (amount);

            return 0;
    }
```

我们只对会产生竞争的那部分代码加锁：读取账户余额，检查资金是否足够，以及更新账户余额。一旦程序判定交易有效，并更新账户余额，就可以删除锁，弹出钱，之后不再执行互斥操作。临界区越小越好，因为锁阻止并发，因而会抵消线程带来的好处。

注意，锁本身并没有什么神秘之处。物理上并不会强制互斥操作。锁遵循"绅士原则"。所有线程必须获取正确的锁。只要认真编程，没有什么可以阻止线程获取真正的锁。

锁住数据，而不是代码

多线程编程中最重要的编程模式之一是"锁住数据，而不是代码"。虽然我们已经探讨了关于临界区的竞争条件，好的程序员不会把代码作为锁对象。你永远不会说"通过锁保护这个函数"。相反，好的程序员会把数据和锁关联起来。共享数据持有关联锁，访问这部分数据需要持有关联的锁。

区别在哪里呢？当你把锁和代码关联起来时，锁的语义就很难理解。随着时间变化，锁和数据之间的关系就不会很清晰，程序员会为数据引入新的使用方式，而不会包含相应的锁。把锁和数据关联，这个映射就会很清晰。

7.6.2　死锁

对于线程而言，需求链带来痛苦，导致解决方案变得更加痛苦，这几乎是个残酷的讽刺。我们想要具有并发性的线程，而该并发性却带来了竞争条件。因此，我们引入了互斥，但互斥又带来了新的编程 bug：死锁。

死锁是指两个线程都在等待另一个线程结束，因此两个线程都不能结束。在互斥场景下，两个线程都在等待对方持有的互斥对象。另一个场景是当某个线程被阻塞了，等待自己已经持有的互斥体。调试死锁往往很需要技巧，因为程序本身并没有崩溃。相反，它只是不再向前执行，因为越来越多的线程都在等待锁，而这一天却永远也不会来。

多线程在火星上的灾难

有很多真实的线程带来悲剧的故事，其中一个最让人印象深刻的是 Mars Pathfinder，在 1997 年 7 月成功到达火星表面，结果却是它要分析火星气候和地理的使命不断地被系统重新设置干扰。

Mars PathFinder 的引擎是实时的，高度多线程化的嵌入式内核（不是 Linux）。内核提供对线程的抢占式调度。类似 Linux，实时线程包含优先级，给定优先级的线程总是在低优先级线程执行之前运行。引发这个 bug 的主要是三大线程：一个低优先级线程收集气象学数据，一个中间优先级的线程和地球通信，还有一个高优先级的线程管理存储。正如在本章前面所看到的（参见 7.5 节），同步对于阻止数据竞争是至关重要的，因此线程通过互斥管理并发。需要注意的是，互斥对低优先级的气象线程（生成数据）和高优先级的存储线程（管理该数据）进行同步。

气象线程不会频繁运行，负责对太空船的各个传感器进行轮询。线程会获取互斥，把气象数据写到存储子系统中，最后释放互斥。存储线程运行更频繁，对系统事件进行响应。在管理存储子系统之前，该线程还会获取互斥体。如果没有获取到互斥体，它会休眠，直到气象线程释放它。

从目前看，一切都正常。但是，在某些情况下，当气象线程持有互斥而存储线程等待互斥时，通信线程会醒来并运行。由于通信线程比气象线程优先级更高，前者会先抢先运行。不幸的是，通信线程是个运行时间很长的任务：火星离我们实在太远啦！因此，在整个通信线程操作期间，气象线程都没有运行。这看起来是由于设计问题，因为是按优先级来的。但是气象线程持有资源（互斥），而存储线程需要该资源。因此，一个优先级较低的线程（通信）间接"抢占"了更高级优先级线程（存储）。最终，系统发现存储线程没有继续向前执行，认为出现故障，因此执行系统重置操作。这个例子就是经典的"优先级倒置（priority inversion）"问题。

解决该问题的技术称为"优先级继承（priority inheritance）"，持有资源的进程继承等待该资源的最高优先级进程的优先级。在这个示例中，优先级低的气象线程在持有互斥期间，可以继承优先级高的存储线程。通过这种方式，通信线程就可以抢占气象线程，支持快速释放互斥，并调度存储线程。如果你觉得这个方案还是不保险，那就使用单线程编程吧！

避免死锁

避免死锁很重要，要想持续、安全地做到这一点，唯有从一开始的设计中就为多线程程序设计好锁的机制。互斥体应该和数据关联，而不是和代码关联，从而有清晰的数据层（因而互斥也清晰了）。举个例子，一种简单的死锁方式是"ABBA 死锁"，也称为"死锁拥抱"。当一个线程先获取互斥锁 A，然后获取互斥锁 B，而另一个线程先获取互斥锁 B，然后是 A（即 ABBA），就会发生这种情况。在正确的情况下，这两个线程都可以成功获取第一个互斥锁：线程 1 持有 A，线程 2 持有 B。当它们要获取另一个互斥时，发现被另一个线程持有，因此这两个线程都阻塞在那里。因为每个持有互斥的线程也在等待另一个互斥，双方都没有释放自己持有的互斥，因而导致线程死锁。

解决这个问题需要有明确的原则：必须总是先获取互斥 A，然后获取互斥 B。由于程序的复杂性和同步机制变得更加复杂，越到后来加强这些原则只会变得更加困难。早点开始，设计简洁。

7.7　Pthreads

Linux 内核只为线程的支持提供了底层原语，比如 clone()系统调用。多线程库在用户空间。很多大型软件项目只定义自己的线程库：Android、Apache、GNOME 和 Mozilla 都提供自己的线程库，比如 C++11 和 Java 语言都提供标准库来支持线程。然而，POSIX 在 IEEE Std 1003.1c-1995（也称为 POSIX 1995 或 POSIX.1c）对线程库进行了标准化。开发人员称之为 POSIX 线程，或简称为 Pthreads。Pthreads 是 UNIX 系统上 C 和 C++语言的主要线程解决方案。

7.7.1　Linux 线程实现

Pthreads 标准是一堆文字描述。在 Linux 中，该标准的实现是通过 glibc 提供的，即 Linux 的 C 库。随着时间推移，glibc 提供了两个不同的 Pthreads 实现机制：LinuxThreads 和 NPTL。

LinuxThreads 是 Linux 原始的 Pthread 实现，提供 1:1 的线程机制。它的第一版被包含在 glibc 的 2.0 版本中，虽然只是作为外部库提供。LinuxThreads 在设计上是为了内核设计的，它提供非常少的线程支持：和创建一个新的线程的 clone()系统调用不同。LinuxThreads 通过已有的 UNIX 接口实现了 POSIX 线程机制。举个例子，LinuxThreads 通过信号实现线程到线程的通信机制（参见第 10 章）。由于缺乏对 Pthreads 的内核支持，LinuxThreads 需要"管理员"线程来协调各种操作，当线程数很大时会导致可扩展性很差，而且对于 POSIX 标准的兼容也不太完善。

本地 POSIX 线程库（NPTL）比 LinuxThreads 要优越，依然是标准的 LinuxPthread 实现机制。NPTL 是在 Linux 2.6 和 glibc2.3 中引入的。类似于 LinuxThreads，NPTL 基于 clone()系统调用和内核模型提供了 1:1 的线程模式，线程和其他任何进程没有太大区别，除了它们共享特性资源。和 LinuxThreads 不同，NPTL 突出了内核 2.6 新增的额外内核接口，包括用于线程同步的 futex()系统调用，以及 exit_group()系统调用，用于终止进程中的所有线程，内核支持线程本地存储（TLS）模式。NPTL 解决了 LinuxThreads 的非一致性问题，极大提升了线程的兼容性，支持在单个进程中创建几千个线程，而且不会变慢。

NGPT

和 NPTL 对立的是下一代 POSIX 线程（NGPT）。类似于 NPTL，NGPT 也是期望解决 LinuxThreads 的局限性，并提升可扩展性。但是，不同于 NPTL 和 LinuxThreads，NGPT 实现的是 N:M 的线程模式。正如在 Linux 中，总是采纳更简单的解决方案，因此 NGPT 只是在历史上留下一笔而已。

虽然基于 LinuxThreads 的系统开始成长起来，而且现在还有。由于 NPTL 是 LinuxThreads 的一个很大改进，强烈建议把系统更新到 NPTL（抛弃一个很古老的系统其实不需要理由），如果没有更新到 NPTL 的话，那就还是采用单线程编程吧。

7.7.2　Pthread API

Pthread API 定义了构建一个多线程程序需要的方方面面——虽然是在很底层做的。Pthread API 提供了 100 多个接口，因此还是很庞大的。由于 Pthread API 过于庞大和丑陋，Pthreads 也有不少骂声。但是，它依然是 UNIX 系统上核心的线程库，即使使用不同的线程机制，Pthreads 还是值得一学的，因为很多都是构建在 Pthreads 上的。

Pthread API 在文件<pthread.h>中定义。API 中的每个函数前缀都是 pthread_。举个例子，创建线程的函数称为 pthread_create()（我们将很快学到，在 7.7.4 节）。Pthread 函数可以划分成两个大的分组：

线程管理

完成创建、销毁、连接和 datach 线程的函数。我们将在本章探讨这些。

同步

管理线程的同步的函数，包括互斥、条件变量和障碍。我们将在本节探讨互斥。

7.7.3　链接 Pthreads

虽然 Pthreads 是由 glibc 提供的，但它在独立库 libpthread 中，因此需要显式链接。有了 gcc，可以通过-pthread 标志位来自动完成，它确保链接到可执行文件的是正确的库：

```
gcc -Wall -Werror -pthread beard.c -o beard
```

如果通过多次调用 gcc 编译和链接二进制文件，需要给它们提供-pthread 选项：标志位还会影响预处理器，通过设置某个预处理器可以定义控制线程的安全。

7.7.4　创建线程

当程序第一次运行并执行 main()函数时，它是单线程。实际上，编译器支持一些线程安全选项，链接器把它连接到 Pthreads 库中，你的进程和其他进程没有什么区别。在初始化线程中，有时称为默认线程或主线程，必须创建一个或多个线程，才能实现多线程机制。

Pthreads 提供了函数 pthread_create()来定义和启动新的线程：

```
#include <pthread.h>

int pthread_create (pthread_t *thread,
                    const pthread_attr_t *attr,
                    void *(*start_routine) (void *),
                    void *arg);
```

调用成功时，会创建新的线程，开始执行 start_routine 提供的函数，可以给该函数传递一个参数 arg。函数会保存线程 ID，用于表示新的线程，在由 thread 指向的pthread_t 结构体中，如果不是 NULL 的话（我们将在 7.7.5 小节讨论线程 ID）。

由 attr 指向的 pthread_attr_t 对象是用于改变新创建线程的默认线程属性。绝大多数pthread_create()调用会传递 NULL 给 attr，采用默认属性。线程属性支持程序改变线程的各个方面，比如栈大小、调度参数以及初始分离（detach）状态。对线程属性的完整探讨超出了本章的范围，Pthread 的 man pages（帮助页面）是个很好的资源。

start_routine 必须包含以下特征：

```
void * start_thread (void *arg);
```

因此，线程执行函数，接收 void 指针作为参数，返回值也是个 void 指针。和 fork()类似，新的线程会继承绝大多数属性、功能以及父线程的状态。和 fork()不同的是，线程会共享父进程资源，而不是接收一份拷贝。当然，最重要的共享资源是进程地址空间，但是线程也共享（通过接收拷贝）信号处理函数和打开的文件。

使用该函数的代码应该传递-pthread 给 gcc。这适用于所有的 Pthread 函数，后面不会再提这一点。

出错时，pthread_create()会直接返回非零错误码（不使用 errno），线程的内容是未定义的。可能的错误码包含：

EAGAIN

调用进程缺乏足够的资源来创建新的线程。通常这是由于进程触碰了某个用户或系统级的线程限制。

EINVAL

attr 指向的 pthread_attr_t 对象包含无效属性。

EPERM

attr 指向的 pthread_attr_t 对象包含调用进程没有权限操作的属性。

示例代码如下：

```
pthread_t tread;
int ret;

ret = pthread_create (&thread, NULL, start_routine, NULL);
if (!ret) {
        errno = ret;
        perror("pthread_create");
        return -1;
}

/* a new thread is created and running start_routine concurrently ... */
```

在我们介绍完足够多的的技术后，我们将查看一个完整的程序示例。

7.7.5　线程 ID

线程 ID（TID）类似于进程 ID（PID）。但是，PID 是由 Linux 内核分配的，而 TID 是由 Pthread 库分配的[1]。TID 是由模糊类型 pthread_t 表示的，POSIX 不要求它是个算术类型。正如我们所看到的，新线程的 TID 是在成功调用 pthread_create()

---

[1] 对于 Linux 内核而言，线程只是共享资源的进程，因此像其他进程那样，内核通过唯一 PID 引用每个线程。用户空间的程序可以通过 gettid()系统调用获取该 PID，但是该值只是在某种情况下有效。程序员应该使用 Pthread ID 概念来引用它们的线程。

时，通过 thread 参数提供。线程可以在运行时通过 pthread_self()函数来获取自己的 TID：

```
#include <pthread.h>

pthread_t pthread_self (void);
```

使用方式很简单，因为函数本身不会失败：

```
const pthread_t me = pthread_self ();
```

比较线程 ID

因为 Pthread 标准不需要 pthread_t 是个算术类型，因此不能确保等号可以正常工作。因此，为了比较线程 ID，Pthread 库需要提供一些特定接口：

```
#include <pthread.h>

int pthread_equal (pthread_t t1, pthread_t t2);
```

如果提供的两个线程 ID 一样，pthread_equal()函数会返回非零值。如果提供的线程 ID 不同，返回 0。该函数不会失败。以下是个简单的示例：

```
int ret;

ret = pthread_equal(thing1, thing2);
if (ret != 0)
        printf("The TIDs are equal!\n");
else
        printf("The TIDs are unequal!\n");
```

7.7.6 终止线程

和创建线程相对应的是终止线程。线程终止和进程终止很类似，差别在于当线程终止时，进程中的其他线程会继续执行。在一些线程模式中，比如"每个连接一个线程"（见 7.4.1 小节），线程会被频繁创建和销毁。

线程可能会在某些情况下终止，所有这些情况都和进程终止类似：

- 如果线程在启动时返回，该线程就结束。这和 main()函数结束有点类似。

- 如果线程调用了 pthread_exit()函数（后面会讨论），它就会终止。这和调用 exit()返回类似。

- 如果线程是被另一个线程通过 pthread_cancel()函数取消，它就会终止。这和通过 kill()发送 SIGKILL 信号类似。

这三个示例都只会杀死有问题的线程。在以下场景中，进程中的所有线程都被杀死，因此整个进程都被杀死：

- 进程从 main()函数中返回。

- 进程通过 exit()函数终止。

- 进程通过 execve()函数执行新的二进制镜像。

信号可以杀死一个进程或单个线程，这取决于如何发送。Pthreads 使得信号处理变得非常复杂，在多线程程序中，最好最小化信号的使用方式。第 10 章给出了关于信号的详细描述。

线程自杀

最简单的线程自杀方式是在启动时就结束掉。在通常情况下，你可能想要结束函数调用栈中的某个线程，而不是在启动时。在这种情况下，Pthreads 提供了 pthread_exit()函数，该函数等价于 exit()函数：

```
#include <pthread.h>

void pthread_exit (void *retval);
```

调用该函数时，调用线程会结束。retval 是提供给需要等待结束线程的终止状态的线程（参见 7.7.7 小节），还是和 exit()功能类似。不会出现出错情况。

使用方式：

```
/* Goodbye, cruel world! */
pthread_exit (NULL);
```

终止其他线程

线程通过其他线程终止来调用结束线程。它提供了 pthread_cancel()函数来实现这一点：

```
#include <pthread.h>

int pthread_cancel (pthread_t thread);
```

成功调用 pthread_cancel()会给由线程 ID 表示的线程发送取消请求。线程是否可以取消以及如何取消分别取决于取消状态和取消类型。成功时，pthread_cancel()会返回 0。注意，返回成功只是表示成功执行取消请求。实际的取消操作是异步的。出错时，pthread_cancel()会返回 ESRCH，表示 thread 是非法的。

线程是否可取消以及何时取消有些复杂。线程的取消状态只有"允许（enable）"和"不允许（disable）"两种。对于新的线程，默认是允许。如果线程不允许取消，请求会入队列，直到允许取消。在其他情况下，取消类型会声明什么时候取消请求。线程可以通过 pthread_setcancelstate() 来改变其状态：

```
#include <pthread.h>

int pthread_setcancelstate (int state, int *oldstate);
```

成功时，调用线程的取消状态会被设置成 state，老的状态保存到 oldstate 中[1]。state 值可以是 PTHREAD_CANCEL_ENABLE 或 PTHREAD_CANCEL_DISABLE，分别表示支持取消和不支持取消。

出错时，pthread_setcancelstate() 会返回 EINVAL，表示 state 值无效。

线程的取消类型可以是异步的或延迟的（deferred），默认是后者。对于异步取消请求操作，当发出取消请求后，线程可能会在任何点被杀死。对于延迟的取消请求，线程只会在特定的取消点（cancellation points）被杀死，它是 Pthread 或 C 库，表示要终止调用方的安全点。异步取消操作只有在某些特定场景下才有用，因为它使得进程处于未知状态。举个例子，如果取消的线程是处于临界区的中央，会发生什么情况？对于合理的程序行为，异步取消操作只应该用于那些永远都不会使用共享资源的线程，而且只调用信号安全的函数（参见 10.4.1 节）。线程可以通过 pthread_setcanceltype() 改变状态：

```
#include <pthread.h>

int pthread_setcanceltype (int type, int *oldtype);
```

成功时，调用线程的取消类型会设置成 type，老的类型保存到 oldtype 中[2]。type 可以是 PTHREAD_CANCEL_ASYNCHRONOUS 或 PTHREAD_CANCEL_DEFERRED 类型，分别使用异步或延迟的取消方式。

出错时，pthread_setcanceltype() 会返回 EINVAL，表示非法的 type 值。

下面我们来考虑一个线程终止另一个线程是示例。首先，要终止的线程支持取消，并把类型设置成 deferred（这些是默认设置，因此以下只是个示例）：

```
int unused;
int ret;
```

---

[1] Linux 支持 oldstate 值为 NULL，但是 POSIX 不支持。出于可移植性考虑，程序应该传递一个有效的指针，不用的话后面可以忽略该指针。

[2] 对于 pthread_setcancelstate()，给 oldtype 传递 NULL 会导致程序不可移植，虽然 Linux 支持 NULL。

```
ret = pthread_setcancelstate (PTHREAD_CANCEL_ENABLE, &unused);
if (ret) {
        errno = ret;
        perror ("pthread_setcancelstate");
        return -1;
}

ret = pthread_setcanceltype (PTHREAD_CANCEL_DEFERRED, &unused);
if (ret) {
        errno = ret;
        perror ("pthread_setcanceltype");
        return -1;
}
```

然后，另一个线程发送取消请求：

```
int ret;

/* `thread' is the thread ID of the to-terminate thread */
ret = pthread_cancel (thread);
if (ret) {
        errno = ret;
        perror ("pthread_cancel");
        return -1;
}
```

7.7.7　join（加入）线程和 detach（分离）线程

由于线程创建和销毁很容易，必须有对线程进行同步的机制，避免被其他线程终止——对应的线程函数即 wait()。实际上，即 join（加入）线程。

join 线程

join 线程支持一个线程阻塞，等待另一个线程终止：

```
#include <pthread.h>

int pthread_join (pthread_t thread, void **retval);
```

成功调用时，调用线程会被阻塞，直到由 thread 指定的线程终止（如果线程已经终止，pthread_join()会立即返回）。一旦线程终止，调用线程就会醒来，如果 retval 值不为 NULL，被等待线程传递给 pthread_exit()函数的值或其运行函数退出时的返回值会被放到 retval 中。通过这种方式，我们称线程已经被 "joined" 了。join 线程支持线程和其他线程同步执行。Pthread 中的所有线程都是对等节点，任何一个线程都可以 join 对方。一个线程 join 多个线程（实际上，正如我们所看到的，这往往是主线程等待其创建的线程的方式），但是应该只有一个线程尝试 join 某个特殊线程，多个线程不应该尝试随便 join 任何一个线程。

出错时，pthread_join()会返回以下非 0 错误码值之一：

EDEADLK

检测到死锁：线程已经等待 join 调用方，或者线程本身就是调用方。

EINVAL

由 thread 指定的线程不能 join（参见下一节）。

ESRCH

由 thread 指定的线程是无效的。

使用示例：

```
int ret;

/* join with `thread' and we don't care about its return value */
ret = pthread_join (thread, NULL);
if (ret) {
        errno = ret;
        perror ("pthread_join");
        return -1;
}
```

detach 线程

默认情况下，线程是创建成可 join 的。但是，线程也可以 detach（分离），使得线程不可 join。因为线程在被 join 之前占有的系统资源不会被释放，正如进程消耗系统资源那样，直到其父进程调用 wait()，不想 join 的线程应该调用 pthread_detach 进行 detach。

```
#include <pthread.h>

int pthread_detach (pthread_t thread);
```

成功时，pthread_detach()会分离由 thread 指定的线程，并返回 0。如果在一个已经分离的线程上调用 pthread_detach()，结果会是未知的。出错时，函数返回 ESRCH，表示 thread 值非法。

pthread_join()或 pthread_detach()都应该在进程中的每个线程上调用，这样当线程终止时，也会释放系统资源。（当然，如果整个进程退出，所有的线程资源都会释放掉，但是显式加入或分离所有的线程是个良好的编码习惯。）

7.7.8　线程编码实例

以下完整的程序示例可以把目前讨论到的接口都串起来。它创建两个线程（共三个线程），使用相同的线程函数 start_thread()启动这两个线程。通过提供不同的参数，这两个线程在启动行为上有区别。然后，把这两个线程都 join 到第三个线程中，如果 join 不成功，主线程会在其他线程之前退出，从而终止整个进程。

```c
#include <stdlib.h>
#include <stdio.h>
#include <pthread.h>

void * start_thread (void *message)
{
        printf ("%s\n", (const char *) message);
        return message;
}

int main (void)
{
        pthread_t thing1, thing2;
        const char *message1 = "Thing 1";
        const char *message2 = "Thing 2";

        /* Create two threads, each with a different message. */
        pthread_create (&thing1, NULL, start_thread, (void *) message1);
        pthread_create (&thing2, NULL, start_thread, (void *) message2);

        /*
         * Wait for the threads to exit. If we didn't join here,
         * we'd risk terminating this main thread before the
         * other two threads finished.
         */
        pthread_join (thing1, NULL);
        pthread_join (thing2, NULL);

        return 0;
}
```

以上给出了完整的程序代码。如果把它保存成 example.c，可以通过以下命令编译它：

```
gcc -Wall -O2 -pthread example.c -o example
```

然后，如下运行：

```
./example
```

会生成如下结果：

```
Thing 1
Thing 2
```

或者如下结果：

```
Thing 2
Thing 1
```

但是都不会生成无意义的数据。为什么没有？因为 printf()是个线程安全的函数。

7.7.9　Pthread 互斥

回顾 7.6.1 小节，确保相互排斥的最主要方法是互斥（mutex）。尽管互斥功能强大而且很重要，但实际上其使用是非常容易的。

初始化互斥

互斥使用 pthread_mutex_t 对象表示。正如 Pthread API 中的绝大多数对象，它表示提供给各种互斥接口的模糊结构。虽然你可以动态创建互斥，绝大多数使用方式是静态的：

```
/* define and initialize a mutex named `mutex' */
pthread_mutex_t mutex = PTHREAD_MUTEX_INITIALIZER;
```

上面这段代码段定义和初始化了一个互斥体 mutex。在使用互斥之前，需要做只有这么多。

对互斥加锁

锁（也称为获取）Pthread 互斥是通过 pthread_mutex_lock()函数实现的：

```
#include <pthread.h>

int pthread_mutex_lock (pthread_mutex_t *mutex);
```

成功调用 pthread_mutex_lock()会阻塞调用的线程,直到由 mutex 指向的互斥体变得可用。一旦互斥体可用了，调用线程就会被唤醒，函数返回 0。如果在调用时互斥体可用，函数会立即返回。

出错时，函数可能返回的非 0 错误码如下：

EDEADLK

调用线程已经持有请求的互斥体。默认情况下，不会有错误码，尝试获取已经持有的互斥体会导致死锁（参见 7.6.2 节）。

EINVAL

由 mutex 指向的互斥体是非法的。

调用方往往不会检查返回值，因为编码风格良好的代码不应该在运行时生成错误信息。一种使用方式如下：

```
pthread_mutex_lock (&mutex);
```

对互斥解锁

加锁的反面就是解锁，或者称释放互斥体。

```
#include <pthread.h>

int pthread_mutex_unlock (pthread_mutex_t *mutex);
```

成功调用 pthread_mutex_unlock()会释放由 mutex 所指向的互斥体，并返回 0。该调用不会阻塞，互斥可以立即释放。

出错时，函数返回非 0 的错误码，可能的错误码如下：

EINVAL

由 mutex 指向的互斥体是无效的。

EPERM

调用进程没有持有由 mutex 指向的互斥。该错误码是不确定的，如果尝试释放一个没有持有的互斥会产生 bug。

对于解锁，用户也一般不会检查返回值：

```
pthread_mutex_unlock (&mutex);
```

Scoped 锁

资源获取即初始化（RAII）是 C++的一种编程模式——它是 C++语言最强大的模式之一。RAII 通过把资源的生命周期绑定到一个 scoped 对象的生命周期上，高效地实现了资源分配和收回。虽然 RAII 本是为了处理异常抛出后的资源清理而设计的，它是管理资源的最强大的方式之一。举个例子，RAII 支持创建一个"Scoped 文件"对象，当创建对象时打开文件，当对象超出范围时自动关闭。同样，我们也可以创建一个"scoped 锁"，在创建时获取锁，当超出作用域空间时，自动释放互斥体。

```
    class ScopedMutex {
        public:
            ScopedMutex (pthread_mutex_t& mutex)
                :mutex_ (mutex)
            {
                pthread_mutex_lock (&mutex_);
            }

            ~ScopedMutex ()
            {
                pthread_mutex_unlock (&mutex_);
            }

        private:
            pthread_mutex_t& mutex_;
    };
```

为了使用互斥，只需要调用 ScopedMutex m(mutex)。当 m 超出作用域空间时，会自动释放锁。这使得函数比较松弛，错误处理更简单，而且可以随意使用 goto 语句。

Mutex 示例

我们一起来看个简单的代码片段，它利用互斥来保证同步。回顾一下第 7.5 节中的"现实世界中的竞争场景"中的银行取款例子。我们虚构的银行面临严重的条件竞争问题，允许不应该支持的行为。通过 Pthread 互斥体，我们可以解决取款问题：

```
static pthread_mutex_t the_mutex = PTHREAD_MUTEX_INITIALIZER;

int withdraw (struct account *account, int amount)
{
        pthread_mutex_lock (&the_mutex);
        const int balance = account->balance;
        if (balance < amount) {
                pthread_mutex_unlock (&the_mutex);
                return -1;
        }
        account->balance = balance - amount;
        pthread_mutex_unlock (&the_mutex);

        disburse_money (amount);

        return 0;
}
```

这个例子使用 pthread_mutex_lock()来获取一个互斥体，然后通过 pthread_mutex_unlock()释放它。通过这种方式，有助于消除竞争条件，但是它引入了银行中单点竞争问题：一次只能有一个客户取款！这会带来很大性能瓶颈，对于一个规模很大的银行而言，这种方式非常失败。

因此，绝大多数对锁的使用都避免全局锁，而是把锁和某些数据结构的特定实例关联起来。这称为细粒度锁。它可以使得锁语义更复杂，尤其是对于死锁避免，但是它是利用现代计算机多核扩展的关键。

在这个例子中，不是定义全局锁，而是在 account 结构体内定义了一把锁，使得每个 account 实例都有自己的锁。由于临界区中的数据只在 account 结构体中，所以这种机制工作良好。通过只锁定借方账户，银行可以并行处理其他客户的取款操作。

```
int withdraw (struct account *account, int amount)
{
        pthread_mutex_lock (&account->mutex);
        const int balance = account->balance;
        if (balance < amount) {
                pthread_mutex_unlock (&account->mutex);
                return -1;
        }
        account->balance = balance - amount;
        pthread_mutex_unlock (&account->mutex);

        disburse_money (amount);

        return 0;
}
```

7.8 进一步研究

单个章节只能介绍 POSIX 线程 API 编程内容的冰山一角，从好的方面看，它是个功能完备且强大的库，有很多接口可以学习。（从坏的方面看，POSIX 线程过于复杂和冗余了。）很多大规模系统应用定义自己的线程接口，因为比起 POSIX 提供的线程 API 接口，如线程池和工作队列这样的机制可以为系统软件提供更相关的抽象。因此，本章介绍的线程基础是一些特定应用的最佳介绍。

如果你想深入研究 Pthreads，建议你进一步阅读附录 B 给出的资料。man 操作提供的相关资料也非常有用。

第8章

文件和目录管理

在第 2、第 3 以及第 4 章中,我们给出了大量文件 I/O 的方法和系统调用。在本章中,我们将再次探讨"文件"这一主题,但这次的重点不是文件读写,而是操作和管理文件及其元数据。

8.1 文件及其元数据

正如在第 1 章中所讨论的,每个文件均对应一个 inode(索引节点),它是由文件系统中唯一数值编址,该数值称为 inode 编号(或称 inode 号,inode number)。inode 既是位于 UNIX 式的文件系统的物理对象,也是在 Linux 内核数据结构描述的概念实体。inode 存储了与文件有关的元数据,例如文件的访问权限、最后访问时间戳、所有者、用户组、大小以及文件数据的存储位置[1]。

可以使用 ls 命令的-i 选项来获取一个文件的 inode 编号:

```
$ ls -i
1689459 Kconfig      1689461 main.c      1680144 process.c  1689464 swsusp.c
1680137 Makefile     1680141 pm.c        1680145 smp.c       1680149 user.c
1680138 console.c    1689462 power.h     1689463 snapshot.c
1689460 disk.c       1680143 poweroff.c  1680147 swap.c
```

以上输出结果表示,比如文件 disk.c 的 inode 编号是 1689460。在该文件系统中,不会有其他任何文件拥有该 inode 编号。但在不同的文件系统中,不能保证 inode 编号完全相同。

---

[1] 有趣的是,inode 没有存储文件名!在目录项中保存文件名。

8.1.1 一组 stat 函数

UNIX 提供了一组获取文件元数据的函数:

```
#include <sys/types.h>
#include <sys/stat.h>
#include <unistd.h>

int stat (const char *path, struct stat *buf);
int fstat (int fd, struct stat *buf);
int lstat (const char *path, struct stat *buf);
```

以上这些函数都返回文件的信息。stat()函数会返回由参数 path 所指定的文件信息,而 fstat()返回由文件描述符 fd 所指向的文件信息。lstat()与 stat()类似,唯一的区别是对于符号链接,lstat()返回的是链接本身而非目标文件。

以上这些函数都把用户提供的信息保存在 stat 结构体中。结构体 stat 是在 <bits/stat.h>中定义的,但真正的定义是包含在<sys/stat.h>中:

```
struct stat {
        dev_t st_dev;          /* ID of device containing file */
        ino_t st_ino;          /* inode number */
        mode_t st_mode;        /* permissions */
        nlink_t st_nlink;      /* number of hard links */
        uid_t st_uid;          /* user ID of owner */
        gid_t st_gid;          /* group ID of owner */
        dev_t st_rdev;         /* device ID (if special file) */
        off_t st_size;         /* total size in bytes */
        blksize_t st_blksize;  /* blocksize for filesystem I/O */
        blkcnt_t st_blocks;    /* number of blocks allocated */
        time_t st_atime;       /* last access time */
        time_t st_mtime;       /* last modification time */
        time_t st_ctime;       /* last status change time */
};
```

以下是对结构体中各个字段的详细说明:

* 字段 st_dev 描述了文件位于什么设备节点上(我们在本章稍后将讨论设备节点)。如果文件不在本地设备上——比如文件在网络文件系统(NFS)上——该值就为 0。

* 字段 st_ino 表示文件的 inode 编号。

* 字段 st_mode 表示文件的权限字段。第 1 章和第 2 章已经讨论了各权限位和权限的内容。

* 字段 st_nlink 表示指向文件的硬链接数。每个文件至少有一个硬链接。

- 字段 st_uid 表示文件所有者的用户 ID。

- 字段 st_gid 表示文件的所属组 ID。

- 如果文件是设备节点，字段 st_rdev 描述了该设备节点信息。

- 字段 st_size 提供了文件的字节数。

- 字段 st_blksize 表示进行有效文件 I/O 的首选块大小。该值（或该值倍数）为用户缓冲 I/O 的最佳块大小（见第 3 章）。

- 字段 st_blocks 表示分配给文件的块数目。当文件有"洞"时（也就是说该文件是一个稀疏文件）该值将小于 st_size 值。

- 字段 st_atime 表示最新的文件访问时间，即最近一次文件被访问的时间（例如，通过 read() 或 execle()）。

- 字段 st_mtime 包含最新的文件修改时间——也就是说，最近一次文件被写入的时间。

- 字段 st_ctime 包含最新的文件状态改变时间。该字段常被误解为文件创建时间，而在 Linux 或其他类 UNIX 系统中并不保存文件创建时间。该字段实际上描述的是文件的元数据（例如文件所有者或权限）最后一次被改变的时间。

成功时，三个调用都会返回 0，并将文件元数据保存在 stat 结构体中。出错时，它们都返回-1，并相应设置 errno 值为以下值之一：

EACCES 调用的进程缺少对 path 指定的目录的某一部分的搜索权限（仅适用于 stat() 和 lstat()）。

EBADF fd（仅适用于 fstat()）非法。

EFAULT 参数 path 或 buf 指针非法。

ELOOP path 包含太多的符号链接（仅适用于 stat() 和 lstat()）。

ENAMETOOLONG 参数 path 太长（仅适用于 stat() 和 lstat()）。

ENOENT 参数 path 中的某个目录或者文件不存在（仅适用于 stat() 和 lstat()）。

ENOMEM 剩余内存不足，无法完成请求。

ENOTDIR 参数 path 指向的路径名不是目录（仅适用于 stat() 和 lstat()）。

以下程序使用 stat()来获取文件（文件在命令行参数中指定）的大小：

```c
#include <sys/types.h>
#include <sys/stat.h>
#include <unistd.h>
#include <stdio.h>

int main (int argc, char *argv[])
{
        struct stat sb;
        int ret;

        if (argc < 2) {
                fprintf (stderr,
                        "usage: %s <file>\n", argv[0]);
                return 1;
        }

        ret = stat (argv[1], &sb);
        if (ret) {
                perror ("stat");
                return 1;
        }

        printf ("%s is %ld bytes\n",
                argv[1], sb.st_size);

        return 0;
}
```

这是运行这段代码所在的程序的结果：

```
$ ./stat stat.c
stat.c is 392 bytes
```

下面这个程序会给出程序的第一个参数所指向的文件的文件类型（如符号链接或块
设备节点）：

```c
#include <sys/types.h>
#include <sys/stat.h>
#include <unistd.h>
#include <stdio.h>

int main (int argc, char *argv[])
{
        struct stat sb;
        int ret;

        if (argc < 2) {
                fprintf (stderr,
                        "usage: %s <file>\n", argv[0]);
                return 1;
```

```
        }

        ret = stat (argv[1], &sb);
        if (ret) {
                perror ("stat");
                return 1;
        }

        printf ("File type: ");
        switch (sb.st_mode & S_IFMT) {
        case S_IFBLK:
                printf("block device node\n");
                break;
        case S_IFCHR:
                printf("character device node\n");
                break;
        case S_IFDIR:
                printf("directory\n");
                break;
        case S_IFIFO:
                printf("FIFO\n");
                break;
        case S_IFLNK:
                printf("symbolic link\n");
                break;
        case S_IFREG:
                printf("regular file\n");
                break;
        case S_IFSOCK:
                printf("socket\n");
                break;
        default:
                printf("unknown\n");
                break;
        }

        return 0;
}
```

最后，以下这个代码片段使用 fstat()检查已经打开的文件是否在物理设备上（因为也可能在网络上）：

```
/*
 * is_on_physical_device - returns a positive
 * integer if 'fd' resides on a physical device,
 * 0 if the file resides on a nonphysical or
 * virtual device (e.g., on an NFS mount), and
 * -1 on error.
 */
int is_on_physical_device (int fd)
{
        struct stat sb;
        int ret;
```

```
        ret = fstat (fd, &sb);
        if (ret) {
                perror ("fstat");
                return -1;
        }

        return gnu_dev_major (sb.st_dev);
}
```

8.1.2 权限

虽然可以使用系统调用 stat 来获取指定文件的权限，但是可以使用下面两个系统调用来设置权限值：

```
#include <sys/types.h>
#include <sys/stat.h>

int chmod (const char *path, mode_t mode);
int fchmod (int fd, mode_t mode);
```

chmod()和 fchmod()都可以把文件权限设置为参数 mode 指定的值。对于 chmod()方法，参数 path 表示需要修改的文件的相对或绝对路径名。对于 fchmod()方法，文件是由文件描述符 fd 给定。

类型 mode_t（该类型为整型）表示的是参数 mode 的合法值，和结构体 stat 中字段 st_mode 返回的值一样。虽然都是简单的整数值，对不同的 UNIX 实现而言，其含义都是不同的。所以，POSIX 定义了各种代表权限的常量集（详见 2.1.3 节）。这些常量能执行二进制或运算，生成合法的 mode 值。例如，（S_IRUSR | S_IRGRP）会同时把文件拥有者和所属组的权限都设置为可读。

为了改变文件的权限，调用 chmod()或 fchmod()的进程有效 ID 必须匹配文件所有者，或者进程必须具有 CAP_FOWNER 权限。

成功时，chmod()和 fchmod()都返回 0；失败时，都返回-1，并相应设置 errno 值为下列值之一：

EACCES 调用的进程缺少对路径 path 中某一目录组成的搜索权限（仅适用于 chmod()）。

EBADF 文件描述符 fd 非法（仅适用于 fchmod()）。

EFAULT path 指针非法（仅适用于 chmod()）。

EIO 文件系统发生内部 I/O 错误。这是遇到的很严重的错误,它表明损坏的磁盘或文件系统。

ELOOP 内核解析 path 时遇到太多符号链接(仅适用于 chmod())。

ENAMETOOLONG path 太长(仅适用于 chmod())。

ENOENT path 不存在(仅适用于 chmod())。

ENOMEM 剩余内存不足,无法完成请求。

ENOTDIR path 路径中某部分不是目录(仅适用于 chmod())。

EPERM 调用的进程有效 ID 与文件所有者不匹配,且进程缺少 CAP_FOWNER 权限。

EROFS 文件位于只读文件系统上。

这段代码将文件 map.png 权限设置为所有者可读可写:

```
int ret;

/*
 * Set 'map.png' in the current directory to
 * owner-readable and -writable. This is the
 * same as 'chmod 600 ./map.png'.
 */
ret = chmod ("./map.png", S_IRUSR | S_IWUSR);
if (ret)
        perror ("chmod");
```

这段代码与上段代码功能一样,并假定用 fd 指向打开的文件 map.png:

```
int ret;

/*
 * Set the file behind 'fd' to owner-readable
 * and -writable.
 */
ret = fchmod (fd, S_IRUSR | S_IWUSR);
if (ret)
        perror ("fchmod");
```

对所有现代 UNIX 系统而言,chmod()和 fchmod()都是可用的。POSIX 标准要求使用前者,而后者可选。

8.1.3 所有权

在 stat 结构中,字段 st_uid 和 st_gid 分别表示文件的所有者和所属群。以下三个系统调用允许用户改变这两个值：

```
#include <sys/types.h>
#include <unistd.h>

int chown (const char *path, uid_t owner, gid_t group);
int lchown (const char *path, uid_t owner, gid_t group);
int fchown (int fd, uid_t owner, gid_t group);
```

chown()和 lchown()设置由路径 path 指定的文件的所有权。它们的作用是相同的，除非文件是个符号链接：前者会获取符号链接所指向的目标文件，并改变链接目标而不是链接本身的所有权，而 lchown()并不会获取符号链接所指向的目标文件，因此只改变符号链接的所有权。fchown()设置了文件描述符 fd 所指向的文件的所有权。

成功时，所有三个调用都会把文件所有者设置为 owner，设置文件所属组为 group，并返回 0。如果字段 owner 或 group 的值为-1，说明值没有设定。只有具有 CAP_CHOWN 权限的进程（通常是 root 进程）才可以改变文件的所有者。文件所有者可以将文件所属组设置为任何用户所属组，具有 CAP_CHOWN 权限的进程可以把文件所属组修改为任何值。

失败时，调用均返回-1，并相应设置 errno 值为下列值之一：

EACCES 调用进程缺少对路径 path 中某一目录的搜索权限（仅适用于 chown()和 lchown()）。

EBADF fd 非法（仅适用于 fchown()）。

EFAULT path 非法（仅适用于 chown()和 lchown()）。

EIO 发生内部 I/O 错误（这很严重）。

ELOOP 内核在解析 path 时遇到太多符号链接（仅适用于 chown()和 lchown()）。

ENAMETOOLONG path 太长（仅适用于 chown()和 lchown()）。

ENOENT 文件不存在。

ENOMEM 剩余内存不足，无法完成请求。

ENOTDIR 路径 path 中的某部分不是目录（仅适用于 chown()和 lchown()）。

EPERM 调用的进程缺少必要的权限，无法按要求改变所有者或所属组。

EROFS 文件系统只可读。

这个代码片会把在当前工作目录下的 manifest.txt 文件的所属群修改为 officers。为了实现这一点，调用的用户必须具备 CAP_CHOWN 权限或必须是用户 kidd 且在 officers 所属组中：

```
struct group *gr;
int ret;
/*
 * getgrnam() returns information on a group
 * given its name.
 */
gr = getgrnam ("officers");
if (!gr) {
        /* likely an invalid group */
        perror ("getgrnam");
        return 1;
}

/* set manifest.txt's group to 'officers' */
ret = chown("manifest.txt", -1, gr->gr_gid);
if (ret)
        perror ("chown");
```

执行前，文件所属组是 crew：

```
$ ls -l
-rw-r--r--  1 kidd  crew  13274 May 23 09:20 manifest.txt
```

执行后，文件所属组被修改为 officers：

```
$ ls -l
-rw-r--r--  1 kidd  officers 13274 May 23 09:20 manifest.txt
```

文件的所有者 kidd 不会被改变，因为代码片段传递-1 给 uid。以下函数将 fd 指向的文件的所有者和所属组设置为 root：

```
/*
 * make_root_owner - changes the owner and group of the file
 * given by 'fd' to root. Returns 0 on success and -1 on
 * failure.
 */
int make_root_owner (int fd)
{
        int ret;

        /* 0 is both the gid and the uid for root */
        ret = fchown (fd, 0, 0);
        if (ret)
                perror ("fchown");
```

```
        return ret;
    }
```

调用的进程必须具有 CAP_CHOWN 权限。如果进程具有 CAP_CHOWN 权限，往往意味着该进程的所有者是 root。

8.1.4　扩展属性

"扩展属性（Extended attributes）"也称作 xattrs，提供一种把文件与键/值对相关联的机制。本章中，我们已经讨论了各种与文件关联的键/值元数据的情况：文件大小，所有者，最后修改时间戳等等。扩展属性支持已有文件系统支持最初设计中未实现的新特性，例如出于安全目的的强制访问控制。扩展属性的很有趣的一点在于用户空间的应用可能任意创建和读写键/值对。

扩展属性是与文件系统无关的，这是指应用程序可以使用标准接口操作它们，接口对所有的文件系统都没有区别。因此，应用程序在使用扩展属性时无需考虑文件所在的文件系统，或文件系统如何内部存储键与值。但是，扩展属性的实现是与文件系统相关的。不同的文件系统以不同的方式存储扩展属性，但内核隐藏了这些差别，把它们从扩展属性接口抽象出来。

例如 ext4 文件系统，在文件 inode 的空闲空间存储其扩展属性[1]。该特性是读取文件属性非常快。因为应用程序无论何时访问文件，包含 inode 的文件系统块都会从磁盘被读入内存，因此扩展属性会"自动"被读入内存，且被访问时没有额外的开销。

其他文件系统，例如 FAT 和 minixfs，根本不支持扩展属性。当对这些文件系统的文件调用扩展属性时，这些文件系统会返回 ENOTSUP。

键与值

每个扩展属性都对应一个唯一的键（key）。键必须是合法的 UTF-8 字符。它们采用 namespace.attribute 的形式。每一个键都必须包含完整的名称，也就是说，它必须以有效的命名空间开头，并接着一个句点。一个有效的键名的例子是 user.mime_type，该键的命名空间是 user，属性名是 mime_type。

存储 MIME 类型的更好方式

GUI 文件管理器，例如 GNOME 的文件管理器，对不同类型的文件，其处理方

---

[1] 注：当然，在 inode 空间用完之后，ext4 在额外的文件系统块存储扩展属性。

式完全不同：图标不同，默认点击行为不同，可执行操作列表不同等等。为了实现这些，文件管理器必须知道每个文件的格式。为了确定文件格式，Windows 文件系统往往只是简单地查看文件的扩展名。但出于传统和安全的双重原因，UNIX 系统倾向于检查文件并解释其类型，这个过程被称作 MIME 类型监听（MIME type sniffing）。

键可能是已定义的，也可能是未定义的。如果一个键已定义，其值可能是空值，也可能是非空值。也就是说，未定义的键与已定义但未指定值的键之间是有区别的。正如我们所看到的，这意味着删除一个键需要特殊的接口（仅仅给该键赋空值是不够的）。

与键相关联的值，如果是非空值，可能是任意的字节序列。因为关联值不一定是字符串，它没必要以'\0'结尾，尽管当你选用 C 字符串存储键值时以'\0'结尾很合理。既然键值不保证以'\0'结尾，所有对扩展属性的操作需要该值的长度。当读取属性时，内核提供长度；当写入属性时，必须提供属性的长度。

Linux 对键的数目，键的长度，值的大小，或被与文件相关联的所有键与值消耗的空间大小上都没有任何限制。但在文件系统上却有实际的限制。这些限制通常体现在与给定文件相关联的所有键与值的总长度上。

举个例子，对于 ext3 文件系统，给定文件的所有扩展属性都必须适合文件 inode 的剩余空间，最多达到一个额外的文件系统块大小。（更老版本的 ext3 限制在一个文件系统块，而不再在 inode 内保存。）这个限制依赖于文件系统的块大小，相当于每个文件实际限制是从 1KB 至 8KB。而在 XFS 中，则没有实际限制。由于大多数键与值都是较短的文本字符串，在 ext3 中这些限制一般也不是问题。尽管如此，还是应该记住这些限制，在把某个项目的整个版本修订历史保存到文件的扩展属性之前，要还是要慎重考虑这些限制条件。

扩展的属性命名空间

与扩展属性相关联的命名空间不仅仅是组织文件的工具。依赖于命名空间，内核可以执行不同访问策略。

Linux 当前定义四种扩展属性命名空间，将来可能会定义更多。目前分别有以下四种扩展：

system

命名空间 system 通常利用扩展属性实现内核特性，例如访问控制列表（ACLs）。

在命名空间的扩展属性的一个例子是 system.posix_acl_access。无论用户是读取这些属性还是写入这些属性，都依赖于相应位置的安全模块。最糟糕的情况是，没有用户（包括 root）可以读取这些属性。

security

命名空间 security 通常实现安全模块，例如 SELinux。用户空间应用程序访问这些属性也依赖于相应位置的安全模块。默认情况下，所有进程能读取这些属性，但只有具有 CAP_SYS_ADMIN 权限的进程能写入它们。

trusted

命名空间 trusted 存储用户空间限制的信息。只有具有 CAP_SYS_ADMIN 权限的进程能读写这些属性。

user

命名空间 user 是普通进程所使用的标准命名空间。内核通过普通的文件权限位来控制访问该命名空间。为了从已有的键中读取值，进程必须具有给定文件的读权限。要创建一个新键，或者向已有的键写入值，进程必须具有给定文件的写权限。在用户命名空间只能对普通文件指派扩展属性，符号链接或设备文件则不可以。当设计一个能使用扩展属性的用户空间应用程序时，命名空间正是你所需要采用的。

8.1.5 扩展属性操作

POSIX 定义了应用程序可以对给定文件扩展属性执行的四种操作：

- 给定文件，返回文件所有的扩展属性键的列表。

- 给定文件和键，返回相应的值。

- 给定文件，键与值，对键进行赋值。

- 给定文件和键，从文件中删除对应的扩展属性。

对每个操作，POSIX 提供三个系统调用：

- 在给定路径名上执行操作的系统调用。如果路径指向符号链接，通常会在链接的目标文件上执行操作。

- 在给定路径名上执行操作的系统调用。如果路径指向符号链接，也会在链接本身上执行操作（通常是以"l"开头的系统调用）。

- 在文件描述符上执行操作的系统调用（一般为以"f"开头的系统调用）。

接下来，我们将讨论所有 12 种组合。

返回扩展属性

最简单的操作是返回文件扩展属性给定键的值，如下：

```
#include <sys/types.h>
#include <attr/xattr.h>

ssize_t getxattr (const char *path, const char *key,
                  void *value, size_t size);
ssize_t lgetxattr (const char *path, const char *key,
                   void *value, size_t size);
ssize_t fgetxattr (int fd, const char *key,
                   void *value, size_t size);
```

getxattr()调用成功后，会将路径为 path 的文件中名字为 key 的扩展属性保存到缓冲区 value 中，该缓冲区的长度为 size 个字节。函数返回值为该值的实际大小。

如果 size 是 0，调用会返回该值的大小，但不会把扩展属性保存到缓冲区 value 中。使用"0"，可以使应用程序确认存储键值的缓冲区的长度是否合适。获知大小后，应用程序会按需分配或调整缓冲区。

lgetxattr()与 getxattr()行为一致。只是当路径为符号链接时，lgetxattr()返回的是链接本身而不是链接目标文件的扩展属性。大家回顾一下之前的讨论，我们知道用户命名空间的属性不能被应用在符号链接上。因此，该调用很少被使用。

fgetxattr()在文件描述符 fd 上操作，其他方面，它的行为与 getxattr()行为一致。

出错时，所有三个调用都返回-1，并相应设置 errno 值为下列值之一：

EACCES

调用的进程缺少对路径 path 中某一目录的搜索权限（仅适用于 getxattr()和 lgetxattr()）。

EBADF fd 非法（仅适用于 fgetxattr()）。

EFAULT path、key 或 value 指针非法。

ELOOP 路径 path 中包含太多符号链接（仅适用于 getxattr()和 lgetxattr()）。

ENAMETOOLONG 路径 path 太长（仅适用于 getxattr()和 lgetxattr()）。

ENOATTR 属性 key 不存在，或进程没有访问属性的权限。

ENOENT 路径 path 中的某部分不存在（仅适用于 getxattr()和 lgetxattr()）。

ENOMEM 剩余内存不足，无法完成请求。

ENOTDIR 路径 path 中的某个部分不是目录（仅适用于 getxattr()和 lgetxattr()）。

ENOTSUP path 或 fd 所在的文件系统不支持扩展属性。

ERANGE size 太小，缓冲区无法保存键值。就像之前讨论的，调用可能将 size 设置为 0，返回值将指明需要的缓存大小，并对 value 做适当的调整。

设置扩展属性

以下三个系统调用会设置给定的扩展属性：

```
#include <sys/types.h>
#include <attr/xattr.h>

int setxattr (const char *path, const char *key,
              const void *value, size_t size, int flags);
int lsetxattr (const char *path, const char *key,
               const void *value, size_t size, int flags);
int fsetxattr (int fd, const char *key,
               const void *value, size_t size, int flags);
```

setxattr()调用成功时，会设置文件 path 的扩展属性 key 为 value，value 的长度为 size 字节。字段 flags 修改调用的行为。如果 flags 是 XATTR_CREATE，当扩展属性已存在时调用将失败。如果 flags 是 XATTR_REPLACE，当扩展属性不存在时，调用将返回失败。默认的行为（即当 flags 值为 0 时执行）是同时允许创建和替换。不管 flags 值如何，除了 key 之外，对其他键都不会有影响。

lsetxattr()与 setxattr()行为一致，只是当 path 是符号链接，它会设置链接本身而不是链接目标文件的扩展属性。回顾一下之前的讨论，我们知道用户命名空间的属性不能被应用在符号链接上。因此，该调用很少被使用。

fsetxattr()在文件描述符 fd 上执行操作，其他方面，它与 setxattr()行为一致。

成功时，所有三个系统调用都返回 0；失败时，都返回-1，并相应设置 errno 值为以下值之一：

EACCES

调用的进程缺少对路径 path 中某一目录的搜索权限（仅适用于 setxattr()和

lsetxattr()）。

EBADF

fd 非法（仅适用于 fsetxattr()）。

EDQUOT

由于配额限制，阻止请求操作使用空间。

EEXIST

flags 设置为 XATTR_CREATE，且给定文件中的 key 已存在。

EFAULT

Path、key 或 value 指针非法。

EINVAL

flags 非法。

ELOOP

路径 path 中包含太多符号链接（仅适用于 setxattr()和 lsetxattr()）。

ENAMETOOLONG

路径 path 太长（仅适用于 setxattr()和 lsetxattr()）。

ENOATTR

flags 设置为 XATTR_REPLACE，且给定的文件中不存在 key。

ENOENT

路径 path 中的某部分不存在（仅适用于 setxattr()和 lsetxattr()）。

ENOMEM

剩余内存不足，无法完成请求。

ENOSPC

文件系统剩余空间不足，无法存储扩展属性。

ENOTDIR

路径 path 中某部分不是目录（仅适用于 setxattr()和 lsetxattr()）。

ENOTSUP

path 或 fd 所在的文件系统不支持扩展属性。

列出文件的扩展属性

以下三个系统调用会列出给定文件扩展属性集：

```
#include <sys/types.h>
#include <attr/xattr.h>

ssize_t listxattr (const char *path,
                   char *list, size_t size);
ssize_t llistxattr (const char *path,
                    char *list, size_t size);
ssize_t flistxattr (int fd,
                    char *list, size_t size);
```

listxattr()调用成功时，会返回一个与路径 path 指定的文件相关联的扩展属性键列表。该列表存储在 list 指向的长度为 size 字节的缓冲区中。系统调用会返回列表的实际字节大小。

list 中的每个扩展属性键是以'\0'结尾的，因此列表可能看起来如下：

```
"user.md5_sum\0user.mime_type\0system.posix_acl_default\0"
```

因此，虽然每个键都是一个传统的、以'\0'结尾的 C 字符串，但是为了能够遍历整个键列表，还是需要整个列表的长度（可以从调用的返回值中获得该值）。为了确定所需缓冲区的大小，设置 size 为 0 并调用任意一个列表的函数，函数将返回整个键列表的实际长度。和调用 getxattr()类似，应用程序可能使用这个功能来分配或调整缓冲区。

llistxattr()与 listxattr()行为一致，只是当 path 为符号链接时，它会列出与链接本身而不是链接目标文件相关联的扩展属性。回顾一下之前的讨论，用户命名空间的属性不能被应用于符号链接——因此，该调用很少被使用。

flistxattr()对文件描述符 fd 进行操作，其他方面，它与 listxattr()行为一致。

失败时，所有三个调用都返回-1，并相应设置 errno 值为以下值之一：

EACCES 调用的进程缺少对路径 path 中某一目录的搜索权限（仅适用于 listxattr()

和 llistxattr()）。

EBADF fd 非法（仅适用于 flistxattr()）。

EFAULT path 或 list 指针非法。

ELOOP 路径 path 中包含太多符号链接（仅适用于 listxattr()和 llistxattr()）。

ENAMETOOLONG path 过长（仅适用于 listxattr()和 llistxattr()）。

ENOENT 路径 path 中的某个部分不存在（仅适用于 listxattr()和 llistxattr()）。

ENOMEM 剩余内存不足，无法完成请求。

ENOTDIR 路径 path 中某部分不是目录（仅适用于 listxattr()和 llistxattr()）。

ENOTSUPP path 或 fd 所在的文件系统不支持扩展属性。

ERANGE size 非零，且没足够大小存放整个键列表。应用程序可能设置 size 为 0，调用后获得列表的实际大小。程序之后可能重置 value，并重新调用该系统调用。

删除扩展属性

最后，以下 3 个系统调用可以从给定文件中删除指定键：

```
#include <sys/types.h>
#include <attr/xattr.h>

int removexattr (const char *path, const char *key);
int lremovexattr (const char *path, const char *key);
int fremovexattr (int fd, const char *key);
```

成功调用 removexattr()会从文件 path 中删除扩展属性 key。回顾之前讨论，未定义键与已定义但为空的键（零长度）有一定的区别。

lremovexattr()与 removexattr()行为一致，除非 path 是符号链接，它会删除链接本身而不是链接目标文件的扩展属性。回顾之前，用户命名空间的属性不能被应用于符号链接，因此，该调用也很少被使用。

fremovexattr()操作文件描述符 fd，其他方面，它与 removexattr()行为一致。

成功时，所有 3 个系统调用返回 0。失败时，所有 3 个调用返回-1，并相应设置 errno 值为下列值之一：

EACCES 调用的进程缺少对路径 path 中某一目录的搜索权限（仅适用于

removexattr()和 lremovexattr()）。

EBADF fd 非法（仅适用于 fremovexattr()）。

EFAULT path 或 key 指针非法。

ELOOP 路径 path 中包含太多符号链接。(仅适用于 removexattr()和 lremovexattr())。

ENAMETOOLONG path 太长（仅适用于 removexattr()和 lremovexattr()）。

ENOATTR 给定文件不存在键 key。

ENOENT 路径 path 中的某部分不存在（仅适用于 removexattr()和 lremovexattr()）。

ENOMEM 剩余内存不足，无法完成请求。

ENOTDIR 路径 path 中的某部分不是目录(仅适用于 removexattr()和 lremovexattr())。

ENOTSUPP path 或 fd 所在的文件系统不支持扩展属性。

8.2　目录

在 UNIX 中，目录是个简单的概念：它包含一个文件名列表，每个文件名对应一个 inode 编号。每个文件名称为目录项，每个名字到 inode 的映射称为链接。目录内容（就是用户执行 ls 命令所看的结果）就是该目录下所有文件名列表。当用户打开指定目录下的文件时，内核会在该目录列表中查找文件名所对应的 inode 编号，并将该 inode 编号传递给文件系统，文件系统使用它来寻找文件在设备上的物理位置。

目录还能包含其他目录。子目录是在另一个目录里的目录。基于这个定义，除了文件系统树真正的根目录 / 外，所有目录都是某个父目录的子目录。毫无疑问，目录/称为根目录（root directory，不要把根目录和 root 用户的 home 目录/root 混淆）。

路径名是由文件名及一级或多级父目录组成。绝对路径名是以根目录起始的路径名，例如/usr/bin/sextant。相对路径名是不以根目录起始的路径名，例如 bin/sextant。为了使路径名有效，操作系统必须知道目录的相对路径。使用当前工作目录（在下一节会讨论）作为起始点。

除了用于描述路径目录的"/"符号和终止路径名的 null 符号以外，文件和目录名可以包含其他一切字符。也就是说，标准上实际要求路径名中字符为在当前环境下有效的可打印字符，甚至可以是 ASCII。但是，由于内核和 C 库都没有强加这样的限制，一般都是由应用程序强制只使用有效可打印字符。

较老的 UNIX 系统限制文件名至多有 14 个字符。今天，所有现代 UNIX 文件系统对每个文件名至少支持 255 个字节[1]。Linux 下许多文件系统甚至支持更长的文件名[2]。

当前工作目录

每个进程都有一个当前目录，一般是在创建时从父进程继承的。该目录就是大家熟知的进程的当前工作目录（current working directory，cwd）。内核解析相对路径名时，会把当前工作目录作为起始点。例如，如果进程的当前工作目录是 /home/blackbeard，且该进程试图打开 parrot.jpg，内核将试着打开/home/blackbeard/parrot.jpg。相反地，如果进程试图打开/usr/bin/mast，内核将直接地打开/usr/bin/mast。当前工作路径对绝对路径名（就是以斜杆/起始的路径名）没有影响。

进程可以获取并更改其当前工作目录。

8.2.1　获取当前工作目录

获取当前工作目录的首选方法是使用 POSIX 的标准系统调用 getcwd()：

```
#include <unistd.h>

char * getcwd (char *buf, size_t size);
```

成功调用 getcwd( )会把当前工作目录以绝对路径名形式拷贝到由 buf 指向的长度为 size 字节的缓冲区中，并返回一个指向 buf 的指针。失败时，调用返回 NULL，并相应设置 errno 值为下列值之一：

EFAULT buf 指针非法。

EINVAL size 值为 0，但 buf 不是 NULL。

ENOENT 当前工作目录不再有效。如果当前工作目录被删除，会出现这种情况。

ERANGE size 值太小，无法将当前工作目录保存至 buf。应用程序需要分配更大的缓冲区并重试。

---

[1] 注：需要注意的是，该限制是 255 个字节，而非 255 个字符。多字节的字符显然一个字符占用多于一个字节。

[2] 注：当然，Linux 对较老的文件系统提供向后兼容性，例如 FAT，仍然保持它们自己的限制。对于 FAT，每个文件名的限制是八个字符，其次是一个"."，最后是三个字符。确实，在文件系统中强制使用"."作为特殊字符是很愚蠢的。

下面是使用 getcwd()的一个例子：

```
char cwd[BUF_LEN];

if (!getcwd (cwd, BUF_LEN)) {
        perror ("getcwd");
        exit (EXIT_FAILURE);
}

printf ("cwd = %s\n", cwd);
```

POSIX 指出如果 buf 是 NULL，getcwd()的行为是未定义的。在这种情况下，Linux 的 C 库将分配一个长度 size 字节的缓冲区，并在那存储当前工作目录。如果 size 为 0，C 库将分配足够大小的缓冲区存储当前工作目录。调用结束后，则由应用程序负责使用 free()来释放缓冲区。因为这是 Linux 特有的处理方式，如果应用程序希望值可移植或严格遵守 POSIX，不应该使用这种方式。该特性的用法非常简单！请看下面这个示例：

```
char *cwd;

cwd = getcwd (NULL, 0);
if (!cwd) {
        perror ("getcwd");
        exit (EXIT_FAILURE);
}

printf ("cwd = %s\n", cwd);

free (cwd);
```

Linux 的 C 库也提供 get_current_dir_name() 函数，当传递 buf 为 Null 并且 size 为 0 时，其行为与 getcwd( )一致：

```
#define _GNU_SOURCE
#include <unistd.h>

char * get_current_dir_name (void);
```

因此，这部分与之前的相同：

```
char *cwd;

cwd = get_current_dir_name ();
if (!cwd) {
        perror ("get_current_dir_name");
        exit (EXIT_FAILURE);
}

printf ("cwd = %s\n", cwd);

free (cwd);
```

较早的 BSD 系统喜欢系统调用 getwd()，Linux 对其提供向后兼容：

```
#define _XOPEN_SOURCE_EXTENDED /* or _BSD_SOURCE */
#include <unistd.h>

char * getwd (char *buf);
```

调用 getwd()会把当前工作目录拷贝到 buf 中，buf 的字节长度至少为 PATH_MAX。
成功时，调用会返回 buf 指针，而失败时，返回 NULL。举个例子：

```
char cwd[PATH_MAX];

if (!getwd (cwd)) {
        perror ("getwd");
        exit (EXIT_FAILURE);
}

printf ("cwd = %s\n", cwd);
```

出于移植性与安全性双重原因，应用程序不应该使用 getwd()，推荐使用 getcwd()。

改变当前工作目录

当用户第一次登入系统时，登录进程会把其当前工作目录设置 home 目录，在
/etc/passwd 中指定该 home 目录。但是，在某些情况下，某个进程希望改变其当前
工作目录。例如，在 shell 下，可以通过键入 cd 改变当前工作目录。

Linux 提供了两个系统调用来更改当前工作目录，一个接受目录路径名，而另一个
接受指向已打开目录的文件描述符，如下：

```
#include <unistd.h>

int chdir (const char *path);
int fchdir (int fd);
```

调用 chdir()会把当前工作目录更改为 path 指定的路径名，该路径名可以是绝对路
径，也可以是相对路径。同样，调用 fchdir()会把当前工作目录更改为文件描述符
fd 指向的路径名，而 fd 必须是打开的目录。成功时，两个调用都返回 0；失败时，
都返回-1。

失败时，chdir()还会相应设置 errno 值为下列值之一：

EACCES 调用的进程缺少对路径 path 中某一目录的搜索权限。

EFAULT path 指针非法。

EIO 发生内部 I/O 错误。

ELOOP 内核解析 path 时遇到太多符号链接。

ENAMETOOLONG path 太长。

ENOENT path 指向的目录不存在。

ENOMEM 剩余内存不足，无法完成请求。

ENOTDIR 路径 path 中的一个或多个组成部分不是目录。

fchdir()会相应设置 errno 值为下列值之一：

EACCES 调用的进程缺少对 fd 指向的路径目录的搜索权限（比如未设置"执行位"）。当最上层目录可读，但不可执行时则会出现这种情况，在这种情况下，open() 会成功，但 fchdir()会失败。

EBADF fd 不是一个已打开的文件描述符。

对于不同的文件系统，这两个调用可能会有其他的错误值。

这些系统调用只对当前运行的进程有影响。在 UNIX 中，没有更改不同进程当前工作目录的机制。因此，在 shell 下的 cd 命令（和大多数命令一样）不可能是一个独立的进程，只是简单地把第一个命令行参数传递给 chdir()执行，然后退出。相反地，cd 必须是个特殊的内置命令，使得 shell 本身调用 chdir()，改变其当前工作目录。

getcwd()调用最常见的使用方式是用来保存当前工作目录，从而进程稍后可以返回它。例如：

```c
char *swd;
int ret;

/* save the current working directory */
swd = getcwd (NULL, 0);
if (!swd) {
        perror ("getcwd");
        exit (EXIT_FAILURE);
}

/* change to a different directory */
ret = chdir (some_other_dir);
if (ret) {
        perror ("chdir");
        exit (EXIT_FAILURE);
}

/* do some other work in the new directory... */
```

```
/* return to the saved directory */
ret = chdir (swd);
if (ret) {
        perror ("chdir");
        exit (EXIT_FAILURE);
}

free (swd);
```

但是，最好先调用 open()打开当前目录，然后再调用 fchdir()，这样做往往会更快
一些，因为内核不在内存中保存当前工作目录的路径名，它只保存 inode。因此，
不管用户何时调用 getcwd()，内核必须通过遍历目录结构，生成路径名。相反地，
打开当前工作目录的开销更少，因为内核中已经有了该目录的 inode，不需要使用
人类可读的路径名来打开文件。下面的代码段使用了这种方法：

```
int swd_fd;

swd_fd = open (".", O_RDONLY);
if (swd_fd == -1) {
        perror ("open");
        exit (EXIT_FAILURE);
}

/* change to a different directory */
ret = chdir (some_other_dir);
if (ret) {
        perror ("chdir");
        exit (EXIT_FAILURE);
}

/* do some other work in the new directory... */

/* return to the saved directory */
ret = fchdir (swd_fd);
if (ret) {
        perror ("fchdir");
        exit (EXIT_FAILURE);
}

/* close the directory's fd */
ret = close (swd_fd);
if (ret) {
        perror ("close");
        exit (EXIT_FAILURE);
}
```

以上代码说明了 shell 如何实现缓存之前的目录（例如，在 bash 中执行 cd -）。

不关心其当前工作目录的进程（比如守护进程），往往会调用 chdir("/")，把当前工
作目录设置为/。而对于需要和用户及其数据进行交互的应用(比如文字处理器), 通

常会把它的当前工作目录设置为用户的 home 目录，或设置成某个特殊的文档目录。由于在相对路径名情况下，只能使用当前工作目录，因此更改当前工作目录是用户在 shell 上执行的命令行工具中最实用的。

8.2.2　创建目录

Linux 为创建新目录提供了一个标准的 POSIX 系统调用：

```
#include <sys/stat.h>
#include <sys/types.h>

int mkdir (const char *path, mode_t mode);
```

成功调用 mkdir() 会创建参数 path 所指定的目录（可能是相对或绝对路径），其权限位为 mode（可以通过 umask 修改），并返回 0。

umask 可以修改参数 mode，并和操作系统特定的模式位进行计算：在 Linux，新建目录的权限位是（mode & ~umask & 01777）。换句话说，umask 为进程施加的 mode 限制是 mkdir() 必须遵循的。如果新目录的父目录拥有已设置的用户组 ID（sgid）位设置，或文件系统以 BSD 的组方式被挂载，新目录将从父目录继承用户组从属关系。否则进程有效用户组 ID 将应用于新目录。

调用失败时，mkdir() 返回 -1，并相应设置 errno 值为下列值之一：

EACCES 当前进程对父目录不可写，或 path 参数中的一个或多个组成部分不可搜索。

EEXIST path 已存在（且非必要的目录）。

EFAULT path 指针非法。

ELOOP　内核解析 path 时遇到太多符号链接。

ENAMETOOLONG path 太长。

ENOENT path 的某个组成部分不存在或是一个无效的符号链接。

ENOMEM　剩余内存不足，无法完成请求。

ENOSPC　包含 path 的设备空间用尽，或用户磁盘配额已超限。

ENOTDIR path 的一个或多个组成部分不是目录。

EPERM　包含 path 的文件系统不支持目录创建。

EROFS 包含 path 的文件系统只读。

8.2.3　删除目录

与 mkdir() 对应，标准的 POSIX 调用 rmdir() 会将目录从文件系统层次上删除：

```
#include <unistd.h>

int rmdir (const char *path);
```

调用成功时，rmdir() 会从文件系统删除 path，并返回 0。path 指向的目录必须为空，除了"."和".."目录以外。没有支持类似 rm -r 一样递归删除功能的系统调用。要实现 rm -r 功能，首先要执行文件系统的深度优先搜索，从叶节点开始删除所有文件与目录，并返回至文件系统。当目录内的文件被全部删除时，则可以使用 rmdir() 来删除该目录。

调用失败时，rmdir() 返回-1，并相应设置 errno 值为下列值之一：

EACCES path 的父目录不允许写入，或路径 path 中的某个组成部分不可搜索。

EBUSY 系统正在使用 path，不可删除。在 Linux，只有当 path 是挂载点或根目录（幸运的是，有了 chroot() 调用，根目录不必是挂载点！）时才可能发生。

EFAULT path 指针非法。

EINVAL path 目录的最后组成部分是的"."。

ELOOP 内核解析 path 时遇到太多符号链接。

ENAMETOOLONG path 太长。

ENOENT path 中一部分不存在或一个无效的符号链接。

ENOMEM 剩余内存不足，无法完成请求。

ENOTDIR path 的一个或多个组成部分不是目录。

ENOTEMPTY path 包含除了特殊的.和..之外的目录项。

EPERM path 的父目录设置了粘贴位（S_ISVTX），但进程的有效用户 ID 既不是父目录也不是 path 本身的用户 ID，且进程不具有 CAP_FOWNER 权限。基于以上两个原因之一，包含 path 的文件系统不允许删除目录。

EROFS 包含 path 的文件系统以只读方式加载。

下面是个简单的例子：

```
int ret;

/* remove the directory /home/barbary/maps */
ret = rmdir ("/home/barbary/maps");
if (ret)
        perror ("rmdir");
```

8.2.4 读取目录内容

POSIX 定义了一系列函数，可以读取目录内容——即获取位于指定目录的文件列表。这些函数在以下方面都很有用：实现类似 ls 或图形化的文件保存对话框，需要操作给定目录下的每个文件，在目录下搜索匹配给定模式的文件。

开始读取目录内容前，首先需要创建一个由 DIR 对象指向的目录流（directory stream）：

```
#include <sys/types.h>
#include <dirent.h>

DIR * opendir (const char *name);
```

成功调用 opendir()，会创建由参数 name 所指向的目录的目录流。

目录流与指向打开目录的文件描述符所持有的信息几乎相同，包含一些元数据以及保存目录内容的缓冲区。因此，可以在给定目录流中获取该目录的文件描述符：

```
#define _BSD_SOURCE /* or _SVID_SOURCE */
#include <sys/types.h>
#include <dirent.h>

int dirfd (DIR *dir);
```

成功调用 dirfd()会返回目录流 dir 的文件描述符。出错时，dirfd()调用会返回-1。由于目录流函数只能在内部使用该文件描述符，程序只能调用那些不操作文件位置的系统调用。dirfd()是 BSD 的扩展，但不是 POSIX 标准函数，希望遵循 POSIX 标准的程序员应该避免使用它。

从目录流读取

使用 opendir()创建一个目录流后，程序可以从目录中读取目录项。为了实现这一点，可以使用 readder()，从给定 DIR 对象中依次返回目录项：

```
#include <sys/types.h>
#include <dirent.h>

struct dirent * readdir (DIR *dir);
```

成功调用 readdir()，会返回 dir 指向的下一个目录项。dirent 结构体指向目录项，其在 Linux 的<dirent.h>中的定义如下：

```
struct dirent {
        ino_t d_ino; /* inode number */
        off_t d_off; /* offset to the next dirent */
        unsigned short d_reclen; /* length of this record */
        unsigned char d_type; /* type of file */
        char d_name[256]; /* filename */
};
```

POSIX 只需要字段 d_name，该字段是目录内单个文件名。其他字段是可选的，或 Linux 特有的。如果应用希望可以移植到其他系统，或与保持 POSIX 一致，应该只使用 d_name 字段。

应用连续调用 readdir()，获取目录中的每个文件，直至找到其要搜索的文件，或直到整个目录已读完，如果是后者，readdir()会返回 NULL。

失败时，readdir()也会返回 NULL。为了区别出错和已读完整个目录，应用程序必须在每次调用 readdir()之前将 errno 设置为 0，并在之后检查返回值和 errno 值。readdir()设置的唯一 errno 值是 EBADF，意味着参数 dir 无效。因此，对许多应用程序而言，没有必要检查错误，直接假定 NULL 表示已经读完整个目录。

关闭目录流

使用 closedir()关闭由 opendir()打开的目录流：

```
#include <sys/types.h>
#include <dirent.h>
int closedir (DIR *dir);
```

closedir()调用成功时，会关闭由 dir 指向的目录流，包括目录的文件描述符，并返回 0。失败时，函数返回-1，并设置 errno 为 EBADF，这是唯一可能的错误码，意味着 dir 不是一个打开的目录流。

下面的代码段实现了函数 find_file_in_dir()，它使用 readdir()在给定目录中搜索指定文件。如果文件在目录中存在，函数返回 0。否则，返回非 0 值：

```
/*
 * find_file_in_dir - searches the directory 'path' for a
 * file named 'file'.
 *
 * Returns 0 if 'file' exists in 'path' and a nonzero
 * value otherwise.
 */
```

```
int find_file_in_dir (const char *path, const char *file)
{
        struct dirent *entry;
        int ret = 1;
        DIR *dir;

        dir = opendir (path);

        errno = 0;
        while ((entry = readdir (dir)) != NULL) {
                if (strcmp(entry->d_name, file) == 0) {
                        ret = 0;
                        break;
                }
        }

        if (errno && !entry)
                perror ("readdir");

        closedir (dir);
        return ret;
}
```

用于读取目录内容的系统调用

前面讨论的读取目录内容的函数都是由 C 库提供的标准 POSIX 函数。在这些函数内部，会使用系统调用 readdir()和 getdents()，出于完整性考虑，这里也给出这两个系统调用：

```
#include <unistd.h>
#include <linux/types.h>
#include <linux/dirent.h>
#include <linux/unistd.h>
#include <errno.h>

/*
 * Not defined for user space: need to
 * use the _syscall3() macro to access.
 */
int readdir (unsigned int fd,
             struct dirent *dirp,
             unsigned int count);

int getdents (unsigned int fd,
              struct dirent *dirp,
              unsigned int count);
```

你最好不要使用这些系统调用！它们很晦涩，而且不可移植。相反，用户空间的应用应该使用 C 库的系统调用 opendir()、readdir()和 closedir()。

8.3 链接

回顾一下关于目录的讨论，目录中每个名字至 inode 的映射被称为链接。根据这个
简单的定义，链接本质上不过是列表（目录）中一个指向 inode 的名字，从这个定
义来看，并没有限制一个 inode 的链接的数目。因此单个 inode（或者说单个文件）
可以同时由/etc/customs 和/var/run/ledger 指向。

在这个例子中，还有一点需要注意：因为链接映射至 inode，且不同文件系统的 inode
编号是不同的，/etc/customs 和/var/run/ledger 必须位于同一文件系统。在一个文件
系统，指定文件的链接数可以很大。唯一的限制是用来表示链接树的整数数据类型
的范围。在所有链接中，没有一个链接是"原始"或"初始"链接。这些链接都指
向同一个文件，并共享文件状态。

我们称这种类型的链接为硬链接。文件的链接数可以是 0、1 或多个。大多数文件
的链接数是 1，也就是说只有一个目录项指向该文件，但有些文件可能有两个或甚
至多个链接。链接数为 0 的文件在文件系统上没有对应的目录项。当文件链接计数
达到 0 时，文件被标记为空闲，其占用的磁盘块就可重用[1]。当进程打开了这样一
个文件时，文件仍在文件系统中保留。如果没有进程打开该文件，文件就会被删除。

Linux 内核通过"链接计数"和"使用计数"来进行管理。使用计数是指文件被打
开的实例数的计数。只有当某个文件的链接计数和使用计数都为 0 时，该文件才会
从文件系统中删除。

另一种链接是符号链接，它不是文件系统中文件名和 inode 的映射，而是更高层次
的指针，在运行时解释。符号链接可跨越文件系统，我们将稍后讨论它。

8.3.1 硬链接

作为初始的 UNIX 系统调用之一，link()已经成为 POSIX 标准，我们可以使用 link()
为已有的文件创建新链接：

```
#include <unistd.h>

int link (const char *oldpath, const char *newpath);
```

成功调用 link()会为 oldpath 所指向的已存在的文件，在路径 newpath 下创建新的链
接，并返回 0。调用完成后，oldpath 和 newpath 都会指向同一个文件——实际上，

---

[1] 注：文件系统检测工具 fsck 的主要工作就是寻找链接计数为 0，且块标记为已分配的文件。这样的
情况通常发生在文件已删除，但仍然保持打开状态，在文件关闭前发生系统崩溃。内核不能标记文
件系统块为空闲，以避免引起不一致问题。日志文件系统可以消除这类错误。

我们无法区分哪个是"初始"链接。

失败时，调用返回-1，并相应设置 errno 值为下列值之一：

EACCES 调用的进程缺少对路径 oldpath 某组成部分的搜索权限，或没有对包含 newpath 目录的写权限。

EEXIST newpath 已存在——link()将不会覆盖已存在的目录项。

EFAULT oldpath 或 newpath 指针非法。

EIO 发生内部 I/O 错误（这个后果很严重！）。

ELOOP 解析 oldpath 或 newpath 时遇到太多的符号链接。

EMLINK oldpath 指向的 inode 数已达到指向它的最大链接数。

ENAMETOOLONG oldpath 或 newpath 太长。

ENOENT oldpath 或 newpath 的某个组成部分不存在。

ENOMEM 剩余内存不足，无法完成请求。

ENOSPC 包含 newpath 的设备没有建立新目录项的空间。

ENOTDIR oldpath 或 newpath 组成不是目录。

EPERM 包含 newpath 的文件系统不允许创建新的硬链接，或 oldpath 是目录。

EROFS newpath 位于只读文件系统上。

EXDEV newpath 和 oldpath 不在同一文件系统上。（Linux 允许单个文件系统挂载在多个地方，但即使这样，硬链接也不能跨越挂载点创建。）

这个示例会创建新的目录项 pirate，它与已有的文件 privateer 都指向同一个 inode（即同一个文件），pirate 和 privateer 都在/home/kidd 目录下：

```
int ret;

/*
 * create a new directory entry,
 * '/home/kidd/privateer', that points at
 * the same inode as '/home/kidd/pirate'
 */
ret = link ("/home/kidd/privateer", /home/kidd/pirate");
if (ret)
        perror ("link");
```

8.3.2　符号链接

符号链接,也称为 symlinks 或软链接。它和硬链接的相同之处在于二者均指向文件系统中的文件,不同点在于符号链接不会增加额外的目录项,而是一种特殊的文件类型。该文件包含被称为符号链接指向的其他文件(一般称为符号链接的目标文件)的路径名。运行时,内核用该路径名代替符号链接的路径名(除非使用系统调用是以"l"开头的系统调用,例如 lstat(),它操作链接本身而非目标文件)。因此,一个硬链接与指向同一文件的另一个硬链接很难区分,但很容易区分符号链接以及其目标文件。

符号链接可能是相对或绝对路径名。它可以包含之前讨论的指向目录本身的特殊.目录,或指向该目录父目录的..目录。这种"相对"的符号链接很常见,而且很有用。

软链接和硬链接相比,很重要的一个区别点在于它可以跨越不同的文件系统。实际上,软链接可以指向任何位置!符号链接能指向已存在(通常用法)或不存在的文件。后者被称为"悬空的符号链接(dangling symlink,或称无效的符号链接)。有时,悬空的符号链接是指不再需要的——例如当链接目标已删除,但符号链接没有删除时,该符号链接就变成悬空的了——但是,在某些情况下是故意的。符号链接还可以指向其他符号链接,这样就会存在环。处理符号链接的系统调用通过维护最大遍历深度来查看是否存在环。如果超过深度,就返回 ELOOP。

创建符号链接的系统调用和创建硬链接的系统调用非常类似:

```
#include <unistd.h>

int symlink (const char *oldpath, const char *newpath);
```

symlink()调用成功时,会创建符号链接 newpath,指向由 oldpath 所表示的目标文件,并返回 0。

出错时,symlink()会返回-1,并相应设置 errno 值为下列值之一:

EACCES 调用的进程缺少对 oldpath 某组成部分的搜索权限,或没有对包含 newpath 的目录写权限。

EEXIST newpath 已存在——symlink()将不会覆盖存在的目录项。

EFAULT oldpath 或 newpath 指针非法。

EIO 发生内部 I/O 错误(这个后果很严重!)。

ELOOP 解析 oldpath 或 newpath 时遇到太多符号链接。

EMLINK oldpath 指向的 inode 已达到指向它的最大链接数。

ENAMETOOLONG oldpath 或 newpath 太长。

ENOENT oldpath 或 newpath 的某组成部分不存在。

ENOMEM 剩余内存不足，无法完成请求。

ENOSPC 包含 newpath 的设备没有建立新目录项的空间。

ENOTDIR oldpath 或 newpath 的某组成部分不是目录。

EPERM 包含 newpath 的文件系统不允许新符号链接的创建。

EROFS newpath 位于只读文件系统上。

下面这个代码片段与前面给出的示例很相似，它创建了一个符号链接（与硬链接相对）/home/kidd/privateer，指向目标文件/home/kidd/pirate：

```
int ret;

/*
 * create a symbolic link,
 * '/home/kidd/privateer', that
 * points at '/home/kidd/pirate'
 */
ret = symlink ("/home/kidd/privateer", "/home/kidd/pirate");
if (ret)
        perror ("symlink");
```

8.3.3 解除链接

建立链接的反向操作是解除链接（unlinking），即从文件系统中删除路径名。只需要调用系统调用 unlink()，就可以完成该任务：

```
#include <unistd.h>

int unlink (const char *pathname);
```

unlink()调用成功时，会从文件系统中删除 pathname，并返回 0。如果该路径是指向文件的最后一个链接，则会从文件系统中删除该文件。如果进程打开文件，在进程关闭文件前，内核不会从文件系统中删除文件。若没有进程打开该文件，文件会被删除。

如果 pathname 指向符号链接，则只会删除链接，而不会删除目标文件。

如果 pathname 指向的是特殊类型的文件（例如设备、FIFO 或 socket），调用会从文件系统删除该文件，但打开文件的进程可以继续使用它。

出错时，unlink()返回-1，并相应设置 errno 值为下列值之一：

EACCES 调用的进程没有对 pathname 父目录的写权限，或没有对 pathname 某部分的搜索权限。

EFAULT pathname 指针非法。

EIO 发生内部 I/O 错误(这很严重！)。

EISDIR pathname 指向一个目录。

ELOOP 解析 pathname 时遇到太多符号链接。

ENAMETOOLONG pathname 太长。

ENOENT pathname 组成不存在。

ENOMEM 剩余内存不足，无法完成请求。

ENOTDIR pathname 的某部分不是目录。

EPERM 系统不允许解除链接。

EROFS pathname 位于只读文件系统上。

unlink()不会删除目录。因此，应用程序应使用我们之前讨论（见 8.2.3 节）的 rmdir() 来删除目录。

为了简化对各种类型文件的删除，C 语言提供函数 remove()：

```
#include <stdio.h>

int remove (const char *path);
```

成功调用 remove()时，会从文件系统删除 path，并返回 0。如果 path 是个文件，remove() 会调用 unlink()；如果 path 是个目录，remove()会调用 rmdir()。

出错时，remove()返回-1，其 errno 可以是调用 unlink()和 rmdir()中出现的所有可能的错误码。

8.4 拷贝和移动文件

两个最基本的文件处理任务是拷贝和移动文件，往往是通过命令 cp 和 mv 来实现。在文件系统层，拷贝是在新路径名下拷贝给定文件内容的行为。与创建文件新的硬链接不同的是，对一个文件的改变将不会影响另一个——也就是说，在（至少）两个不同目录项下，保存文件的两份独立拷贝。移动是在文件所在位置下重命名目录项的行为。该行为不会触发创建另外一个拷贝备份的操作。

8.4.1 拷贝

UNIX 并不包含实现多文件和目录拷贝的系统或库调用，这或许会让有些人很吃惊。相反，需要手工执行 cp 或 GNOME's Nautilus 文件管理器这类工具来完成这些功能。

要拷贝文件 src，生成文件 dst，需要执行以下步骤。

1. 打开 src。

2. 打开 dst，如果 dst 不存在则创建，如果已存在则把其长度截断为零。

3. 把 src 数据块读至内存。

4. 把该数据块写入 dst。

5. 继续操作直到 src 全部读取完且已经都写入到 dst 中。

6. 关闭 dst。

7. 关闭 src。

如果拷贝的是个目录，则通过 mkdir()创建该目录及其所有子目录，并单独拷贝其中的每个文件。

8.4.2 移动

和拷贝文件操作不同，UNIX 还提供了移动文件的系统调用。ANSI C 标准中介绍了关于多文件操作的调用，POSIX 标准中对多文件和目录操作都支持：

```
#include <stdio.h>

int rename (const char *oldpath, const char *newpath);
```

成功调用 rename()时，会将路径名 oldpath 重命名为 newpath。文件的内容和 inode

保持不变。oldpath 和 newpath 必须位于同一文件系统中[1]，否则调用会失败。类似 mv 的工具必须通过调用拷贝和解除链接来完成 rename 操作。

成功时，rename()会返回 0，原来由 oldpath 指向的文件现在变成由 newpath 指向。失败时，调用会返回-1，但不影响 oldpath 或 newpath，并相应设置 errno 值为下列值之一：

EACCES 可能是以下三种情况之一：调用进程缺少对 oldpath 或 newpath 父目录的写权限；调用进程缺少对 oldpath 或 newpath 中某个目录的搜索权限；oldpath 是个目录，但调用进程缺少对 oldpath 的写权限。最后一种情况实际是因为当 oldpath 是个目录时，rename()必须更新 oldpath 目录下的..目录。

EBUSY oldpath 或 newpath 是挂载点。

EFAULT oldpath 或 newpath 指针非法。

EINVAL newpath 包含在 oldpath 中，因此，重命名会导致 oldpath 变成自己的子目录。

EISDIR newpath 存在且是目录，但 oldpath 不是目录。

ELOOP 解析 oldpath 或 newpath 时，遇到太多符号链接。

EMLINK oldpath 的链接数目已达到最大值，或 oldpath 是个目录，且 newpath 的链接数目已达到最大值。

ENAMETOOLONG oldpath 或 newpath 字符串长度太长。

ENOENT oldpath 或 newpath 的某部分不存在，或是个悬空的符号链接。

ENOMEM 剩余内核空间不足，无法完成请求。

ENOSPC 剩余设备空间不足，无法完成请求。

ENOTDIR oldpath 或 newpath 的某部分（除了目录的最后一部分）不是目录，或 oldpath 是目录，但 newpath 存在但不是目录。

ENOTEMPTY newpath 是目录且非空。

EPERM 参数中指定的某个路径，其父目录已设置粘贴位（sticky bit），而调用进程

---

[1] 注：虽然 Linux 允许在目录结构下多点挂载设备，即使它们在同一设备上，但仍不能将挂载点重命名为另外一个。

的有效用户 ID 既不是文件用户 ID 也不是其父目录的用户 ID，且该进程没有特权。

EROFS 文件系统标记为只读。

EXDEV oldpath 和 newpath 不在同一个文件系统中。

表 8-1 给出了不同类型文件相互移动的结果。

表 8-1 不同类型文件互相移动的结果

	目标是个文件	目标是个目录	目标是个链接	目标不存在
源是个文件	目标被源覆盖	失败，errno 值为 EISDIR	文件被重命名，目标被覆盖	文件被重命名
源是个目录	失败，errno 值为 ENOTDIR	如果目标为空，把源重命名为目标；否则会失败，errno 值为 EISDIR。	目录被重命名，目标被覆盖。	目录被重命名
源是个链接	链接会重命名，目标被覆盖	失败，errno 值为 EISDIR。	链接被重命名，目标被覆盖。	链接被重命名
源不存在	失败，errno 值为 ENOENT	失败，errno 值为 ENOENT	失败，errno 值为 ENOENT	失败，errno 值为 ENOENT

对以上所有情况，不论是什么类型，如果源和目标位于不同的文件系统上，调用都会失败并返回 EXDEV。

8.5　设备节点

设备节点是应用程序与设备驱动交互的特殊文件。当应用程序在设备节点上执行一般的 UNIX I/O（例如打开、关闭、读取和写入时）操作时，内核以不同于普通文件 I/O 的方式来处理这些请求。内核将该请求转发给设备驱动。设备驱动处理这些 I/O 操作，并向用户返回结果。设备节点提供设备抽象，使应用程序不必了解特定设备或特殊接口。设备节点是 UNIX 系统上访问硬件的标准机制。但网络设备却是个例外，回顾 UNIX 历史，有些人认为把网络设备单独处理是个错误。对所有机器硬件使用同样的 read()、write() 和 mmap() 系统调用进行操作，正是 UNIX 简洁优雅的最佳体现。

内核如何识别哪些设备驱动该处理哪些请求呢？每个设备节点都具有两个数值属性，分别是主设备号（major number）和次设备号（minor number）。主次设备号与对应的设备驱动映射表已载入内核。如果设备节点的主次设备号和内核的设备驱动不对应（由于各种原因，偶尔会发生这种情况），在设备节点上的 open() 请求操作会返回-1, 并设置 errno 为 ENODEV。这种设备被称为不存在的设备。

8.5.1 特殊设备节点

在所有的 Linux 系统上, 都存在几个特殊的设备节点。这些设备节点是 Linux 开发环境的一部分, 且它们是作为 Linux ABI 的一部分。

"空设备 (null device)"位于/dev/null, 主设备号是 1, 次设备号是 3。该设备文件的所有者是 root 但所有用户均可读写。内核会忽略所有对该设备的写请求。所有对该文件的读请求都会返回文件终止符 (EOF)。

"零设备 (zero device)"位于/dev/zero, 主设备号是 1, 次设备号是 5。与空设备一样, 内核忽略所有对零设备的写请求。读取该设备会返回无限 null 字节流。

"满设备 (full device)"位于/dev/full, 主设备号是 1, 次设备号是 7。与零设备一样, 读请求返回 null 字符 ('\0')。写请求却总是触发 ENOSPC 错误, 表明设备已满。

这些设备的用途各不相同。它们对测试应用程序如何处理各种特殊问题很有帮助 (例如, 满文件系统)。由于空设备和零设备会忽略写请求, 它们也常用来忽略不想要的 I/O 请求, 而且该方法没有任何代价。

8.5.2 随机数生成器

内核的随机数生成器位于/dev/random 和/dev/urandom 设备中。它们的主设备号是 1, 次设备号分别是 8 和 9。

内核的随机数生成器从设备驱动和其他源中收集噪声, 内核把收集的噪声进行连结并做单向散列操作, 把结果存储在内核熵池 (entropy pool) 中。内核保留池中的估计值数的熵。

读取/dev/random 时, 会返回该池中的熵。该结果适于作为随机数生成器的种子, 用来生成密钥或其他需要强熵加密的任务。

理论上, 攻击者能从熵池中获取足够数据并成功破解单向散列, 并能获得足够多的熵池中剩余熵的状态信息。尽管目前这样的攻击只是理论上存在 (众所周知, 这种攻击尚未发生过), 但内核仍能通过对每个请求, 减少池中熵数的估计值来应对这种可能的攻击。当熵数的估计值变成 0 时, 读取请求将阻塞, 直到系统产生更多的熵, 且对熵的估计值足以能满足读取的请求。

/dev/urandom 不具有该特性, 即使内核熵预算数量不足以完成请求, 对该设备的读取请求仍会成功。仅仅是那些对安全性要求极高的程序 (例如 GNU Privacy Guard

中安全数据交换的密钥生成器）需要关注加密的强类型的熵。大多数应用程序应使用/dev/urandom 而非/dev/random。在没有填充内核熵池的 I/O 行为发生时，读取/dev/random 会阻塞一段很长的时间。这种情况在服务器没有磁盘空间且没有监控时是比较常见的。

8.6 带外通信（Out-of-Band Communication）

UNIX 的文件模型很典型。只需要通过简单的读写操作，UNIX 几乎对一个对象上所有可能的操作都进行了抽象。但是，在某些情况下，开发人员需要和 UNIX 基本数据流外的文件通信。例如，对于一个串口设备，对设备的读取将从该串口设备的远端硬件读取，写入设备将向该硬件发送数据。进程如何读取串口的特定状态针（比如数据终端就绪（DTR）信号）？此外，进程如何设置串口的奇偶校验？

答案是使用系统调用 ioctl()。顾名思义，ioctl 表示 I/O 控制，可以通过它进行带外通信：

```
#include <sys/ioctl.h>

int ioctl (int fd, int request, ...);
```

该系统调用需要两个参数：

fd 文件的文件描述符。

request 特殊请求代码值，该值由内核和进程预定义，它指明对 fd 所指向的文件执行哪种操作。

它还可能接收一个或多个隐式可选参数（通常是无符号整数或指针），并传递给内核。

以下程序会使用 CDROMEJECT 请求，可以从 CD-ROM 设备弹出多媒体光盘设备，设备是由用户指定，即程序命令行的第一个参数。该程序的功能和 eject 命令类似：

```
#include <sys/types.h>
#include <sys/stat.h>
#include <fcntl.h>
#include <sys/ioctl.h>
#include <unistd.h>
#include <linux/cdrom.h>
#include <stdio.h>

int main (int argc, char *argv[])
{
        int fd, ret;
```

```
if (argc < 2) {
        fprintf (stderr,
                "usage: %s <device to eject>\n",
                argv[0]);
        return 1;
}
/*
 * Opens the CD-ROM device, read-only. O_NONBLOCK
 * tells the kernel that we want to open the device
 * even if there is no media present in the drive.
 */
fd = open (argv[1], O_RDONLY | O_NONBLOCK);
if (fd < 0) {
        perror ("open");
        return 1;
}

/* Send the eject command to the CD-ROM device. */
ret = ioctl (fd, CDROMEJECT, 0);
if (ret) {
        perror ("ioctl");
        return 1;
}

ret = close (fd);
if (ret) {
        perror ("close");
        return 1;
}

return 0;
}
```

CDROMEJECT 请求是 Linux CD-ROM 设备驱动的一个特性。当内核接收到 ioctl() 请求时，它寻找对应文件描述符的文件系统（真实文件）或设备驱动（设备节点），并传递处理请求。CD-ROM 设备驱动接收请求并物理弹出驱动器。

在本章稍后，我们将看到一个 ioctl() 实例，它使用可选参数返回请求进程信息。

8.7　监视文件事件

Linux 提供了一个监视文件的接口 inotify——通过该接口可以监控文件的移动、读取、写入或删除操作。假设你正在编写一个类似 GNOME's Nautilus 的图形化文件管理器。如果文件已拷贝至目录，而且 Nautilus 正在显示目录内容，则该目录在文件管理器中的视图将会出现不一致。

一个解决办法是连续反复读取目录内容，删除变更内容并更新显示结果。这会产生阶段性的开销，远远谈不上是个优雅的解决方案。更糟的是，文件被删除或添加到目录，以及文件管理器反复读取目录这三者间会产生竞争。

通过 inotify，内核能在事件发生时把事件推送给应用程序。一旦文件被删除，内核立刻通知 Nautilus。Nautilus 会做出响应，直接从目录的图形化显示中删除被删除的文件。

许多其他的应用也关注文件事件，比如备份工具和数据索引工具。inotify 能够保证这些程序的实时操作：在创建、删除或写入文件时，可以立刻更新备份或数据索引。

inotify 取代了 dnotify。dnotify 是一个较早的文件监视机制，它基于较繁琐的信号接口。和 dnotify 相比，应用程序总是应该优先考虑使用 inotify。inotify 机制在内核 2.6.13 中引入，由于程序在操作普通文件时也使用 inotify，因此该机制非常灵活且易于使用。在本书中，我们将只探讨 inotify。

8.7.1   初始化 inotify

在使用 inotify 之前，首先进程必须对它初始化。系统调用 inotify_init()用于初始化 inotify，并返回一个文件描述符，指向初始化的实例：

```
#include <sys/inotify.h>

int inotify_init1 (int flags);
```

参数 flags 通常是 0，但也可能是下列标志位的位或运算值：

IN_CLOEXEC

对新文件描述符设置执行后关闭（close-on-exec）。

IN_NONBLOCK

对新文件描述符设置 O_NONBLOCK。

出错时，inotify_init1()会返回-1，并相应设置 errno 值为下列值之一：

EMFILE inotify 达到用户最大的实例数上限。

ENFILE 文件描述符数达到系统的最大上限。

ENOMEM 剩余内存不足，无法完成请求。

下面，我们对 inotify 进行初始化，以便后续使用：

```
int fd;

fd = inotify_init1 (0);
if (fd == -1) {
        perror ("inotify_init1");
        exit (EXIT_FAILURE);
}
```

8.7.2　监视

进程完成 inotify 初始化之后，会设置监视（watches）。监视是由监视描述符（watch descriptor）表示，由一个标准 UNIX 路径以及一组相关联的监视掩码（watch mask）组成。监视掩码会通知内核，该进程关心哪些事件（比如读取、写入操作或二者兼有）。

inotify 可以监视文件和目录。当监视目录时，inotify 会报告目录本身和该目录下的所有文件事件（但不包括监视目录的子目录下的文件——监视不是递归的）。

添加一个新的监视

系统调用 inotify_add_watch()会在文件或目录 path 上添加一个监视，监视事件是由 mask 确定，监视实例由 fd 指定：

```
#include <sys/inotify.h>

int inotify_add_watch (int fd,
                        const char *path,
                        uint32_t mask);
```

成功时，inotify_add_watch()调用会返回新建的监视描述符。失败时，返回-1，并相应设置 errno 值为下列值之一：

EACCES 不允许读取 path 指定的文件。添加监视的进程必须能读取该文件。

EBADF 文件描述符 fd 是无效的 inotify 实例。

EFAULT 无效的 path 指针。

EINVAL 监视掩码 mask 包含无效的事件。

ENOMEM 剩余内存不足，无法完成请求。

ENOSPC inotify 监视总数达到用户上限。

监视掩码

监视掩码由一个或多个 inotify 事件的二进制或运算生成，其定义在<inotify.h>：

IN_ACCESS 从文件中读取。

IN_MODIFY 写入文件中。

IN_ATTRIB 文件的元数据（例如所有者、权限或扩展属性）发生变化。

IN_CLOSE_WRITE 文件已关闭，且已经以写入模式打开。

IN_CLOSE_NOWRITE 文件已关闭，且未曾以写入模式打开。

IN_OPEN 文件已打开。

IN_MOVED_FROM 文件已从监视目录中删除。

IN_MOVED_TO 文件已添加到监视目录。

IN_CREATE 文件已在监视目录创建。

IN_DELETE 文件已从监视目录删除。

IN_DELETE_SELF 监视对象本身已删除。

IN_MOVE_SELF 监视对象本身已删除。

还定义了以下事件，把两个或多个事件组合成单个值：

IN_ALL_EVENTS 所有合法的事件。

IN_CLOSE 所有涉及关闭的事件（当前，即设置了 IN_CLOSE_WRITE 和 IN_CLOSE_NOWRITE 的事件）。

IN_MOVE 所有涉及删除的事件（当前，即设置了 IN_MOVED_FROM 和 IN_MOVED_TO 的事件）。

现在，我们来看看如何在一个已存在的 inotify 实例中添加一个新的监视：

```
int wd;

wd = inotify_add_watch (fd, "/etc", IN_ACCESS | IN_MODIFY);
if (wd == -1) {
        perror ("inotify_add_watch");
        exit (EXIT_FAILURE);
}
```

该例子会对目录/etc 下的所有读写操作添加一个新的监视。如果/etc 下所有文件被读取或写入，inotify 会向其文件描述符 fd 发送事件，这个事件提供监视描述符 wd。

我们一起来看一下 inotify 是如何表示这些事件的。

8.7.3 inotify 事件

结构体 inotify_event 描述了 inotify 事件，在<inotify.h>文件中定义如下：

```
#include <sys/inotify.h>

struct inotify_event {
        int wd;         /* watch descriptor */
        uint32_t mask;  /* mask of events */
        uint32_t cookie; /* unique cookie */
        uint32_t len;   /* size of 'name' field */
        char name[];    /* nul-terminated name */
};
```

wd 表示监视描述符，是调用 inotify_add_watch()生成，mask 表示事件。如果 wd 标识的描述符是个目录，且该目录下的文件发生监视事件，数组 name[]就保存和路径相关的文件名。在这种情况下，len 值不为零。需要注意的是，len 的长度和字符串 name 的长度不一样，name 可以包含多个 null 字符进行填充，以确保后续的 inotify_event 能够正确对齐。因此，在计算数组中下一个 inotify_event 结构体的偏移时，必须使用 len，而不能使用 strlen()。

零长度数组 (Zero-Length Arrays)

这里，name 是个典型的零长度数组。零长度数据，也称为灵活数组，是个 C99 语言特性，支持创建变长数组。零长度数组有个很强大的功能：在结构体中嵌入变长数组。可以把零长度数组想象成一些指针，其内容和指针本身内联。在 inotify 这个例子中：在结构体中存储文件名的一种常见方式是包含 name 字段，比如 name[512]。但是在所有文件系统中，不存在文件名长度上限。任何值都可能限制了 inotify 功能。此外，很多文件名很小，因此如果缓存很大，对大多数文件会是个很大的浪费。这种场景其实并不少见，典型的解决方式就是把 name 作为指针，在其他地方动态分配缓存，再把 name 指向该缓存，但是这种方式对于系统调用并不合适，而零长度数组则是其最佳的解决方案。

举个例子，当 wd 指向/home/kidd，其掩码为 IN_ACCESS，当读取文件/home/kidd/canon 时，name 就会等于 canon，且 len 值至少为 6。相反地，如果直接以同一掩码直接监视/home/kidd/canon，len 值将为 0，且 name 长度为 0（注意，一定不要改变它）。

cookie 通常用于连接两个独立但相关的事件。我们将在后续章节讨论它。

读取 inotify 事件

很容易获取 inotify 事件：仅需读取与 inotify 实例相关联的文件描述符即可。inotify 提供 slurping 特性，该特性支持通过单个读请求读取多个事件（具体数量受 read() 缓冲区大小限制）。可变长字段 name 是读取 inotify 事件最常用的方法。

在前一个例子中，我们实例化了 inotify 实例，并为该实例添加监视。现在，让我们读取未处理的事件：

```
char buf[BUF_LEN] __attribute__((aligned(4)));
ssize_t len, i = 0;

/* read BUF_LEN bytes' worth of events */
len = read (fd, buf, BUF_LEN);

/* loop over every read event until none remain */
while (i < len) {
        struct inotify_event *event =
                (struct inotify_event *) &buf[i];
        printf ("wd=%d mask=%d cookie=%d len=%d dir=%s\n",
                event->wd, event->mask,
                event->cookie, event->len,
                (event->mask & IN_ISDIR) ? "yes" : "no");

        /* if there is a name, print it */
        if (event->len)
                printf ("name=%s\n", event->name);
        /* update the index to the start of the next event */
        i += sizeof (struct inotify_event) + event->len;
}
```

因为 inotify 文件描述符的操作与普通文件一样，程序可以通过 select()、poll()和 epoll()监视它。这允许进程使用单线程在进行其他文件 I/O 时来多路传输 inotify 事件。

高级 inotify 事件

除了标准事件外，inotify 还可以产生其他事件：

IN_IGNORED wd 指向的监视描述符已删除。当用户手动地删除监视或者当监视对象不再存在时，会发生这种情况。我们将随后讨论该事件。

IN_ISDIR 目标对象是个目录。（如果没有设置该标识位，目标对象默认是文件。）

IN_Q_OVERFLOW inotify 队列溢出。为避免内核内存无限制消耗，内核对事件队列的大小做了限制。一旦未处理的事件数增长到比上限值少 1 时，内核会生成该事件，并将其添加至队列尾部。在队列被读取，其大小减小至限制值以下前，不会再有事件产生。

IN_UNMOUNT 监视对象所在的设备未挂载。因此，对象不再有效。内核将删除监视，并生成 IN_IGNORED 事件。

所有监视都能产生这些事件，用户没必要专门设置它们。

程序员必须将掩码视为未处理事件的位掩码。因此，不要使用直接等价测试来检查事件：

```
/* Do NOT do this! */

if (event->mask == IN_MODIFY)
        printf ("File was written to!\n");
else if (event->mask == IN_Q_OVERFLOW)
        printf ("Oops, queue overflowed!\n");
```

相反，应该进行按位测试：

```
if (event->mask & IN_ACCESS)
        printf ("The file was read from!\n");
if (event->mask & IN_UNMOUNTED)
        printf ("The file's backing device was unmounted!\n");
if (event->mask & IN_ISDIR)
        printf ("The file is a directory!\n");
```

关联"移动（Move）"事件

N_MOVED_FROM 和 IN_MOVED_TO 事件各自代表移动动作的一半：前者描述从给定位置删除，而后者描述移动到新位置。因此，为了让那些"智能"跟踪文件移动的程序更加有效（例如，索引程序不会对移动的文件重排索引），进程需要将两个移动事件关联起来。

我们来看一下 inotify_event 结构体中的 cookie 字段。

如果 cookie 字段非零，则包含一个唯一值，可以将两个事件进行关联。假设进程正在监视/bin 和/sbin。假定/bin 的监视描述符是 7，而/sbin 的监视描述符是 8。如果文件/bin/compass 移至/sbin/compass，内核将产生两个 inotify 事件。

第一个事件将使 wd 等于 7，mask 等于 IN_MOVED_FROM，且 name 为 compass。第二个事件将使 wd 等于 8，mask 等于 IN_MOVED_TO，且 name 为 compass。在两个事件中，cookie 相同——12。

如果文件被重命名，内核仍产生两个事件。两个事件的 wd 是一样的。

需要注意的是，如果文件移入或移出一个未监视的目录，进程将不会收到其中的一个事件。是否通知第二个符合 cookie 的事件永远不会到来，则是由程序决定的。

8.7.4 高级监视选项

当创建新的监视时，你可以在 mask 中增加下列一个或多个值来控制监视行为：

IN_DONT_FOLLOW 如果该值已设置，且 path 的目标文件为符号链接或路径中有符号链接，则不会沿该链接访问且 inotify_add_watch() 失败。

IN_MASK_ADD 正常情况下，如果你对已存在监视的文件调用 inotify_add_watch()，监视掩码会更新为最新提供的 mask。如果 mask 已设置该标记，提供的事件会增至已有的掩码中。

IN_ONESHOT 如果该值已设置，内核给定对象上发生第一个事件后自动删除监视。该监视实际上是"单触发"的。

IN_ONLYDIR 如果该值已设置，只有当提供的对象是目录时才增加监视。如果 path 指向文件，而非目录，调用 inotify_add_watch() 失败。

例如，只有当 init.d 是个目录，且/etc 和/etc/init.d 均不是符号链接时，这部分才增加对/etc/init.d 的监视：

```
int wd;

/*
 * Watch '/etc/init.d' to see if it moves, but only if it is a
 * directory and no part of its path is a symbolic link.
 */
wd = inotify_add_watch (fd,
                        "/etc/init.d",
                        IN_MOVE_SELF |
                        IN_ONLYDIR |
                        IN_DONT_FOLLOW);
if (wd == -1)
        perror ("inotify_add_watch");
```

8.7.5 删除 inotify 监视

就像该实例所示，你能通过系统调用 inotify_rm_watch( )从 inotify 实例中删除监视：

```
#include <inotify.h>

int inotify_rm_watch (int fd, uint32_t wd);
```

成功调用 inotify_rm_watch()会从 inotify 实例（由文件描述符指向的）fd 中删除由

监视描述符 wd 指向的监视，并返回 0。

例如：

```
int ret;

ret = inotify_rm_watch (fd, wd);
if (ret)
        perror ("inotify_rm_watch");
```

失败时，系统调用返回-1，并相应设置 errno 值为下列值之一：

EBADF 无效的 inotify 实例 fd。

EINVAL wd 不是给定 inotfy 实例上的有效监视描述符。

当删除监视时，内核产生 IN_IGNORED 事件。内核在手动删除监视和其他操作所引发的删除监视时都会发送该事件。例如，当监视的文件已删除，文件的所有监视也被删除。因此，内核发送 IN_IGNORED。该特性可以使应用程序用专门的 IN_IGNORED 事件处理函数来强化对事件的删除处理。对于类似 GNOME's Beagle 搜索架构这种需要管理大量复杂的数据结构上的监视的应用是非常有帮助的。

8.7.6 获取事件队列大小

未处理事件队列大小可以通过在 inotify 实例文件描述符上执行 ioctl（参数为 FIONREAD）来获取。请求的第一个参数获得以无符号整数表示的队列的字节长度：

```
unsigned int queue_len;
int ret;

ret = ioctl (fd, FIONREAD, &queue_len);
if (ret < 0)
        perror ("ioctl");
else
        printf ("%u bytes pending in queue\n", queue_len);
```

记住，请求所返回的是队列的字节大小，而非队列的事件数。程序可以使用结构 inotify_event（通过 sizeof()获取）的大小和对字段 name 平均大小的猜测，来估算事件数。然而更有帮助的是，进程可以通过未处理的字节数来获知将要读取的长度。

头文件<sys/ioctl.h>定义了常量 FIONREAD。

8.7.7 销毁 inotify 实例

销毁 inotify 实例及与其关联的监视和关闭实例的文件描述符一样简单：

```
int ret;

/* 'fd' was obtained via inotify_init() */
ret = close (fd);
if (fd == -1)
        perror ("close");
```

当然，与一切文件描述符一样，内核自动关闭文件描述符，并在进程退出时回收资源。

第 9 章

内存管理

对于一个进程来说，内存是最基本也是最重要的资源。本章内容涵盖内存管理，包括内存分配（allocation）、内存操作（manipulation）以及最终的内存释放（release）。

动词"allocate"是获取内存的一般术语，其实有些误导性，因为它总是让人联想到分配的是稀缺、供不应求的资源。当然，很多用户都期望拥有更多的内存。但是，在现代操作系统中，这个问题并不属于很多进程共享很少的内存这样的场景，而关键在于如何适当使用内存并记录使用情况。

在本章中，将探讨在进程各个区段中分配内存的方法，以及各个方法的优缺点。此外还探讨涉及一些设置和操作任意内存区域内容的方法，并了解如何锁定内存，避免你的程序等待内核从交换区换页。

9.1　进程地址空间

像所有的现代操作系统一样，Linux 将它的物理内存虚拟化。进程并不能直接在物理内存上寻址，而是由 Linux 内核为每个进程维护一个特殊的虚拟地址空间（virtual address space）。这个地址空间是线性的，从 0 开始，一直到某个最大值。

9.1.1　页和页面调度

内存是由比特位组成，8 个比特组成一个字节。字节又组成字，字组成页。对于内存管理，页是最重要的：页是内存管理单元（MMU）可以管理的最小可访问内存单元。因此，虚拟空间是由许多页组成的。系统的体系结构以及机型决定了页的大小（页的大小是固定的），典型的页大小包括 4K（32 位系统）和 8K

（64 位系统）[1]。

32 位地址空间包含约一百万的 4KB 的页，而 64 位的地址空间包含数倍的 8KB 的页。一个进程不可能访问所有这些页，这些页可能并没有任何含义。因此，页有两种状态：无效的（invalid）和有效的（valid），一个有效页（valid page）和实际的数据页相关联，可能是物理内存（RAM），也可能是二级存储介质，比如交换分区或硬盘上的文件。一个无效页（invalid page）没有任何含义，表示它没有被分配或使用。访问一个无效的页会引发一个段错误。

地址空间不需要是连续的。虽然是线性编址，但实际上中间有很多未编址的小区域。

如果一个有效的页和二级存储的数据相关，进程不能访问该页，除非把这个页和物理内存中的数据关联。如果一个进程要访问这样的页，那么存储器管理单元（MMU）会产生页错误（page fault）。然后，内核会介入，把数据从二级存储切换到物理内存中（paging in），而且对用户"透明"。由于虚拟内存要比物理内存大得多，内核可能需要把数据从内存中切换出来，从而为后面要 Page in 的页腾出更多空间。因而，内核也需要把数据从物理内存切换到二级存储，这个过程称为 Paging out。为了优化性能，实现后续 page in 操作代价最低，内核往往是把物理内存中近期最不可能使用的页替换出来。

共享和写时复制

虚拟内存中的多个页面，甚至是属于不同进程的虚拟地址空间，也有可能会映射到同一个物理页面。通过这种方式，可以支持不同的虚拟地址空间共享物理内存上的数据。举个例子，在某个时刻，系统中的很多进程很可能是使用标准 C 库。有了共享内存，这些进程可以把库映射到它们的虚拟地址空间，但是在物理内存中只存在一个进程。举个更明显的例子，两个进程可能会映射到大数据库的内存中。虽然这两个进程的数据库都在其虚拟地址空间中，它们只存在于 RAM 中。

共享的数据可能是只读的，只写的，或者可读可写的。当一个进程试图写某个共享的可写页时，可能发生以下两种情况之一。最简单的是内核允许写操作，在这种场景下，所有共享这个页的进程都将看到这次写操作的结果。通常，允许大量的进程对同一页面读写需要某种程度上的合作和同步机制。但是在内核级别，写操作"正常工作"，共享数据的所有进程会立即看到修改。

---

[1] 一些系统支持一系列的页面大小，由于这个原因，页面大小不是 ABI（应用程序二进制接口）的一部分。应用程序必须在运行时获取页面大小，我们在第 4 章讨论过这个问题，本章我们将会加以回顾。

在另一种情况场景下，内存管理单元（MMU）会拦截这次写操作，并产生一个异常。内核会相应地"透明"创建一份该页的拷贝，支持继续对新的页面执行写操作。我们将这种方法称为"写时拷贝（copy-on-write）（COW）"[1]。实际上，允许进程读取共享的数据，这样可以有效节省空间。当一个进程想要写一个共享页面时，可以立刻获得该页的唯一拷贝，这使得内核工作起来就像每个进程都始终有它自己的私有拷贝。写时拷贝是以页为单位进行的，通过这种方式，多个进程可以高效共享一个大文件。每个进程只有在对共享页写时才能获得一份新的拷贝。

9.1.2 内存区域

内核将具有某些相同特征的页组织成块（blocks），例如读写权限。这些块叫作内存区域（memory regions），段（segments），或者映射（mappings）。下面是一些在每个进程都可以见到的内存区域：

- 文本段（text segment）包含着一个进程的代码、字符串、常量和一些只读数据。在 Linux 中，文本段被标记为只读，并且直接从目标文件（可执行程序或是库文件）映射到内存中。

- 堆栈段（stack）包括一个进程的执行栈，随着栈的深度变化会动态伸长或收缩。执行栈中包括了程序的局部变量（local variables）和函数的返回值。

- 数据段（data segment），又叫堆（heap），包含一个进程的动态内存空间。这个段是可写的，而且它的大小是可以变化的。这部分空间往往是由 malloc 分配的（这将会在下一节讨论）。

- BSS 段[2]（bss segment）包含了没有被初始化的全局变量。根据不同的 C 标准，这些变量包含特殊的值（通常来说，这些值都是 0）。

Linux 从两个方面优化这些变量。首先，因为附加段是用来存放没有被初始化的数据，所以链接器（ld）实际上并不会将特殊的值存储在对象文件中。这样，可以减少二进制文件的大小。其次，当这个段被加载到内存时，内核只需根据写时复制的原则，简单地将它们映射到一个全是 0 的页上，通过这种方式，可以高效地把这些变量设置成初始值。

 大多数地址空间包含很多映射文件，比如可执行文件执行自己的代码、C 和其他的共享库和数据文件。可以看看/proc/self/maps，或者 pmap 程序的输出，我们能看到一个进程里面有很多映像文件。

---

[1] 注：回想第 5 章 fork()就是使用了写时拷贝来使子进程共享父进程的地址空间。
[2] 注：如此命名有一定的历史原因，是从 block started by symbol 得到的。

本章将介绍 Linux 提供的如何获取和返回内存，以及创建、销毁映射的各种接口。

9.2 动态内存分配

内存同样可以通过自动变量和静态变量获得，但是所有内存管理系统的基础都是关于动态内存的分配、使用以及最终的返回。动态内存是在进程运行时才分配的，而不是在编译时就分配好了，而分配的大小也只有在分配时才确定。作为开发人员，以下两种场景需要使用动态内存：一是在程序运行前不知道需要多大空间，二是需要使用这块内存的时间不确定。举个例子，你可能需要把一个文件或者用户的键盘输入保存到内存中，在这种场景下，可以使用动态内存。由于文件大小未知，且用户从键盘输入内容的长度不确定，因此缓冲区的大小是变化的，随着程序读到的数据增多，应该动态增大内存。

C 不提供支持动态内存的变量。例如，C 不会提供在动态内存中获取结构体 struct pirate_ship 机制，而是提供了一种机制，可以在动态内存中分配一个足够大的空间来保存结构体 pirate_ship。然后，编程人员可以通过指针对这块内存进行操作——在这个例子中，该指针即 struct pirate_ship*。

C 中最经典的获取动态内存的接口是 malloc()：

```
#include <stdlib.h>

void * malloc (size_t size);
```

成功调用 malloc()时，会得到 size 大小的内存区域，并返回指向新分配的内存首地址的指针。这块内存区域的内容是未定义的，不要把它们当作全是 0。失败时，malloc()返回 NULL，并把 errno 值设置为 ENOMEM。

malloc()的使用非常简单，正如在下面的例子中，使用它来分配固定字节大小的内存：

```
char *p;

/* give me 2 KB! */
p = malloc (2048);
if (!p)
        perror ("malloc");
```

或者如下，分配一个结构体：

```
struct treasure_map *map;

/*
 * allocate enough memory to hold a treasure_map stucture
 * and point 'map' at it
```

```
      */
map = malloc (sizeof (struct treasure_map));
if (!map)
        perror ("malloc");
```

每次调用时，C 都会自动地把返回值由 void 指针转变为需要的类型。所以，这些
例子在调用时并不需要把 malloc() 的返回值强制类型转换为一个左值类型。但是在
C++中，并不提供这种自动转换。因而，C++的使用者需要如下对 malloc() 的返回
值做强制类型转换：

```
char *name;

/* allocate 512 bytes */
name = (char *) malloc (512);
if (!name)
        perror ("malloc");
```

一些 C 编程人员喜欢将所有返回指针函数（包括 malloc）的返回值强制类型转换
为 void。我非常反对这种行为，因为这么做会潜在一些问题，当函数的返回值变为
其他不是 void 的指针时就会出错。此外，如果函数没有正确声明时，这种强制类
型转换还会隐藏 bug[1]。虽然使用 malloc 不会产生前一个问题，却很有可能会发生
后一个问题。

 未声明的函数默认会返回 int 类型。不会自动从整数类型转换成指针
类型，会生成一条告警。强制类型转换可以避免这种告警。

因为 malloc 可以返回 NULL，对于编程人员而言，总是检查并处理错误是非常重要
的。很多程序都定义和使用封装后的 malloc()，当 malloc() 返回 NULL 时就打印错
误，并终止程序。按惯例，编程人员把该封装称为 xmalloc()：

```
/* like malloc(), but terminates on failure */
void * xmalloc (size_t size)
{
        void *p;
        p = malloc (size);
        if (!p) {
                perror ("xmalloc");
                exit (EXIT_FAILURE);
        }

        return p;
}
```

---

[1] 注：没有声明的函数返回值默认是 int 类型的。int 到指针的强制类型转换并不是自动的，所以会产
生警告。而强制类型转换会遮盖这个警告。

9.2.1　数组分配

当所需分配的内存大小本身是可变时，动态分配内存将变得更加复杂。一个很好的例子就是为数组分配动态内存，其中数组元素的大小是固定的，但是要分配的元素个数却是动态变化的。为了便于处理这种情况，C 提供 calloc()函数：

```
#include <stdlib.h>

void * calloc (size_t nr, size_t size);
```

调用 calloc()成功时会返回一个指针，指向一块可以存储下整个数组的内存（nr 个元素，每个为 size 个字节）。所以，下面两种内存申请方式得到的内存大小是一样的（返回的内存可能比请求的多，但不会少）：

```
int *x, *y;

x = malloc (50 * sizeof (int));
if (!x) {
        perror ("malloc");
        return -1;
}

y = calloc (50, sizeof (int));
if (!y) {
        perror ("calloc");
        return -1;
}
```

但是，这两个函数的行为是有区别的。和 malloc 不同的是，calloc 将分配的区域全部用 0 进行初始化。因此 y 中的 50 个元素都被赋值为 0，但 x 数组里面的元素却是未定义的。如果程序不马上给所有的 50 个元素赋值，编程人员就应该使用 calloc()来保证数组里面的元素不会被其他莫名其妙的值填充。另外要注意的是，二进制 0 值和浮点 0 值是不一样的。

关于 calloc()的源起

不存在关于 calloc()的源起的文档说明。UNIX 历史学家对 calloc()的起源有争议：c 是否表示 count（计数）？因为该函数接收一个数组元素个数作为参数；还是表示 clear（清除）？因为该函数会清空内存。你认为是哪个？这个争论一直没有结论。

为了追求真理，我咨询了 Brian Kernighan，他是早期的 Linux 贡献者。Brian 说他并不是该函数的原始作者，但他认为"c 表示 clear"。这是我所能得到的最权威的解答了。

用户经常希望用 0 来初始化动态分配得到的内存，即使这块内存不是用来保存数组。在这章的后面，我们将会探讨 memset()函数，它提供了一个接口，可以用指定的值填充指定的内存块。但是使用 calloc()会更快，因为内核可以为该调用提供本已清 0 的内存块。

当分配失败时，和 malloc()一样，calloc()会返回 NULL，并设置 errno 为 ENOMEM。

我们不清楚为什么 C 标准不提供一个类似 calloc()的函数用来分配以及初始化。但是开发者可以很容易地定义他们自己的接口：

```
/* works identically to malloc(), but memory is zeroed */
void * malloc0 (size_t size)
{
        return calloc (1, size);
}
```

另外，可以非常方便地将 malloc0()和我们之前的 xmalloc()函数结合起来：

```
/* like malloc(), but zeros memory and terminates on failure */
void * xmalloc0 (size_t size)
{
        void *p;

        p = calloc (1, size);
        if (!p) {
                perror ("xmalloc0");
                exit (EXIT_FAILURE);
        }

        return p;
}
```

9.2.2　调整已分配内存大小

C 语言提供了一个接口，可以改变（变大或变小）已分配的动态内存大小：

```
#include <stdlib.h>

void * realloc (void *ptr, size_t size);
```

成功调用 realloc()会把 ptr 指向的内存区域的大小变为 size 字节。它返回一个指向新空间的指针，返回的指针可能是 ptr，也可能不是。如果 realloc()不能在已有的空间上增加到 size 大小，那么就会另外申请一块 size 大小的空间，将原本的数据拷贝到新空间中，然后再将旧的空间释放。在任何情况，会根据新旧区域中的较小的一个来保留原来内存区域的内容。因为有潜在的拷贝操作，所以一个扩大原区域的 realloc()操作可能是相当耗时的。

如果 size 是 0，其效果就和在 ptr 上调用 free()相同。

如果 ptr 是 NULL，调用 realloc()的结果就和 malloc()一样。如果 ptr 是非 NULL 的，那么它必须是之前调用的 malloc()、calloc()或 realloc()之一的返回值。

失败时，realloc()返回 NULL，并设置 errno 值为 ENOMEM。这时 ptr 指向的内存区域没有改变。

下面，我们来看看缩小原存储区域的情况。首先，调用 calloc()来申请足够的空间来存放一个由两个 map 结构组成的数组：

```
struct map *p;

/* allocate memory for two map structures */
p = calloc (2, sizeof (struct map));
if (!p) {
        perror ("calloc");
        return -1;
}

/* use p[0] and p[1]... */
```

现在，假定已经找到了需要的东西，不需要第二个 map 了。因此，应该修改内存块的大小，将一半的空间归还给系统。这个操作可能没有什么太大意义，但是当map 结构非常大，而且另一个 map 保留很长时间时，就变得非常有意义了：

```
struct map *r;

/* we now need memory for only one map */
r = realloc (p, sizeof (struct map));
if (!r) {
        /* note that 'p' is still valid! */
        perror ("realloc");
        return -1;
}

/* use 'r'... */

free (r);
```

在本例中，realloc()调用后，p[0]被保留了下来。所有的数据原封不动。如果 realloc()失败了，由于 p 没有被改变，所以该指针仍然有效。我们可以继续使用 p，直到最后释放这部分内存。相反地，如果调用成功了，我们将不再使用 p，后续使用 r。这样，当完成所有操作时，需要把 r 释放掉。

9.2.3 释放动态内存

对于自动分配的内存，当栈不再使用，空间会自动释放。与之不同的是，动态内存将永久占有一个进程地址空间的一部分，直到显式释放。因此，开发人员需要将申请到的动态内存释放掉，返回给系统。（当然，当整个进程都退出的时候，所有动态内存和静态内存都会被释放掉。）

通过 malloc()、calloc()或者 realloc()分配到的内存，当不再使用时，必须调用 free()归还给系统：

```
#include <stdlib.h>

void free (void *ptr);
```

调用 free()会释放 ptr 所指向的内存，其参数 ptr 必须是通过调用 malloc()、calloc()或者 realloc()的返回值。也就是说，不能通过给 free()函数传递一个指向已分配内存块的中间位置的指针，来释放申请到的内存的一部分，即已申请的内存块的一半。

ptr 可能是 NULL，这个时候 free()什么都不做就返回，因此调用 free()时并不需要检查 ptr 是否为 NULL。

让我们看看下面这个例子：

```
void print_chars (int n, char c)
{
        int i;

        for (i = 0; i < n; i++) {
                char *s;
                int j;

                /*
                 * Allocate and zero an i+2 element array
                 * of chars. Note that 'sizeof (char)'
                 * is always 1.
                 */
                s = calloc (i + 2, 1);
                if (!s) {
                        perror ("calloc");
                        break;
                }

                for (j = 0; j < i + 1; j++)
                        s[j] = c;

                printf ("%s\n", s);

                /* Okay, all done. Hand back the memory. */
                free (s);
        }
}
```

在这个例子中，为 n 个字符数组分配了空间，这 n 个数组的元素个数依次递增，从两个元素（2 字节）一直到 n+1 个元素（n+1 字节）。然后，循环将数组中的最后一个元素外的元素赋值为 c（最后一个字节为 0），然后打印字符串，最后释放动态分配的内存。

调用 print_chars()，当 n 等于 5，c 为 X 时，我们可以得到如下图形：

```
X
XX
XXX
XXXX
XXXXX
```

当然，还存在其他更高效的方法来实现这个功能。这里想要说明的是，即使要分配的内存块的大小和数量需要到运行时才能确定，我们也可以动态分配和释放内存。

 UNIX 系统，如 SunOS 和 SCO，提供了一个 free() 的变种函数 cfree()，它的行为和具体系统有关，有可能跟 free() 一样，但也有可能类似 calloc() 那样，接收三个参数。在 Linux 中，free() 能处理我们现在涉及的所有由动态存储机制分配到的内存。除非要考虑向后兼容，否则不应该使用 cfree()。Linux 的版本和 free() 一致。

需要注意的是，在这个例子中，如果不调用 free()，会产生什么结果呢？程序将永远也不会将存储空间还给系统，更为糟糕的是，唯一指向这块区域的指针 s 会消失，使得我们再也无法访问这块内存。这类编程错误通常称为“内存泄漏（memory leak）”。内存泄漏以及一些类似的动态内存问题是很多程序中经常出现的，而不幸的是，它也是 C 语言编程中最致命的错误。由于 C 语言将所有的内存管理都交给编程人员，因此 C 编程人员必须对于所有的内存分配分外小心。

另外一个最常见的错误是“释放后再使用（use-after-free）”。这种错误行为发生在一块内存已经被释放后，而后续仍去访问它。一旦调用 free() 释放了某块内存，我们就再也不能对其进行操作了。编程人员需要特别注意那些“悬空指针”：非空指针，但指向的是不可使用的内存块。Valgrind 是检测内存错误的一款非常优秀的工具。

9.2.4　对齐

数据对齐（alignment）是指数据在内存中的存储排列方式。如果内存地址 A 是 2 的 n 次幂的整数倍，我们就说 A 是 n 字节对齐。处理器、内存子系统以及系统中的其他组件都有特定的对齐需求。举个例子，大多数处理器的工作单位是字，只能访问字对齐的内存地址。同样，正如前面所讨论的，内存管理单元也只处理页对齐的地址。

如果一个变量的内存地址是它大小的整数倍时，就称为"自然对齐（naturally aligned）"。例如，对于一个 32 位长的变量，如果它的地址是 4（字节）的整数倍（也就是说，如果地址的低两位是 0），那就是自然对齐了。因此，如果一个类型的大小是 2n 字节，那么它的内存地址至少低 n 位是 0。

数据对齐的规则是依赖于硬件的，因此不同系统的对齐规则不同。有些体系的计算机在数据对齐方面有很严格的要求，而有的很松散。当数据不对齐时，有的系统会生成一个可捕捉的错误。内核可以选择终止该进程或（更多情况下是）手工处理没有对齐的访问（通常通过多个对齐访问完成）。这种处理方式会引起性能下降，但至少进程不会终止。在编写可移植的代码的时候，编程人员一定要注意不要破坏了数据对齐规则。

预对齐内存的分配

在大多数情况下，编译器和 C 库会自动处理对齐问题。POSIX 规定通过 malloc()、calloc()和 realloc()返回的内存空间对于 C 中的标准类型都应该是对齐的。在 Linux 中，这些函数返回的地址在 32 位系统是以 8 字节为边界对齐，在 64 位系统是以 16 字节为边界对齐的。

有时，编程人员需要动态分配更大的内存，如页。虽然有很多不同的目的，最常见的需求是要对直接块 I/O 或其他软硬件通信的缓冲区对齐。为此，POSIX 1003.1d 提供了 posix_memalign()函数：

```
/* one or the other -- either suffices */
#define _XOPEN_SOURCE 600
#define _GNU_SOURCE

#include <stdlib.h>

int posix_memalign (void **memptr,
                     size_t alignment,
                     size_t size);
```

调用成功时，会返回 size 字节的动态内存，并保证是按照 alignment 进行对齐的。参数 alignment 必须是 2 的整数幂，并且是 void 指针大小的整数倍。返回的内存块的地址保存在 memptr 里，函数调用返回 0。

调用失败时，不会分配任何内存，memptr 值未定义，返回如下错误码之一：

EINVAL 参数不是 2 的整数幂，或者不是 void 指针的整数倍。

ENOMEM 没有足够的内存来满足函数请求。

要注意的是，对于该函数，errno 值不会被设置，而是直接在返回值中给出错误值。

由 posix_memalign()获得的内存可以通过 free()释放。用法很简单：

```
char *buf;
int ret;

/* allocate 1 KB along a 256-byte boundary */
ret = posix_memalign (&buf, 256, 1024);
if (ret) {
        fprintf (stderr, "posix_memalign: %s\n",
                        strerror (ret));
        return -1;
}

/* use 'buf'... */

free (buf);
```

在 POSIX 定义了 posix_memalign()调用之前，BSD 和 SunOS 分别提供了如下接口：

```
#include <malloc.h>
void * valloc (size_t size);
void * memalign (size_t boundary, size_t size);
```

函数 valloc()的功能和 malloc()完全一致，但返回的地址是页对齐的。回顾一下第 4 章，页的大小很容易通过 getpagesize()得到。

函数 memalign()和 posix_memalign()类似，是以 boundary 字节对齐的，而 boundary 必须是 2 的整数幂。在这个例子中，这两个函数调用都返回一块足够大的内存，可以存放一个结构体 ship，并且是页对齐：

```
struct ship *pirate, *hms;

pirate = valloc (sizeof (struct ship));
if (!pirate) {
        perror ("valloc");
        return -1;
}

hms = memalign (getpagesize (), sizeof (struct ship));
if (!hms) {
        perror ("memalign");
        free (pirate);
        return -1;
}

/* use 'pirate' and 'hms'... */

free (hms);
free (pirate);
```

在 Linux 中，由这两个函数调用获得的内存都可以通过 free()释放。但是在别的 UNIX

系统上，却未必是这样，一些系统并没有提供一个足够安全的机制来释放这些内存。对于需要考虑可移植性的程序，有时可能没有别的选择，只能不要调用 free () 去释放以上函数调用所申请的内存！

除非为了可移植到更老的系统上时，Linux 编程人员都不要使用这两个函数。相反，应该优先选择 posix_memalign() 函数，它是标准的。这三个函数都只有在 malloc() 无法满足对齐需求时才使用。

其他对齐问题

对齐问题并不局限于标准类型与动态内存分配的自然对齐。比如说，非标准的和复杂的数据类型的对齐问题会比标准类型的更复杂。另外，在对不同类型的指针进行赋值以及强制类型转换的时候，对齐问题就变得更为重要。

非标准和复杂的数据类型的对齐比简单的自然对齐有更多的要求，可以遵循以下四条规则：

- 结构体的对齐要求和它的成员中最大的那个类型是一样的。例如，一个结构中最大的是以 4 字节对齐的 32bit 的整型，那么这个结构至少以 4 字节对齐。

- 结构体也带来了填充问题，以此来保证每一个成员都符合各自的对齐要求。因此，如果一个 char（很可能是以 1 字节对齐）后跟着一个 int（很可能是以 4 字节对齐），编译器会自动地插入 3 个字节作为填充来保证 int 以 4 字节对齐。编程人员有时需要注意一下结构体中成员变量的顺序，比如按成员变量类型大小降序来定义它们，从而减少由于填充所带来的空间浪费。使用 GCC 编译时，加入-Wpadded 选项可以帮助你实现这个优化，当编译器隐式填充时，它会发出警告。

- 一个联合类型的对齐和联合类型里类型大小最大的一致。

- 一个数组的对齐和数组里的基本元素类型一致。因此，除了对数组元素的类型做对齐外，数组没有其他的对齐需求。这样可以使数组里面的所有成员都是自然对齐的。

因为编译器"透明"地处理了绝大多数的对齐问题，所以要找到潜在错误时会比较困难。然而，在处理指针和强制类型转换时，这样的错误并不少见。

假设一个指针从一个较少字节对齐的类型强制类型转换为一个较多字节对齐的类型，当通过这样的指针来访问数据时，会导致处理器不能对较多字节类型的数据正确对齐。例如，在下面的代码片段中，把 c 强制类型转换为 badnews，程序将 c 当

作 unsigned long 类型来读:

```
char greeting[] = "Ahoy Matey";
char *c = greeting[1];
unsigned long badnews = *(unsigned long *) c;
```

unsigned long 类型通常是 4 字节或 8 字节自然对齐,而 c 却是以 1 字节自然对齐。因此,当 c 被强制类型转换之后,再加载 c 会导致破坏自然对齐。这种问题导致的后果,在不同的系统上各有不同,小者是性能损失,大者是整个程序崩溃。对于可以发现而不能处理对齐错误的体系结构,内核会向破坏对齐的进程发送 SIGBUS 信号,终止该进程。我们会在第 10 章讨论信号。

这样的例子在现实中远远比你想象的要常见得多。当然,在实际应用程序中,这种错误可能不会这么明显,它们往往会更加隐蔽。

严格别名(strict aliasing)

类型转换示例也破坏了严格别名规则,严格别名是 C 和 C++中最不被了解的部分。"严格别名"要求一个对象只能用过该对象的实际类型来访问,包括类型的修饰符(如 const 或 volatile)、实际类型的 signed(或 unsigned)修饰、包含实际类型作为成员变量的结构体或联合体,或者 char 类型指针。比如,访问 uint32_t 的一种常见方式是通过两个 uint16_t 指针,这就破坏了严格别名规则。

记住下面这句箴言:间接引用把一个变量类型转换成另一个类型的指针往往会破坏严格命名规则。如果你看到如下的 gcc 告警信息 "dereferencing type-punned pointer will break strict-aliasing rules",就是破坏了这个规则。严格别名一直是 C++的一部分,但是在 C 语言中,它只在 C99 标准中才标准化。gcc,正如告警信息所证明的,支持严格别名检查,这样可以生成更多优化代码。

对严格别名规则的详细内容感兴趣的话,可以查看 ISO C99 标准的 6.5 这一章节。

9.3 数据段的管理

UNIX 系统在曾经提供过直接管理数据段的接口。但是,由于 malloc()和其他分配机制更强大且易于使用,大多数程序都不会直接使用到这些接口。在这里提到这些接口是为了满足少数读者的好奇心,同时也为那些想自己实现基于堆的动态分配机制提供一些帮助:

```
#include <unistd.h>

int brk (void *end);
void * sbrk (intptr_t increment);
```

这些函数继承了一些老版本 UNIX 系统中函数的名字，当时堆和栈还在同一个段中。堆中动态内存的分配由数据段的底部一直往上，栈从数据段的顶部一直往下。堆和栈的分界线叫做中断（break）或中断点（break point）。在现代系统中，数据段存在于它自己的内存映射中，我们仍用中断点来标记映射的结束地址。

调用 brk()会把中断点（数据段的末端）的地址设置为 end 指定的值。成功时，该调用返回 0。失败时，返回-1，并设置 errno 为 ENOMEM。

调用 sbrk()会在数据段的末端增加 increment 个字节，参数 increment 值可正可负。sbrk()函数返回修改后的断点。因此，当 increment 值为 0 时，可以得到如下的断点地址值：

```
printf ("The current break point is %p\n", sbrk (0));
```

尽管 POSIX 和 C 都没有定义这些函数，但几乎所有的 UNIX 系统都至少支持其中之一。可移植的程序应该坚持使用基于标准的接口。

9.4　匿名内存映射

glibc 的内存分配使用了数据段和内存映射。实现 malloc()最经典的方法就是将数据段切分为一系列 2 的整数幂大小的块，请求会返回符合要求的最小的那个块。内存释放则只是简单地将这块区域标记为“未使用”。如果相邻的分区都是空闲的，它们会被合成一个更大的分区。如果堆的最顶端是空的，系统可以用 brk()来降低断点的地址值，缩小堆占用的空间，将内存返还给系统。

这个算法称为“伙伴内存分配算法（buddy memory allocation scheme）”。它的优点是高速简单，缺点则是会产生两种类型的碎片。当使用的内存块大于请求的大小时则产生“内部碎片（Internal fragmentation）”。内部碎片会降低可用内存的使用率。“外部碎片（External fragmentation）”是指有足够的内存可以满足请求，但是这些内存被划分为两个或多个不相邻的块。外部碎片同样也会导致内存利用不足（因为可能会分配一个更大却并不合适的块）或是直接导致内存分配失败（如果已经没有其他可选的块了）。

另外，这个算法会使一块内存分配“栓住”了另一块内存，导致传统 C 库无法将释放的内存返回给系统。假设已分配了两个内存块，块 A 和块 B。块 A 正好处在中断点的位置，块 B 刚好在块 A 的下面。当程序释放了块 B，但在块 A 被释放前，C 库也无法相应的调整中断点位置。在这种情况下，一个长时间存在的内存分配就可能把内存中所有其他空闲空间都“栓住”了。

不过，一般来说不会有问题，因为 C 库并没有严格地把释放的空闲空间返还给系统。通常而言，在每次内存释放后，堆所占用的空间并不会缩小。相反，malloc()实现会维护释放的内存，用户后续的内存内分配。只有当堆的大小远远大于已分配的内存大小时，malloc()才会减少数据段的大小。但是，如果分配的内存大，就不会减少。

因此，对于较大的内存分配，glibc 并不使用堆，而是创建一个匿名内存映射（anonymous memory mapping）来满足分配请求。匿名内存映射和在第 4 章讨论的基于文件的映射很相似，但是它并不是基于文件——因此，称之为"匿名"。实际上，匿名内存映射只是一块已经用 0 初始化的大的内存块，以供用户使用。可以把它想象成单独为某次分配而使用的堆。由于这些映射并不是基于堆，所以不会造成数据段碎片。

使用匿名映射来分配内存有下列好处：

- 无需关心碎片。当程序不再需要这块内存的时候，只要撤销映射，这块内存就会立即归还给系统了。

- 匿名内存映射的大小的是可调整的，可以设置权限，还能像普通映射一样接收参数（看第 4 章）。

- 每次分配都存在于独立的内存映射中，不需要管理一个全局的堆。

和堆相比，使用匿名内存映射有两个缺点：

- 每个内存映射都是页大小的整数倍。所以，如果不是页大小整数倍的分配会浪费大量的空间。对于较小的分配来说，空间的浪费更加显著，因为和分配的空间相比，浪费的空间更大。

- 创建一个新的内存映射比从堆中返回内存的代价要高，因为使用堆几乎不涉及任何内核操作。分配的空间越小，这些代价带来的损失越大。

权衡这些优缺点，glibc 的 malloc()函数通过数据段来满足小空间的分配，而使用匿名内存映射来满足大的分配。这两者之间的临界值是可配置的（请参阅 9.5 节"高级内存分配"部分），并且会随着 glibc 版本的不同而有所变化。目前，这个临界值一般是 128KB：分配小于等于 128KB 的空间是由堆实现，而对于更大空间的内存空间则由匿名内存映射来实现。

9.4.1 创建匿名内存映射

或许你在某次分配想要使用一个内存映射而不是堆，又或者你正在实现自己的内存分配系统，想要手工创建自己的匿名内存映射，不管怎么样，Linux 都将让它变得非常简单。在第 4 章中，我们介绍了系统如何调用 mmap()函数来创建内存映射，而用 munmap()来销毁映射：

```
#include <sys/mman.h>

void * mmap (void *start,
             size_t length,
             int prot,
             int flags,
             int fd,
             off_t offset);

int munmap (void *start, size_t length);
```

因为不需要打开和管理文件，创建匿名内存映射要比创建基于文件的内存映射更简单。两者最主要的区别在于是否有个特殊标记，表示该映射是匿名映射。

让我们来看看这个例子：

```
void *p;

p = mmap (NULL,                      /* do not care where */
          512 * 1024,                /* 512 KB */
          PROT_READ | PROT_WRITE,    /* read/write */
          MAP_ANONYMOUS | MAP_PRIVATE, /* anonymous, private */
          -1,                        /* fd (ignored) */
          0);                        /* offset (ignored) */

if (p == MAP_FAILED)
        perror ("mmap");
else
        /* 'p' points at 512 KB of anonymous memory... */
```

对于绝大多数的匿名映射而言，mmap()参数都和这个例子一样。当然了，传递的第二个参数值可以是任意大小（单位是字节）。其他参数大致如下：

- 第一个参数是 start，被设为 NULL，表示内核可以把匿名映射放在任意地址上。当然，这里也可以指定一个 non-NULL 值，只要它是页对齐的，但这样做会限制可移植性。实际上，很少有程序会关心内存映射到哪个地址。

- prot 参数往往同时设置了 PROT_READ 和 PROT_WRITE 位，使得映射是可读可写的。一块不能读写的空内存映射是没有用的。此外，尽量避免将可执行代码映射到匿名映射，因为那样做可能产生潜在的安全漏洞。

- flags 参数设置 MAP_ANONYMOUS 位，使得映射是匿名的，并设置 MAP_PRIVATE 位，使得映射是私有的。

- 假如 MAP_ANONYMOUS 被设置了，fd 和 offset 参数都将被忽略。然而，在一些更早的系统中，需要把 fd 值设置为-1，因此如果要考虑到程序的可移植性，那就把它设置为-1。

匿名映射获得的内存块，在使用上和通过堆获得的内存块一样。通过匿名映射进行分配的一个优点在于所有的页都已经用 0 进行了初始化。由于内核使用写时复制（copy-on-write）将内存块映射到了一个全 0 的页上，这样就避免了额外的开销。因此，也就没有必要对返回的内存块调用 memset()。事实上，这是使用 calloc()比先使用 malloc()再使用 memset()效率更高的原因之一：glibc 知道匿名映射已经是全0 了，在该映射上执行的 calloc()调用就不再需要显式置零操作了。

系统调用 munmap()释放一个匿名映射，归还已分配的内存给内核。

```
int ret;

/* all done with 'p', so give back the 512 KB mapping */
ret = munmap (p, 512 * 1024);
if (ret)
        perror ("munmap");
```

 要想回顾一下 mmap()、munmap()和一般映射的内容，请参阅第 4 章。

9.4.2　映射到设备文件/dev/zero

其他 UNIX 系统（例如 BSD），并没有 MAP_ANONYMOUS 标记位。相反，它们通过映射到特殊的设备文件/dev/zero，实现了一个类似的解决方案。设备文件/dev/zero 提供了和匿名内存完全相同的语义。/dev/zero 是一个包含全 0 的页的映射，采取写时复制方式，因此其行为和匿名存储器一致。

Linux 一直支持/dev/zero 设备，可以通过映射这个文件来获得全 0 的内存块。实际上，在引入 MAP_ANONYMOUS 之前，Linux 编程人员就使用类似 BSD 的方法。为了对早期的 Linux 版本提供向后兼容，或是为了移植到其他 UNIX 系统上，编程人员还是可以映射到/dev/zero 文件，来实现创建匿名映射。映射到/dev/zero 文件与映射到其他文件，在语法上没什么区别：

```
void *p;
int fd;

/* open /dev/zero for reading and writing */
fd = open ("/dev/zero", O_RDWR);
```

```
if (fd < 0) {
        perror ("open");
        return -1;
}

/* map [0,page size) of /dev/zero */
p = mmap (NULL,                     /* do not care where */
        getpagesize (),             /* map one page */
        PROT_READ | PROT_WRITE,     /* map read/write */
        MAP_PRIVATE,                /* private mapping */
        fd,                         /* map /dev/zero */
        0);                         /* no offset */

if (p == MAP_FAILED) {
        perror ("mmap");
        if (close (fd))
                perror ("close");
        return -1;
}

/* close /dev/zero, no longer needed */
if (close (fd))
        perror ("close");

/* 'p' points at one page of memory, use it... */
```

当然，通过这种映射方式的内存可以使用 munmap()函数来取消映射。

但是，这种方法由于要打开和关闭设备文件，所以会有额外的系统调用开销。因此，匿名内存映射是一种较快的方法。

9.5 高级内存分配

本章所涉及的很多内存分配操作都受到 glibc 或内核的参数所限制和控制，编程人员可以使用 mallopt()函数修改这些参数：

```
#include <malloc.h>

int mallopt (int param, int value);
```

调用 mallopt()会将由 param 指定的存储管理相关的参数的值设为 value。成功时，调用返回一个非 0 值；失败时，返回 0。注意，mallopt()不会设置 errno 值。一般来说，它都会正常返回，所以不要认为一定可以从返回值中获得有用的信息。

Linux 目前支持 6 种 param 值，都在<malloc.h>中定义：

M_CHECK_ACTION

环境变量 MALLOC_CHECK_ 的值（将在下一节讨论）。

M_MMAP_MAX

系统用来满足动态内存请求的最大内存映射数。当达到这个限制时，分配就只能在数据段中进行，直到其中一个映射被释放。当该值为 0 时，将禁止使用匿名映射来实现动态存储的分配。

M_MMAP_THRESHOLD

该阈值决定该用匿名映射还是用数据段来满足存储器分配请求（以字节为单位）。需要注意的是，有时候系统为了慎重起见，就算分配的内存空间比该阈值小，也有可能会使用匿名映射来满足动态内存分配。当值为 0 时，就会对所有的分配请求都启用匿名映射，而不再使用数据段。

M_MXFAST

fast bin 的最大大小（以字节为单位）。fast bins 是堆中特殊的内存块，永远不和临近的内存块合并，也永远不归还给系统，以增加碎片为代价来满足高速的内存分配。当值为 0 时，fast bin 将禁止使用。

M_PERTURB

支持内存定位，它可以帮助检测内存管理错误。如果值非 0，glibc 会把所有分配的字节（除了那些通过 calloc()请求的）设置为 value 值中最后一个字节的逻辑非值。这有助于检测使用前未初始化的错误。此外，glibc 还会把所有已释放的字节设置为 value 值中最后一个字节值。这有助于检测在执行 free 释放后还使用的错误。

M_TOP_PAD

调整数据段的大小时所使用的填充（padding）字节数。当 glibc 通过 brk()来增加数据段的大小时，它可能申请更多的内存，希望减少很快再次调用 brk()的可能性。相似地，当 glibc 收缩数据段的时候，它会保持一些多余的内存，而不是将所有都归还给系统。这多余的字节即填充的字节。值为 0 时，会禁止使用填充。

M_TRIM_THRESHOLD

该阈值表示在 glibc 调用 sbrk()把内存返还给内核之前，数据段最上方已释放内存的最少字节数。

XPG 标准没有严格定义 mallopt()函数，它还指定了其他三个参数：M_GRAIN、

M_KEEP 和 M_NLBLKS。Linux 定义了这些参数，但是它们实际上不起任何作用。表 9-1 定义了所有合法参数，它们的缺省值以及可接受值的范围。

表 9-1　　　　　　　　　　　　　mallopt()参数

参　　数	来　源	缺　省　值	有效值范围	特殊值含义
M_CHECK_ACTION	Linux 特有	0	0-2	
M_GRAIN	XPG 标准	Linux 不支持		
M_KEEP	XPG 标准	Linux 不支持		
M_MMAP_MAX	Linux 特有	64×1 024	≥0	0 禁用 mmap()
M_MMAP_THRESHOLD	Linux 特有	128×1 024	≥0	0 禁用堆
M_MXFAST	XPG 标准	64	0-80	0 禁用 fast bins
M_NLBLKS	XPG 标准	Linux 不支持	≥0	
M_PERTURB	Linux 特有	0	0 或 1	0 禁止 PERTURB 功能
M_TOP_PAD	Linux 特有	0	≥0	0 禁用填充
M_TRIM_THRESHOLD	Linux 特有	128×1 024	≥-1	-1 禁止截断

程序必须要在调用 malloc()或其他内存分配函数之前，使用 mallopt()，使用方法也非常简单：

```
int ret;

/* use mmap() for all allocations over 64 KB */
ret = mallopt (M_MMAP_THRESHOLD, 64 * 1024);
if (!ret)
        fprintf (stderr, "mallopt failed!\n");
```

使用 malloc_usable_size()和 malloc_trim()进行调优

Linux 提供了一组用来控制 glibc 内存分配系统的底层函数。第一个函数允许程序查询一块已分配内存中有多少可用字节：

```
#include <malloc.h>

size_t malloc_usable_size (void *ptr);
```

调用 malloc_usable_size()成功时，返回 ptr 指向的动态内存块的实际大小。因为 glibc 可能扩大动态内存来适应一个已存在的块或匿名映射，动态内存分配中的可使用空间可能会比请求的大。当然，永远不可能比请求的小。下面是一个使用这个函数的例子：

```
size_t len = 21;
size_t size;
```

```
char *buf;

buf = malloc (len);
if (!buf) {
        perror ("malloc");
        return -1;
}

size = malloc_usable_size (buf);

/* we can actually use 'size' bytes of 'buf' ... */
```

第二个函数允许程序强制 glibc 归还所有的可释放的动态内存给内核：

```
#include <malloc.h>

int malloc_trim (size_t padding);
```

调用 malloc_trim()成功时，数据段会尽可能地收缩，但是填充字节被保留下来，函数返回 1。失败时，返回 0。一般来说，每当空闲的内存达到 M_TRIM_THRESHOLD 字节时，glibc 会自动完成这种数据段收缩。它使用 M_TOP_PAD 来填充。

除了调试和教学之外，其他地方几乎永远都不要使用这两个函数。它们是不可移植的，而且会将 glibc 内存分配系统的一些底层细节暴露给应用程序。

9.5.1 调试内存分配

程序可以设置环境变量 MALLOC_CHECK_，开启存储系统中高级的调试功能。这个高级的调试检查是以降低内存分配的效率为代价的，然而这个开销在开发应用的调试阶段却是非常值得的。

由于控制调试只需要设置环境变量 MALLOC_CHECK_，因此不必重新编译程序。例如，可以简单地执行如下命令：

```
$ MALLOC_CHECK_=1 ./rudder
```

如果 MALLOC_CHECK_设置为 0，存储系统会忽略所有错误。如果它被设为 1，信息会被输出到标准错误输出 stderr。如果设置为 2，进程会立即通过 abort()终止。因为 MALLOC_CHECK_ 会改变正在运行的程序的行为，所以 setuid 程序忽略这个变量。

9.5.2 获取统计信息

Linux 提供了mallinfo()函数，可以获取动态内存分配系统相关的统计信息：

```
#include <malloc.h>

struct mallinfo mallinfo (void);
```

调用 mallinfo()会将统计数据保存到结构体 mallinfo 中。这个结构体是通过值,而不是指针返回的。其字段结构也在<malloc.h>中定义:

```
/* all sizes in bytes */

struct mallinfo {
        int arena;     /* size of data segment used by malloc */
        int ordblks;   /* number of free chunks */
        int smblks;    /* number of fast bins */
        int hblks;     /* number of anonymous mappings */
        int hblkhd;    /* size of anonymous mappings */
        int usmblks;   /* maximum total allocated size */
        int fsmblks;   /* size of available fast bins */
        int uordblks;  /* size of total allocated space */
        int fordblks;  /* size of available chunks */
        int keepcost;  /* size of trimmable space */
};
```

用法很简单:

```
struct mallinfo m;

m = mallinfo ();

printf ("free chunks: %d\n", m.ordblks);
```

Linux 也提供了 malloc_stats()函数,把和内存相关的统计信息打印到标准错误输出(stderr):

```
#include <malloc.h>

void malloc_stats (void);
```

在内存操作频繁的程序中调用 malloc_stats(),会生成一些较大的数字:

```
Arena 0:
system bytes      =   865939456
in use bytes      =   851988200
Total (incl. mmap):
system bytes      =  3216519168
in use bytes      =  3202567912
max mmap regions  =       65536
max mmap bytes    =  2350579712
```

9.6 基于栈的分配

到目前为止,我们所讨论的所有动态内存分配机制都是使用堆和内存映射来实现的。由于堆和匿名映射本身就是动态的,所以想到使用它们是很自然的。在程序地址空间中常用的另一个结构体是栈,它用来存放程序的自动变量(automatic variables)。

然而，认为编程人员不能使用栈来进行动态内存分配是毫无理由的。只要分配不会导致栈溢出，使用栈分配的解决方式是简单而完美的。要在一个栈中实现动态内存分配，可以使用系统调用 alloca()：

```
#include <alloca.h>

void * alloca (size_t size);
```

成功时，alloca()调用会返回一个指向 size 字节大小的内存指针。这块内存是在栈中的，当调用它的函数返回时，这块内存会被自动释放。失败时，某些该函数的实现会返回 NULL，但是 alloca()在大多数情况下是不会失败或者无法报告失败。失败表现在出现栈溢出。

alloca()的用法和 malloc()一样，但不需要（实际上，不允许）释放分配到的内存。以下示例函数，会打开系统配置目录（可能是/etc）下一个给定的文件，该目录可能是/etc，在编译时就确定了。该函数必须申请一块新的缓冲区，把系统配置路径复制到这个缓冲区中，然后将缓冲区和指定文件名关联起来：

```
int open_sysconf (const char *file, int flags, int mode)
{
        const char *etc = SYSCONF_DIR; /* "/etc/" */
        char *name;

        name = alloca (strlen (etc) + strlen (file) + 1);
        strcpy (name, etc);
        strcat (name, file);

        return open (name, flags, mode);
}
```

在 open_sysconf 函数返回时，从 alloca()分配到的内存会随着栈的释放而被自动释放。这意味着当调用 alloca()的函数返回后，就不能再使用由 alloca()得到的那块内存！然而，由于这种方式不需要调用 free()来完成释放工作，所以最终代码会简洁一些。以下是通过 malloc()实现的功能相同的函数：

```
int open_sysconf (const char *file, int flags, int mode)
{
        const char *etc = SYSCONF_DIR; /* "/etc/" */
        char *name;
        int fd;

        name = malloc (strlen (etc) + strlen (file) + 1);
        if (!name) {
                perror ("malloc");
                return -1;
        }
```

```
        strcpy (name, etc);
        strcat (name, file);
        fd = open (name, flags, mode);
        free (name);

        return fd;
}
```

要注意的是，不要使用 alloca()函数分配的内存来作为一个函数调用的参数，因为分配到的内存块会存在于函数参数所保存的栈空间当中。例如，下面这样做是不行的：

```
/* DO NOT DO THIS! */
ret = foo (x, alloca (10));
```

alloca()接口有着曲折的历史。在许多系统中，它表现很不好，可能出现未定义行为。在某些系统中，栈大小较小而且固定，使用 alloca()很容易导致栈溢出，进而导致程序崩溃。在另外一些系统中，根本就不提供 alloca()接口。由于经常出错和版本不一致，人们对 alloca()总是没有一个好的印象。

因此，如果希望代码具有可移植性，应该避免使用 alloca()。但是，在 Linux 系统上，alloca()却是一个非常好用的工具，但没有被充分利用。在 Linux 上，它表现很出色（在很多体系结构下，通过 alloca()进行内存分配就和增加栈指针一样简单，性能比 malloc()要好很多）。在 Linux 下，对于较小的内存分配，使用 alloca()可以得到很大的性能提升。

9.6.1　把字符串复制到栈中

alloca()最常见的用法是临时复制一个字符串。举个例子：

```
/* we want to duplicate 'song' */
char *dup;

dup = alloca (strlen (song) + 1);
strcpy (dup, song);

/* manipulate 'dup'... */

return; /* 'dup' is automatically freed */
```

因为这种需求非常多，而且 alloca()在性能上的高效性，Linux 系统专门提供了 strdup()变体，可以把指定字符串复制到栈中：

```
#define _GNU_SOURCE
#include <string.h>

char * strdupa (const char *s);
char * strndupa (const char *s, size_t n);
```

调用 strdupa( )会返回一份 s 副本。strndupa()调用会复制字符串 s 中的前 n 个字符。如果 s 的长度大于 n，就复制 s 的前 n 个字符，函数会自动加上一个空字节。这些函数具有和 alloca()相同的优点。当调用的函数返回时，复制的字符串会被自动释放。

POSIX 并没有定义 alloca( )、strdupa( )或者 strndupa( )函数，它们在其他操作系统上的表现也差强人意。如果考虑到可移植性，不鼓励使用这些函数。然而，在 Linux 上，alloca()及其衍生的一些函数却表现很好，可以通过简单地栈指针移动操作来代替其他一些复杂的动态内存分配方法，带来了性能上的很大提升。

9.6.2 变长数组

C99 引进了"变长数组（VLAs）"，变长数组的长度是在运行时决定的，而不是在编译时。在这之前，GNU C 已经支持变长数组一段时间了，但是由于 C99 将其标准化，这很大程度上激励人们使用变长数组。和 alloca()相似，VLAs 也采用相同的方式来避免动态内存分配所带来的开销。

变长数组的使用方式如下：

```
for (i = 0; i < n; ++i) {
        char foo[i + 1];

        /* use 'foo'... */
}
```

在这个代码段中，foo 是一个有 i+1 个 char 的数组。每次循环时，都会动态创建 foo，并在循环结束时自动释放。如果使用 alloca()来代替 VLA，那内存空间将直到函数返回时才会被释放。使用 VLA 可以确保每次循环都会释放内存。所以，使用 VLA 时，最多使用 n 个字节的内存，而 alloca()会使用掉 n*(n+1)/2 个字节。通过使用变长数组，可以重新实现 open_sysconf()函数：

```
int open_sysconf (const char *file, int flags, int mode
{
        const char *etc; = SYSCONF_DIR; /* "/etc/" */
        char name[strlen (etc) + strlen (file) + 1];

        strcpy (name, etc);
        strcat (name, file);

        return open (name, flags, mode);
}
```

alloca()和变长数组之间的主要区别在于通过前者获得的内存在函数执行过程中始终存在，而通过后者获得的内存在出了作用域后便释放了。这种方式有好有坏。在 for 循环中，我们希望每次循环都能释放空间，并在没有带来任何副作用的情况下减小内存的开销（不希望有多余的内存始终被占用着）。然而，如果出于某种原因，希望这块空间能保留到下一轮的循环中，那么使用 alloca() 显然是更加合理的。

 在函数中混合使用 alloca() 和变长数组，会给程序带来非预期行为。因此，为了安全起见，在一个函数中只应使用其中之一。

9.7 选择合适的内存分配机制

本章讨论了很多内存分配方式，这可能会使得编程人员陷入迷茫，无法确定某个任务到底应该使用哪种方式。在大部分的情况下，使用 malloc() 是最好的选择。但是，在某些情况下，采用其他方法会更好一些。表 8-2 总结了选择内存分配机制的几条原则。

表 9-2   在 Linux 中的内存分配方式

分配方式	优　点	缺　点
malloc()	简单，方便，最常用	返回的内存为用零初始化
calloc()	使数组分配变得容易，用 0 初始化了内存	在分配非数组空间时显得较复杂
realloc()	调整已分配的空间大小	只能用来调整已分配空间的大小
brk() 和 sbrk()	允许对堆进行深入控制	对大多数使用者来说过于底层
匿名内存映射	使用简单，可共享，允许开发者调整保护等级并提供建议，适合大空间的分配	不适合小分配。最优时 malloc() 会自动使用匿名内存映射
posix_memalign()	分配的内存按照任何合理的大小进行对齐	相对较新，因此可移植性是一个问题；对于对齐的要求不是很迫切的时候，则没有必要使用
memalign() 和 valloc()	相比 posix_memalign() 在其他的 UNIX 系统上更常见	不是 POSIX 标准，对对齐的控制能力不如 posix_memalign()
alloca()	最快的分配方式，不需要知道确切的大小，对于小的分配非常适合	不能返回错误信息，不适合大分配，在一些 UNIX 系统上表现不好
变长数组	与 alloca() 类似，但在退出此层循环时释放空间，而不是函数返回时	只能用来分配数组，在一些情况下 alloca() 的释放方式更加适用，在其他 UNIX 系统中没有 alloca() 常见

最后，不要忘记以上分配方式之外的其他两个选择：自动内存分配和静态内存分配。一般来说，在栈中分配自动变量或者在堆中分配全局变量往往更简单，而且不需要

编程人员对指针进行操作，也不需要关心释放内存。

9.8 内存操作

C 语言提供了很多函数，可以执行对内存原始字节的操作。这些函数的功能和字符串操作函数如 strcmp()和 strcpy()的功能类似，但是它们处理的是用户提供的缓存大小，而不是以 NULL 结尾的字符串。要注意的是，这些函数都不会返回错误。因此，编程人员需要自己实现错误防范——如果传递错误的内存区域而没有防范措施，将毫无疑问会得到段错误!

9.8.1 字节设置

在一系列的内存操作函数当中，最常用也最简单的是 memset()：

```
#include <string.h>

void * memset (void *s, int c, size_t n);
```

调用 memset()，会把 s 指向区域开始的前 n 个字节设置为 c，并返回 s。该函数经常用来清零一块内存：

```
/* zero out [s,s+256) */
memset (s, '\0', 256);
```

bzero()是早期由 BSD 引入的相同功能的函数，现在已经废弃。新的代码应该使用 memset()，但 Linux 出于向下兼容和对其他系统的可移植性的考虑，也提供了 bzero()：

```
#include <strings.h>

void bzero (void *s, size_t n);
```

下面的调用功能和前面的 memset()示例一样：

```
bzero (s, 256);
```

注意 bzero() (其他 b 开头的函数也是如此)需要的头文件是<strings.h>，而不是<string.h>。

 只要可以使用 calloc()分配内存，就坚决不要使用 memset()!
如果要获取一块清零的内存，不要采用这种方式：先用 malloc()分配了内存，再马上使用 memset()来进行清零。相反，应该调用 calloc()函数，可以一次调用直接返回已经清零了的空间。调用 calloc()的好处不仅在于少了一次函数调用，而且 calloc()是直接从内存中获取已经清零了的内存，这显然比手工将每个字节清零更高效。

9.8.2　字节比较

和 strcmp()类似，memcmp()会比较两块内存是否相等：

```
#include <string.h>

int memcmp (const void *s1, const void *s2, size_t n);
```

调用 memcmp()会比较 s1 和 s2 的前 n 个字节，如果两块内存相同就返回 0，如果
s1 小于 s2 就返回一个小于 0 的数，反之则返回大于 0 的数。

BSD 同样提供了具有类似功能的接口，但该接口现已废弃：

```
#include <strings.h>

int bcmp (const void *s1, const void *s2, size_t n);
```

调用 bcmp()会比较 s1 和 s2 的前 n 字节，如果两块内存一样，会返回 0，否则返回
非 0 值。

由于存在结构填充（见本章 9.2.4 节提到的"其他对齐问题"），通过 memcmp()
或 bcmp()来比较两个结构体是否相等是不可靠的。同一个结构的两个实例也可能因
为有未初始化的填充内容而被判为不相等。因此，下面的代码是不安全的：

```
/* are two dinghies identical? (BROKEN) */
int compare_dinghies (struct dinghy *a, struct dinghy *b)
{
        return memcmp (a, b, sizeof (struct dinghy));
}
```

编程人员如果想要比较两个结构体，只能一个个比较结构体中的每个元素。下面这
个方法实现了一些优化，但它的工作量当然比不安全的 memcmp()操作要大得多：

```
/* are two dinghies identical? */
int compare_dinghies (struct dinghy *a, struct dinghy *b)
{
    int ret;
    if (a->nr_oars < b->nr_oars)
            return -1;
    if (a->nr_oars > b->nr_oars)
            return 1;

    ret = strcmp (a->boat_name, b->boat_name);
    if (ret)
            return ret;

    /* and so on, for each member... */
}
```

9.8.3 字节移动

memmove()会把 src 的前 n 个字节复制到 dst，并返回 dst：

```
#include <string.h>

void * memmove (void *dst, const void *src, size_t n);
```

同样，BSD 也提供了一个接口来实现相同的功能，但该接口也已经废弃：

```
#include <strings.h>

void bcopy (const void *src, void *dst, size_t n);
```

需要注意的是，尽管 memmove()和 bcopy()这两个函数的参数相同，但它们的位置是不一样的。和 memmove()相比，bcopy()中前两个参数的位置刚好与之相反。

bcopy()和 memmove()都可以安全处理内存区域重叠问题（也就是说，dst 的一部分是在 src 里面）。通过这种方式，可以允许内存块在一个给定区域内向上或下移动。虽然这种情况很少见，但是如果出现这种情况，编程人员应该了解。C 标准定义了memmove()变体，它不支持内存区域覆盖。这个变体可能会更快一些：

```
#include <string.h>

void * memcpy (void *dst, const void *src, size_t n);
```

除了 dst 和 src 间不能重叠，这个函数基本和 memmove()一样。如重叠了，函数的结果是未被定义的。另外一个安全的复制函数是 memccpy()：

```
#include <string.h>

void * memccpy (void *dst, const void *src, int c, size_t n);
```

memccpy()和 memcpy()类似，区别在于对于 memccpy()，当它在 src 指向的前 n 个字节中找到字节 c 时，就会停止拷贝。它返回指向 dst 中字节 c 的下一个字节的指针，没有找到 c 时，返回 NULL。

最后，也可以使用 mempcpy()来拷贝内存：

```
#define _GNU_SOURCE
#include <string.h>

void * mempcpy (void *dst, const void *src, size_t n);
```

函数 mempcpy()的功能和 memcpy()几乎一样，区别在于 memccpy()返回的指针指向被复制的最后一个字节的下一个字节。当在内存中有连续的一系列数据需要拷贝时，该函数很有用，但是它并没有带来很大的性能提升，因为返回的指针只是 dst+n。这个函数是 GNU 中特有的。

9.8.4　字节查找

函数 memchr() 和 memrchr() 可以在内存块中查找一个给定的字节：

```
#include <string.h>

void * memchr (const void *s, int c, size_t n);
```

函数 memchr() 从 s 指向的区域开始的 n 个字节中查找 c，c 将被转换为 unsigned char：

```
#define _GNU_SOURCE
#include <string.h>

void * memrchr (const void *s, int c, size_t n);
```

函数返回指向第一个匹配 c 的字节的指针，如果没找到 c 则返回 NULL。

memrchr() 与 memchr() 类似，不过它是从 s 指向的内存开始反向搜索 n 个字节。和 memchr() 不同，memrchr() 是 GNU 的扩展函数，而不是 C 语言的一部分。

对于更加复杂的搜索，有个名字很糟糕的函数 memmem()，它可以在一块内存中搜索任意的字节数组：

```
#define _GNU_SOURCE
#include <string.h>

void * memmem (const void *haystack,
               size_t haystacklen,
               const void *needle,
               size_t needlelen);
```

memmem() 函数会在长为 haystacklen 的内存块 haystack 中查找，返回第一块指向 needle 子块的指针，长为 needlelen。如果函数在 haystack 中找不到 needle 子块，它会返回 NULL。这个函数同样是 GNU 的扩展函数。

9.8.5　字节加密

Linux 的 C 库提供了一个接口，可以对数据字节进行简单加密：

```
#define _GNU_SOURCE
#include <string.h>

void * memfrob (void *s, size_t n);
```

memfrob() 函数会将从内存区域 s 的前 n 个字节，每个都与 42 进行异或操作来对数据进行加密。该函数返回内存区域 s。

再次对相同的区域调用 memfrob() 可以将其转换回来。因此下面这行程序对于字符串 secret 的操作就相当于没有执行任何操作：

```
memfrob (memfrob (secret, len), len);
```

这个函数用于数据加密是绝对不合适的（甚至很糟糕），它的使用仅限于对字符串的简单处理。它是 GNU 所特有的函数。

9.9　内存锁定

Linux 实现了请求页面调度，可以在需要时将页面从硬盘交换进来，当不再需要时再交换出去。这使得系统中进程的虚拟地址空间与实际的物理内存大小没有直接的关系，同时硬盘上的交换空间提供一个拥有近乎无限物理内存的假象。

对应用而言，交换是透明的，应用程序一般都不需要关心（甚至不需要知道）内核页面调度的行为。然而，在下面两种情况下，应用程序可能希望能够影响系统的页面调度：

确定性（Determinism）

时间约束严格的应用程序需要自己来决定页的调度行为。如果一些内存操作引起了页错误——这会导致昂贵的磁盘操作——应用程序则可能会超出要求的运行时间。如果能确保需要的页面总在内存中且从不被交换进磁盘，应用程序就能保证内存操作不会导致页错误，提供一致的、可确定的程序行为，从而提供了效能。

安全性（Security）

如果内存中含有私人信息，这些信息可能最终被页面调度以不加密的方式储存到硬盘上。例如，如果一个用户的私钥正常情况下是以加密的方式保存在磁盘上的，一个在内存中未加密的密钥备份最后可能保存在了交换文件中。在一个高度注重安全性的环境中，这样做可能是不可接受的。这样的应用程序可以请求将密钥一直保留在物理内存上。

当然，改变内核的行为可能会对系统整体的表现产生负面的影响。应用的确定性和安全性可能会提高，但是由于该应用的页被锁在了内存中，那么另一个应用的页就只能被换出内存。内核（如果我们相信其算法）总是换出"最优的页"——也就是那些在未来最不可能被访问的页。因此，如果改变了内核的行为，那么它就只能将一个次优的页换出了。

9.9.1　锁定部分地址空间

POSIX1003.1b-1993 标准定义了两个接口，可以将一个或更多的页面"锁定"在物理内存，以保证它们不会被交换到磁盘。第一个函数锁定给定的一个地址区间：

```
#include <sys/mman.h>

int mlock (const void *addr, size_t len);
```

调用 mlock()将锁定 addr 开始，长度为 len 个字节的虚拟内存。成功时，函数返回 0；失败时，函数返回-1，并会相应设置 errno 值。

成功调用 mlock()函数时，会把所有包含[addr,addr+len)的物理内存页锁定。例如，假设一个调用只是指定了一个字节，包含这个字节的所有物理页都将被锁定。POSIX 标准要求 addr 应该与页边界对齐。Linux 并没有强制要求，需要时，会"透明地"将 addr 向下调整到最近的页面。但是，对于要求可移植到其他系统的程序，需要保证 addr 是页对齐的。

合法的 errno 值包括：

EINVAL

参数 len 是负数。

ENOMEM

函数尝试锁定多于 RLIMIT_MEMLOCK 限制的页（详见 9.9.4 节）。

EPERM

RLIMIT_MEMLOCK 是 0，但进程并没有 CAP_IPC_LOCK 权限（同样，详见 9.9.4 节）。

 一个由 fork()产生的子进程并不从父进程处继承锁定的内存。然而，由于 Linux 对地址空间写时复制机制，子进程的页面被锁定在内存中直到子进程对它们执行写操作。

下面这个例子，假设一个程序在内存中有一个加密的字符串。一个进程可以通过下面代码来锁定拥有这个字符串的页：

```
int ret;

/* lock 'secret' in memory */
ret = mlock (secret, strlen (secret));
if (ret)
        perror ("mlock");
```

9.9.2   锁定全部地址空间

如果一个进程想在物理内存中锁定它的全部地址空间，就不适合使用 mlock()接口。

POSIX 定义了 mlockall() 函数，可以满足这个实时应用中常见的需求：

```
#include <sys/mman.h>

int mlockall (int flags);
```

mlockall() 函数会锁定一个进程在现有地址空间的物理内存中的所有页面。flags 参数，是下面两个值的按位或操作，用以控制函数行为：

MCL_CURRENT

如果设置了该值，mlockall() 会将所有已被映射的页面（包括栈、数据段和映射文件）锁定在进程地址空间中。

MCL_FUTURE

如果设置了该值，mlockall() 会将所有未来映射的页面也锁定到进程地址空间中。

大部分应用程序会设置成这两个值的按位或值。成功时，函数返回 0；失败时，返回-1，并设置 errno 为下列错误码之一：

EINVAL

参数 len 是负数。

ENOMEM

函数要锁定的页面数比 RLIMIT_MEMLOCK 限制的要多（详见 9.9.4 节）。

EPERM

RLIMIT_MEMLOCK 是 0，但进程并没有 CAP_IPC_LOCK 权限（同样，详见 9.9.4 节）。

9.9.3　内存解锁

POSIX 标准提供了两个接口，可以将页从内存中解锁，允许内核根据需要将页换出至硬盘中：

```
#include <sys/mman.h>

int munlock (const void *addr, size_t len);
int munlockall (void);
```

系统调用 munlock()，会解除从 addr 开始，长为 len 的内存所在的页面的锁定。munlock() 函数是取消 mlock() 的操作效果。而 munlockall() 则消除 mlockall() 的效果。

两个函数在成功时都返回 0，失败时返回-1，并如下设置 errno 值：

EINVAL

参数 len 是负数（仅对 munlock()）。

ENOMEM

被指定的页面中有些是不合法的。

EPERM

RLIMIT_MEMLOCK 是 0，但进程并没有 CAP_IPC_LOCK 权限（同样请见“锁限制”部分）。

内存锁定并不会重叠。所以，不管被 mlock()或 mlockall()锁定了多少次，仅一个 mlock()或者 munlock()，即会解除一个页面的锁定。

9.9.4　锁的限制

因为锁定内存会影响系统的整体性能——实际上，如果太多的页面被锁定，内存分配会失败——Linux 对于一个进程能锁定的页面数进行了限制。

拥有 CAP_IPC_LOCK 权限的进程可以在内存中锁定任意数的页面。没有这个权限的进程只能锁定 RLIMIT_MEMLOCK 个字节。默认情况下，该限制是 32KB——这个值足以将一两个秘密信息锁定在内存中，而对系统性能也没有什么负面影响。(第 6 章讨论了资源限制和怎样获取和修改这些值。)

9.9.5　该页在物理内存中吗

出于调试的需要，Linux 提供了 mincore()函数，可以用来确定一个给定范围内的内存是在物理内存中还是被交换到了硬盘中：

```
#include <unistd.h>
#include <sys/mman.h>

int mincore (void *start,
             size_t length,
             unsigned char *vec);
```

调用 mincore()，会生成一个向量，表明调用时刻映射中哪个页面是在物理内存中。函数通过 vec 来返回向量，这个向量描述从 start（必需页对齐）开始，长为 length（不需要页对齐）字节的内存中的页面的情况。vec 的每个字节对应指定区域内的一个页面，第一个字节对应着第一个页面，然后依次对应。因此，

vec 必须足够大，才能装入(length-1+page size)/page size 个字节。如果某个页面在物理内存中，对应字节的最低位是 1，否则是 0。其他的位目前还没有定义，留待日后使用。

成功时，函数返回 0。失败时，返回-1，并设置 errno 为如下值之一：

EAGAIN

内核目前没有足够的可用资源来满足请求。

EFAULT

参数 vec 指向一个非法地址。

EINVAL

参数 start 不是页对齐。

ENOMEM

[address,address+1) 中的内存不在某个基于文件的映射中。

目前，这个系统调用只能用在以 MAP_SHARED 创建的基于文件的映射上。这在很大程度上限制了这个函数的使用。

9.10　投机性内存分配策略

Linux 使用了一种"投机性内存分配策略（opportunistic allocation strategy）"。当一个进程向内核请求额外的内存——如扩大它的数据段，或者创建一个新的内存映射——内核做出了分配承诺，但实际上并没有分给进程任何的物理存储。仅当进程对新"分配到"的内存区域执行写操作时，内核才履行承诺，分配一块物理内存。内核逐页完成上述工作，并在需要时进行请求页面调度和写时复制。

这样处理有如下几个优点。首先，延缓内存分配允许内核将大部分工作推迟到最后一刻——当确实需要进行分配时。其次，由于请求是根据需求逐页地分配，只有真正需要物理内存的时候才会消耗物理存储。最后，分配到的内存可能比实际的物理内存甚至比可用的交换空间多得多。最后这个特征叫做"超量使用（overcommitment）"。

超量使用和内存溢出（OOM）

和在应用请求页面就分配物理存储相比，在使用时刻才分配物理存储的过量使用机制允许系统运行更多、更大的应用程序。如果没有超量使用，用写时复制映射 2GB 文件需要内核划出 2GB 的物理存储。采用超量使用，映射 2GB 文件需要的存储量仅仅是进程映射区域中真正进行写操作的所有页面的大小。同样，没有超量使用，就算大多数页面都不需要进行写时拷贝，每个 fork() 操作都需要申请空闲内存来复制整个地址空间。

但是，如果系统中的进程为满足超量使用而申请的内存大于物理内存和交换空间之和，这时会怎样呢？在这种情况下，一个或者更多的分配一定会失败。因为内核已经承诺给进程分配内存了（系统调用成功返回），而这个进程尝试使用已分配的内存，内核只能杀死另一个进程并释放它的内存，以此来满足下一次分配需求。

当超量使用导致内存不足以满足一个请求时，我们就说发生了"内存溢出（out of memory，OOM）"。为了处理 OOM 问题，内核使用 OOM 终结者（killer）来挑选一个进程，并终止它。基于这个目的，内核会尝试选出一个最不重要且又占用很多内存的进程。

OOM 其实很少出现——所以采用超量使用效果很好，非常有实际意义。但是，可以肯定的是，没人希望发生 OOM，而且进程突然被 OOM 终结者（killer）终结了也往往是无法接受。

如果不希望系统出现这种情况，内核允许通过文件/proc/sys/vm/overcommit_memory 禁止使用"超量使用"，和此功能相似的还有 sysctl 的 vm.overcommit_memory 参数。

vm.overcommit_memory 参数的默认值是 0，告诉内核执行适度的超量使用策略，在合理范围内实施超量使用，超出限定值时则不可使用。值为 1 时，确认所有的分配请求，将一切顾虑抛诸脑后。一些对存储要求较高的应用程序（例如在科学计算领域）倾向于请求比它们实际需要更多的内存，这时这个参数值就很有帮助。

当值为 2 时，会禁止使用所有的"超量使用"，启用"严格审计策略（strict accounting）"。在严格审计模式中，承诺的内存大小被严格限制在交换空间大小加上可调比例的物理内存大小。这个比例可以在文件/proc/sys/vm/overcommit_ratio 里面设置，作用和 vm.overcommit_ratio 的 sysctl 参数相似。默认是 50，限制承诺的内存总量是交换空间加上物理内存的一半。因为物理内存还必须包含着内核、页表、系统保留页、锁定页等等，实际上只有一部分可以被交换和满足承诺请求。

使用严格审计策略时要非常小心！许多系统设计者，被 OOM 终结者（killer）搞得崩溃了，认为严格审计才是解决之道。然而，应用程序常常执行一些不必要的请求操作，导致会严重使用"超量使用"，而允许这种行为也是设计虚拟内存的主要动机之一。

第 10 章

信　号

信号是一种软件中断，它提供了异步事件的处理机制。这些异步事件可以来自系统外部——比如用户按下 Ctrl-C 产生中断符——或者来自程序或内核内部的执行动作，例如进程执行的代码包含除以零的误操作。信号作为一种进程间通信（IPC）的基本形式，而一个进程可以给另一个进程发送信号。

间距的关键不仅在于事件的发生是异步的（例如用户可以在程序执行的任何时刻按下 Ctrl-C），而且程序对信号的处理也是异步的。信号处理函数在内核注册，收到信号时，内核从程序的其他部分异步调用信号处理函数。

信号很早就已经是 UNIX 的一部分。随着时间推移，信号有了很大的改进，最显著的是在可靠性方面，之前会出现信号可能丢失的情况；而在功能方面，信号现在可以携带用户定义的附加信息。最初，不同的 UNIX 系统对信号做了一些不兼容的变化。幸运的是，有了 POSIX 标准，开始对信号处理进行标准化。Linux 提供的正是 POSIX 定义的这个标准，并且也是我们这里将要讨论的。

在本章中，我们将从信号概述开始，并讨论其使用方式以及一些误用操作。然后，我们会讨论 Linux 管理和操作信号的各种接口。

大多数较大型的应用都和信号有关。即使应用程序在设计上故意不依赖信号来进行通信（这通常是一个好主意），但在某些特殊的情况下，仍然会被迫使用信号，比如处理程序终止。

10.1　信号相关的概念

信号有一个非常明确的生命周期。首先，产生（raise）信号（有时也说信号被发出

313

或生成）。然后内核存储信号，直到可以发送该信号。最后，一旦有空闲，内核就会适当地处理信号。根据进程的请求，内核会执行以下三种操作之一：

忽略信号

不采取任何操作。但是有两种信号不能被忽略：SIGKILL 和 SIGSTOP。这样做的原因是系统管理员需要能够杀死或停止进程，如果进程能够选择忽略 SIGKILL（使进程不能被杀死）或 SIGSTOP（使进程不能被停止）将破坏这一权力。

捕获并处理信号

内核会暂停该进程正在执行的代码，并跳转到先前注册过的函数。接下来进程会执行这个函数。一旦进程从该函数返回，它会跳回到捕获信号的地方继续执行。

经常捕获的两种信号是 SIGINT 和 SIGTERM。进程捕获 SIGINT 来处理用户产生的中断符——例如终端能捕获该信号并返回到主提示符。进程捕获 SIGTERM 以便在结束前执行必要的清理工作，例如断开网络，或删除临时文件。SIGKILL 和 SIGSTOP 不能被捕获。

执行信号的默认操作

该操作取决于被发送的信号。默认操作通常是终止进程。例如，对 SIGKILL 来说就是这样。然而，许多信号是为在特定情况下的特殊目的而提供的，这些信号在默认的情况下是被忽略的，因为很多程序不关心它们。我们将很快介绍各种信号和及其默认操作。

过去，当信号被发送后，处理信号的函数只知道出现了某个信号，除此之外，对发生了什么情况却是一无所知。现在，内核能给接收信号的编程人员提供大量的上下文信息。正如我们后面将看到的，信号甚至能传递用户定义的数据。

10.1.1　信号标识符

每个信号都有一个以 SIG 为前缀的符号名称。例如 SIGINT 是用户按下 Ctrl-C 时发出的信号，SIGABRT 是进程调用 abort()函数时产生的信号，而 SIGKILL 是进程被强制终止时产生的信号。

这些信号都是在头文件<signal.h>中定义的。信号被预处理程序简单定义为正整数，也就是说，每个信号都与一个整数标识符相关联。信号从名称到整数的映射是依赖于具体实现的，并且在不同的 UNIX 系统中也不同，但最开始的 12 个左右的信号通常是以同样的方式映射的（例如 SIGKILL 是信号 9）。一个好的编程人员应该总是使用信号的可读的名称，而不要使用它的整数值。

信号的编号从 1 开始（通常是 SIGHUP）线性增加。总共有大约 31 个信号，但是大多数的程序只用到了它们中的一少部分。没有任何信号的值为 0，这是一个特殊的值称为空信号。空信号确实无关紧要，不值得为它起一个特别的名字，但是一些系统调用（例如 kill()）在特殊的情况下会使用 0 这个值。

 你可以使用 kill-l 命令查看生成系统支持的信号列表。

10.1.2 Linux 支持的信号

表 10-1 给出了 Linux 支持的信号列表。

表 10-1 信号

信 号	说 明	默认操作
SIGABRT	由 abort()发送	终止且进行内存转储
SIGALRM	由 alarm()发送	终止
SIGBUS	硬件或对齐错误	终止且进行内存转储
SIGCHLD	子进程终止	忽略
SIGCONT	进程停止后继续执行	忽略
SIGFPE	算术异常	终止且进行内存转储
SIGHUP	进程的控制终端关闭（最常见的是用户登出）	终止
SIGILL	进程试图执行非法指令	终止且进行内存转储
SIGINT	用户产生中断符（Ctrl-C）	终止
SIGIO	异步 IO 事件（Ctrl-C）	终止(a)
SIGKILL	不能被捕获的进程终止信号	终止
SIGPIPE	向无读取进程的管道写入	终止
SIGPROF	向无读取进程的管道写入	终止
SIGPWR	断电	终止
SIGQUIT	用户产生退出符（Ctrl-\）	终止且进行内存转储
SIGSEGV	无效内存访问	终止且进行内存转储
SIGSTKFLT	协处理器栈错误	终止(b)
SIGSTOP	挂起进程	停止
SIGSYS	进程试图执行无效系统调用	终止且进行内存转储

信　号	说　明	默认操作
SIGTERM	可以捕获的进程终止信号	终止
SIGTRAP	进入断点	终止且进行内存转储
SIGSTP	用户生成挂起操作符（Ctrl-Z）	停止
SIGTTIN	后台进程从控制终端读	停止
SIGTTOU	后台进程向控制终端写	停止
SIGURG	紧急 I/O 未处理	忽略
SIGUSR1	进程自定义的信号	终止
SIGUSR2	进程自定义的信号	终止
SIGVTALRM	用 ITIMER_VIRTUAL 为参数调用 setitimer()时产生	终止
SIGWINCH	控制终端窗口大小改变	忽略
SIGXCPU	进程资源超过限制	终止且进行内存转储
SIGXFSZ	文件资源超过限制	终止且进行内存转储

a．其他的 UNIX 系统，如 BSD，会忽略这个信号。

b．Linux 内核不再产生这个信号，它只是为了向后兼容。

还存在其他几个信号值，但是 Linux 将它们定义为其他信号：SIGINFO 被定义成了 SIGPWR[1]，SIGIOT 被定义成了 SIGABRT，SIGPOLL 和 SIGLOST 都被定义成了 SIGIO。

有了快速参考表之后，现在我们一起去了解每个信号的细节：

SIGABRT

abort()函数将该信号发送给调用它的进程。然后该进程终止并产生一个内核转存文件。在 Linux 中，断言 assert()在条件为假的时候调用 abort()。

SIGALRM

alarm()和 setitimer()（以 ITIMER_REAL 标志调用）函数在报警信号超时时向调用它们的进程发送该信号。第 11 章将会讨论这些问题以及相关的函数。

SIGBUS

当进程发生除了内存保护外的硬件错误时会产生该信号，而内存保护会产生

---

[1] 注：只有 Alpha 结构的机器定义了该信号。所有其他的机器结构中，该信号不存在。

SIGSEGV。在传统的 UNIX 系统中，此信号代表各种无法恢复的错误，例如非对齐的内存访问。然而，Linux 内核能自动修复大多数这种错误，而不再产生该信号。当进程以不恰当的方式访问由 mmap()（见第 8 章对内存映射的讨论）创建的内存区域时，内核会产生该信号。内核将会终止进程并进行内存转储，除非该信号被捕获。

SIGCHLD

当进程终止或停止时，内核会给进程的父进程发送此信号。在默认的情况下 SIGCHLD 是被忽略的，如果进程对它们的子进程是否存在感兴趣，那么进程必须显式地捕获并处理该信号。该信号的处理程序通常调用 wait()（第 5 章讨论的内容），来确定子进程的 pid 和退出代码。

SIGCONT

当进程停止后又恢复执行时，内核给进程发送该信号。默认的情况下该信号被忽略，如果想在进程恢复后执行某些操作，则可以捕获该信号。该信号通常被终端或编辑器用来刷新屏幕。

SIGFPE

不考虑它的名字，该信号代表所有的算术异常，而不仅仅指浮点数运算相关的异常。异常包括溢出、下溢和除以 0。默认的操作是终止进程并形成内存转储文件，但进程可以捕获并处理该信号。请注意，如果进程选择继续运行，则该进程的行为及非法操作的结果是未定义的。

SIGHUP

当会话的终端断开时，内核会给会话首进程发送该信号。当会话首进程终止时，内核也会给前台进程组的每个进程发送该信号。默认操作是终止进程，该信号表明用户已经登出。守护进程"过载"该信号，这种机制用来指示守护进程重载它们的配置文件。例如，给 Apache 发送 SIGHUP 信号，可以使它重新读取 http.conf 配置文件。为此目的而使用 SIGHUP 是一种常见的约定，但并不是强制性的。这种做法是安全的，因为守护进程没有控制终端，因此决不会正常收到该信号。

SIGILL

当进程试图执行一条非法机器指令时，内核会发送该信号。默认操作是终止进程并进行内存转储。进程可以选择捕获并处理 SIGILL，但是错误发生后的行为是未定义的。

SIGINT

当用户输入中断符（通常是 Ctrl-C）时，该信号被发送给所有前台进程组中的进程。默认的操作是终止进程。进程可以选择捕获并处理该信号，通常是为了在终止前进行清理工作。

SIGIO

当一个 BSD 风格的 I/O 事件发生时，该信号被发出。（见第 4 章对高级 I/O 技术的讨论，这对 Linux 来说是很平常的。）

SIGKILL

该信号由 kill()系统调用发出，它的存在是为了给系统管理员提供一种可靠的方法来无条件终止一个进程。该信号不能被捕获或忽略，它的结果总是终止该进程。

SIGPIPE

如果一个进程向管道里写，但读管道的进程已经终止，内核会发送该信号。默认的操作是终止进程，但该信号可以被捕获并处理。

SIGPROF

当剖析定时器超时，用 ITIMER_VIRTUAL 标志调用 setitimer()产生该信号。默认操作是终止进程。

SIGPWR

该信号是与系统相关的。在 Linux 系统中，它代表低电量条件（例如在一个不可中断的电源供应（UPS）中）。UPS 监测守护进程发送该信号 init 进程，由 init 进程清理并关闭系统——希望能在断电前完成！

SIGQUIT

当用户输入终端退出符（通常是 Ctrl-）时，内核会给所有前台进程组的进程发送该信号。默认的操作是终止进程并进行内存转储。

SIGSEGV

该信号的名称来源于段错误,当进程试图进行非法内存访问时,内核会发出该信号。这些情况包括访问未映射的内存，从不可读的内存读取，在不可执行的内存中执行代码，或者向不可写入的内存写入。进程可以捕获并处理该信号，但是默认的操作是终止进程并进行内存转储。

SIGSTOP

该信号只由 kill()发出。它无条件停止一个进程，并且不能被捕获或忽略。

SIGSYS

当进程试图调用一个无效的系统调用时，内核向该进程发送该信号。如果一个二进制文件是在一个较新版本的操作系统上编译的（使用较新版本的系统调用），但随后运行在旧版本的操作系统上，就可能发生这种情况。通过 glibc 进行系统调用并正确编译的二进制文件应该从不会收到该信号。相反，无效的系统调用应该返回-1，并将 errno 设置为 ENOSYS。

SIGTERM

该信号只由 kill()发送，它允许用户"优雅"地终止进程（默认操作）。进程可以选择捕获该信号，并在进程终止前进行清理，但是捕获该信号并且不及时地终止进程，是拙劣的表现。

SIGTRAP

当进程通过一个断点时，内核给进程发送该信号。通常调试器捕获该信号，其他进程忽略该信号。

SIGTSTP

当用户输入挂起符（通常是 Ctrl-Z）时，内核给所有前台进程组的进程发送该信号。

SIGTTIN

当一个后台进程试图从它的控制终端读数据时，该信号会被发送给该进程。默认的操作是停止该进程。

SIGTTOU

当一个后台进程试图向它的控制终端写时，该信号会被发送给该进程。默认的操作是停止该进程。

SIGURG

当带外（OOB）数据抵达套接字时，内核给进程发送该信号。带外数据超出了本书的讨论范围。

SIGUSR1 和 SIGUSR2

这些信号是给用户自定义用的，内核从来不发送它们。进程可以以任何目的使用 SIGUSR1 和 SIGUSR2。通常的用法是指示守护进程进行不同的操作。默认的操作是终止进程。

SIGVTALRM

当一个以 ITIMER_VIRTUAL 标志创建的定时器超时时，setitimer()函数发送该信号。第 11 章讨论定时器。

SIGWINCH

当终端窗口大小改变时,内核给所有前台进程组的进程发送该信号。默认的情况下,进程忽略该信号，但如果它们关心终端窗口的大小，它们可以选择捕获并处理该信号。捕获该信号的程序中有一个很好的例子 top——试着在它运行时改变它的窗口大小，看它是如何响应的。

SIGXCPU

当进程超过其软处理器限制时，内核给进程发送该信号。内核会一秒钟一次持续地发送该信号，直到进程退出或超过其硬处理器限制。一旦超过其硬限制，内核会给进程发送 SIGKILL 信号。

SIGXFSZ

当进程超过它的文件大小限制时,内核给进程发送该信号。默认的操作是终止进程，但是如果该信号被捕获或被忽略，文件长度超过限制的系统调用将会返回-1，并将 errno 设置为 EFBIG。

10.2 基本信号管理

最简单古老的信号管理接口是 signal()函数。该函数由 ISO C89 标准定义，其中只定义了信号支持的最少的共同特征，该系统调用是非常基本的。Linux 通过其他接口提供了更多的信号控制，我们将在本章稍后介绍。因为 signal()是最基本的，也由于它是在 ISO C 中定义的，因此它的使用相当普遍，我们先来讨论它:

```
#include <signal.h>

typedef void (*sighandler_t)(int);

sighandler_t signal (int signo, sighandler_t handler);
```

signal()调用成功时，会移除接收 signo 信号的当前操作，并以 handler 指定的新信号处理程序代替它。signo 是前面讨论过的信号名称的一种，例如 SIGINT 或 SIGUSR1。回想一下，进程不能捕获 SIGKILL 和 SIGSTOP，因此给这两个信号设置处理程序是没有意义的。

信号处理函数必须返回 void，这是有道理的，因为（不像正常的函数）在程序中没有地方给这个函数返回。该函数需要一个整数参数，这是被处理信号的标识符（例如 SIGUSR2）。这使得一个信号处理函数可以处理多个信号。函数原型如下：

```
void my_handler (int signo);
```

Linux 用 typedef 将该函数原型定义为 sighandler_t。其他的 UNIX 系统直接使用函数指针，一些系统则有它们自己的类型，可能不会以 sighandler_t 命名。追求可移植性的程序不要直接使用该类型。

当内核给已经注册过信号处理程序的进程发送信号时，内核会停止程序的正常指令流，并调用信号处理程序。信号的值被传递给信号处理程序，该值就是 signo 最初提供给 signal() 的值。

也可以用 signal() 指示内核对当前的进程忽略某个指定信号，或重新设置该信号的默认操作。这可以通过使用特殊参数值来实现：

SIG_DFL

将 signo 所表示的信号设置为默认操作。例如对于 SIGPIPE，进程将会终止。

SIG_IGN

忽略 signo 表示的信号。

signal() 函数返回该信号先前的操作，这是一个指向信号处理程序 SIG_DFL 或 SIG_IGN 的指针。出错时，函数返回 SIG_ERR，并不设置 errno 值。

10.2.1　等待信号

出于调试和写演示代码的目的，POSIX 定义了 pause() 系统调用，它可以使进程睡眠，直到进程接收到处理或终止进程的信号：

```
#include <unistd.h>

int pause (void);
```

pause() 只在接收到可捕获的信号时才返回，在这种情况下该信号被处理，pause()

返回-1，并将 errno 设置为 EINTR。如果内核发出的信号被忽略，进程不会被唤醒。

在 Linux 内核中，pause() 是最简单的系统调用之一。它只执行两个操作。首先，它将进程置为可中断的睡眠状态。然后它调用 schedule()，使 Linux 进程调度器找到另一个进程来运行。由于进程事实上不等待任何事件，在接收到信号前，内核是不会唤醒它的。实现该调用只需要两行 C 代码[1]。

10.2.2 示例

让我们来看看几个简单的例子。第一个例子为 SIGINT 注册了一个简单的信号处理程序，它只打印一条信息然后终止程序（就像 SIGINT 一样）：

```c
#include <stdlib.h>
#include <stdio.h>
#include <unistd.h>
#include <signal.h>

/* handler for SIGINT */
static void sigint_handler (int signo)
{
        /*
         * Technically, you shouldn't use printf() in a
         * signal handler, but it isn't the end of the
         * world. I'll discuss why in the section
         * "Reentrancy."
         */
        printf ("Caught SIGINT!\n");
        exit (EXIT_SUCCESS);
}

int main (void)
{
        /*
         * Register sigint_handler as our signal handler
         * for SIGINT.
         */
        if (signal (SIGINT, sigint_handler) == SIG_ERR) {
                fprintf (stderr, "Cannot handle SIGINT!\n");
                exit (EXIT_FAILURE);
        }

        for (;;)
                pause ();

        return 0;
}
```

在接下来的例子中，我们为 SIGTERM 和 SIGINT 注册相同的信号处理程序。我们

---

[1] 因此，pause() 是第二简单的系统调用。并列第一的是 getpid() 和 gettid()，它们只有一行。

还将 SIGPROF 重置为默认操作（这会终止进程）并忽略 SIGHUP（否则会终止进程）：

```
#include <stdlib.h>
#include <stdio.h>
#include <unistd.h>
#include <signal.h>

/* handler for SIGINT and SIGTERM */
static void signal_handler (int signo)
{
        if (signo == SIGINT)
                printf ("Caught SIGINT!\n");
        else if (signo == SIGTERM)
                printf ("Caught SIGTERM!\n");
        else {
                /* this should never happen */
                fprintf (stderr, "Unexpected signal!\n");
                exit (EXIT_FAILURE);
        }
        exit (EXIT_SUCCESS);
}

int main (void)
{
        /*
         * Register signal_handler as our signal handler
         * for SIGINT.
         */
        if (signal (SIGINT, signal_handler) == SIG_ERR) {
                fprintf (stderr, "Cannot handle SIGINT!\n");
                exit (EXIT_FAILURE);
        }

        /*
         * Register signal_handler as our signal handler
         * for SIGTERM.
         */
        if (signal (SIGTERM, signal_handler) == SIG_ERR) {
                fprintf (stderr, "Cannot handle SIGTERM!\n");
                exit (EXIT_FAILURE);
        }

        /* Reset SIGPROF's behavior to the default. */
        if (signal (SIGPROF, SIG_DFL) == SIG_ERR) {
                fprintf (stderr, "Cannot reset SIGPROF!\n");
                exit (EXIT_FAILURE);
        }

        /* Ignore SIGHUP. */
        if (signal (SIGHUP, SIG_IGN) == SIG_ERR) {
```

```
                fprintf (stderr, "Cannot ignore SIGHUP!\n");
                exit (EXIT_FAILURE);
        }

        for (;;)
                pause ();

        return 0;
}
```

10.2.3 执行和继承

调用 fork 创建子进程时，子进程会继承父进程的所有信号处理。也就是说，子进程会从父进程拷贝为每个信号注册的操作（忽略、默认、处理）。子进程不会继承父进程挂起的信号，这是合理的，挂起的信号是要发送给某个特定的 pid，而不是子进程。

当进程是通过 exec 系统调用创建的，所有的信号都会设置为默认的操作，除非父进程忽略了它们。在这种情况下，新的进程镜像还会忽略这些信号。换句话说，在 exec 之前捕获到的任何信号在 exec 操作后会重新设置为默认操作，所有其他信号还是和原来一样。这种处理方式很有意义，因为新执行的进程不会共享父进程的地址空间，因此不存在任何注册的信号处理函数。新创建的进程会继承挂起的信号。表 10-2 说明了其继承关系。

表 10-2   继承的信号行为

信号行为	通过 fork 创建	通过 exec 创建
忽略	继承	继承
默认	继承	继承
处理	继承	不继承
挂起信号	不继承	继承

这种进程执行行为有个很重要的用处：当 shell "在后台"执行一个进程时（或者另一个后台进程执行了另一个进程），新执行的进程应该忽略中断和退出符。因此，在 shell 执行后台进程之前，应该把 SIGINT 和 SIGQUIT 设置为 SIG_IGN。因此，常见的做法是处理这些信号的程序先做检查，确保没有忽略了要使用的信号。举个例子：

```
/* handle SIGINT, but only if it isn't ignored */
if (signal (SIGINT, SIG_IGN) != SIG_IGN) {
        if (signal (SIGINT, sigint_handler) == SIG_ERR)
                fprintf (stderr, "Failed to handle SIGINT!\n");
}
```

```
/* handle SIGQUIT, but only if it isn't ignored */
if (signal (SIGQUIT, SIG_IGN) != SIG_IGN) {
        if (signal (SIGQUIT, sigquit_handler) == SIG_ERR)
                fprintf (stderr, "Failed to handle SIGQUIT!\n");
}
```

设置信号行为前需要检查信号的行为，这是 signal()接口一个明显缺点。稍后，我们会讨论另一个函数，它不存在这个问题。

10.2.4　把信号编号映射为字符串

在前面给出的例子中，我们都把信号名称写死。但是，在某些情况下，把信号编号转换成表示信号名称的字符串会更方便（甚至某些情况下有这个需求）。有几种方法可以实现这一点。其中一种方式是从静态定义列表中检索字符串：

```
extern const char * const sys_siglist[];
```

sys_siglist 是一个保存系统支持的信号名称的字符串数组，可以使用信号编号进行索引。

另一种方式是使用 BSD 定义的 psignal()接口，这个接口很常用，且 Linux 也支持：

```
#include <signal.h>

void psignal (int signo, const char *msg);
```

调用 psignal()向 stderr 输出一个字符串，该字符串是你提供的 msg 参数，后面是一个冒号、一个空格和 signo 表示的信号名称。如果 signo 是无效的，输出信息将会进行提示。

更好的接口是 strsignal()。它不是标准化的，但 Linux 和许多非 Linux 系统都支持它：

```
#define _GNU_SOURCE
#include <string.h>

char * strsignal (int signo);
```

调用 strsignal()会返回一个指针，描述 signo 所指定的信号。如果 signo 是无效的，返回的描述通常会有提示信息（一些支持该函数的 UNIX 系统返回 NULL）。返回的字符串在下一次调用 strsignal()前移植都是有效的，因此该函数不是线程安全的。

使用 sys_siglist 通常是最好的选择。通过这种方式，可以重写我们之前给出的信号处理程序，如下：

```
static void signal_handler (int signo)
{
        printf ("Caught %s\n", sys_siglist[signo]);
}
```

10.3   发送信号

kill()系统调用，它是我们经常使用的 kill 工具的基础，kill()调用会从一个进程向另一个进程发送信号：

```
#include <sys/types.h>
#include <signal.h>

int kill (pid_t pid, int signo);
```

调用 kill()，如果 pid 值大于 0，通常是给 pid 代表的进程发送信号 signo。

如果 pid 是 0，会给调用进程的进程组中的每个进程发送 signo 信号。

如果 pid 是-1，signo 会向每个调用进程有权限发送信号的进程发出信号，除了调用进程自身和 init 以外。我们将在下一小节讨论发送信号的权限管理。

如果 pid 小于-1，会给进程组-pid 发送 signo 信号。

成功时，kill()会返回 0。只要有一个信号发出，该调用就认为成功。失败时（没有信号被发送），调用会返回-1，并将 errno 值设置为下列值之一：

EINVAL

由 signo 指定的信号无效。

EPERM

调用进程没有权限向指定的进程发送信号。

ESRCH

由 pid 指定的进程或进程组不存在，或进程是僵尸进程。

10.3.1   权限

为了给另一个进程发送信号，发送信号的进程需要合适的权限。有 CAP_KILL 权限的进程（通常是根用户的进程）可以给任何进程发送信号。如果没有这种权限，发送进程的有效用户 ID 或真正用户 ID 必须和接受进程的真正用户 ID 或保存用户 ID 相同。简单地说，用户只能给他自己持有的进程发送信号。

 UNIX 系统，包括 Linux，为 SIGCOUT 定义了一个特例：在同一个会话中，进程可以给任何其他的进程发送该信号，而且用户 ID 不必相同。

如果 signo 是 0（即前面提到过的空信号），调用就不会发送信号，但还是会执行错误检查。这对于测试一个进程是否有合适的权限给指定的进程发送信号很有帮助。

10.3.2　示例

以下示例程序说明了如何给进程号为 1722 的进程发送 SIGHUP：

```
int ret;

ret = kill (1722, SIGHUP);
if (ret)
        perror ("kill");
```

以上片段和下面执行 kill 命令功能相同：

```
$ kill -HUP 1722
```

为了检查我们是否有权限给进程号为 1722 的进程发送信号，而实际上不发送任何信号，我们可以使用如下方式进行：

```
int ret;

ret = kill (1722, 0);
if (ret)
        ; /* we lack permission */
else
        ; /* we have permission */
```

10.3.3　给进程本身发送信号

通过 raise()函数，进程可以很容易给自己发送信号：

```
#include <signal.h>

int raise (int signo);
```

该调用：

```
raise (signo);
```

和下面的调用是等价的：

```
kill (getpid (), signo);
```

该调用成功时返回 0，失败时返回非 0 值。它不会设置 errno 值。

10.3.4　给整个进程组发送信号

另一个非常方便的函数使得给特定进程组的所有进程发送信号变得非常简单，如果用进程组的 ID 的负值作为参数，调用 kill()就太麻烦了：

```
#include <signal.h>

int killpg (int pgrp, int signo);
```

该调用：

```
killpg (pgrp, signo);
```

和下面的调用等价：

```
kill (-pgrp, signo);
```

即使 pgrp 是 0，这也是正确的，在这种情况下，kill()给调用进程组的每个进程发送信号 signo。

成功时，killpg()返回 0，失败时，返回-1，并将 errno 设置为以下值之一：

EINVAL

由 signo 指定的信号无效。

EPERM

调用进程缺乏足够的权限给指定进程发送信号。

ESRCH

由 pgrp 指定的进程组不存在。

10.4 重入

当内核发送信号时，进程可能执行到代码中的任何位置。例如，进程可能正执行一个重要的操作，如果被中断，进程将会处于不一致状态（例如数据结构只更新了一半，或计算只执行了一部分）。进程甚至可能正在处理另一个信号。

当信号到达时，信号处理程序不能说明进程正在执行什么代码，处理程序可以在任何情况下运行。因此任何该进程设置的信号处理程序都应该谨慎对待它的操作和它涉及的数据。信号处理程序必须注意，不要对进程中断时可能正在执行的操作做任何假设，尤其是当修改全局（也就是共享的）数据时，必须要慎重。确实，不让信号处理程序接触全局数据是一个比较好的选择。在接下来的部分，我们会看一种临时阻止接收信号的方法，从而提供一种处理信号处理程序和进程其他部分共享数据的安全操作方法。

系统调用和其他库函数又是什么情况呢？如果进程正在写文件或申请内存时，信号

```
```

处理程序向同一个文件写入或也在调用 malloc(),进程会如何处理?或者当信号被发送时,进程正在调用一个使用静态缓存的函数,例如 strsignal(),又会发生什么情况?

一些函数显然是不可重入的。如果程序正在执行一个不可重入的函数时,信号发生了,信号处理程序调用同样的不可重入函数,那么就会造成混乱。可重入函数是指可以安全地自我调用(或者从同一个进程的另一个线程)的函数。为了使函数可重入,函数绝不能操作静态数据,必须只操作栈分配的数据或调用者提供的数据,并且不得调用任何不可重入的函数。

确保可重入的函数

当写信号处理程序时,你必须假定中断的进程可能处于不可重入的函数中(或者其他方面)。因此,信号处理程序必须只使用可重入函数。

很多标准已经颁布了信号安全(即可重入)的函数列表,因此可在信号处理程序中安全使用。最值得注意的是,POSIX.1-2003 和 UNIX 信号规范规定了在所有标准平台上都保证可重入和信号安全函数的列表。表 10-3 列出了这些函数。

表 10-3 在信号中确保可重入的安全函数列表

abort()	accept()	access()
aio_error()	aio_return()	aio_suspend()
alarm()	bind()	cfgetispeed()
cfgetospeed()	cfsetispeed()	cfsetospeed()
chdir()	chmod()	chown()
clock_gettime()	close()	connect()
creat()	dup()	dup2()
execle()	execve()	_Exit()
_exit()	fchmod()	fchown()
fcntl()	fdatasync()	fork()
fpathconf()	fstat()	fsync()
ftruncate()	getegid()	geteuid()
getgid()	getgroups()	getpeername()
getpgrp()	getpid()	getppid()
getsockname()	getsockopt()	getuid()
kill()	link()	listen()
lseek()	lstat()	mkdir()
mkfifo()	open()	pathconf()
pause()	pipe()	poll()

posix_trace_event()	pselect()	raise()
read()	readlink()	recv()
recvfrom()	recvmsg()	rename()
rmdir()	select()	sem_post()
send()	sendmsg()	sendto()
setgid()	setpgid()	setsid()
setsockopt()	setuid()	shutdown()
sigaction()	sigaddset()	sigdelset()
sigemptyset()	sigfillset()	sigismember()
signal()	sigpause()	sigpending()
sigprocmask()	sigqueue()	sigset()
sigsuspend()	sleep()	socket()
socketpair()	stat()	symlink()
sysconf()	tcdrain()	tcflow()
tcflush()	tcgetattr()	tcgetpgrp()
tcsendbreak()	tcsetattr()	tcsetpgrp()
time()	timer_getoverrun()	timer_gettime()
timer_settime()	times()	umask()
uname()	unlink()	utime()
wait()	waitpid()	write()

当然，有更多的函数是安全的，但是 Linux 以及其他 POSIX 标准兼容的系统只保证以上这些函数是可重入的。

10.5　信号集

在本章稍后提到的一些函数需要操作信号集，例如被一个进程阻塞的信号的集合，或者待处理的信号集合。以下列出的信号集操作可以管理这些信号集：

```
#include <signal.h>

int sigemptyset (sigset_t *set);

int sigfillset (sigset_t *set);
int sigaddset (sigset_t *set, int signo);

int sigdelset (sigset_t *set, int signo);

int sigismember (const sigset_t *set, int signo);
```

sigemptyset()会初始化由 set 指定的信号集,将集合标记为空(所有的信号都被排除在集合外)。sigfillset()会初始化由 set 指定的信号集,将它标记为满(所有的信号都包含在集合内)。两个函数都返回 0。你应该在使用信号集之前调用其中一个函数。

sigaddset()将 signo 加入到 set 给定的信号集中,sigdelset()将 signo 从 set 给定的信号集中删除。成功时两者都返回 0,出错时都返回-1,在这种情况下,errno 值被设置成 EINVAL,意味着 signo 是一个无效的信号标识符。

如果 signo 在由 set 指定的信号集中,sigismember()会返回 1,如果不在则返回 0,出错时返回-1。在后一种情况下,errno 会被设置为 EINVA,表示 signo 无效。

10.5.1 更多的信号集函数

上述的函数都是由 POSIX 标准定义的,可以在任何现代 UNIX 系统中找到。Linux 也提供了一些非标准函数:

```
#define _GNU_SOURCE
#define <signal.h>

int sigisemptyset (sigset_t *set);

int sigorset (sigset_t *dest, sigset_t *left, sigset_t *right);

int sigandset (sigset_t *dest, sigset_t *left, sigset_t *right);
```

如果由 set 指定的信号集为空,sigisemptyset()会返回 1,否则返回 0。

sigorset()将信号集 left 和 right 的并集(二进制或)赋给 dest。sigandset()将信号集 left 和 right 的交集(二进制与)赋给 dest。成功时两者都返回 0,出错时返回-1,并将 errno 设置为 EINVAL。

这些函数很有用,但是希望完全符合 POSIX 标准的程序应该避免使用它们。

阻塞信号

前面我们讨论了重入和由信号处理程序异步运行引发的问题。我们讨论了不能在信号处理程序内部调用的函数,因为这些函数本身是不可重入的。

但是,如果程序需要在信号处理程序和程序其他部分共享数据时,该怎么办?如果程序中的某些部分在运行期间不希望被中断(包括来自信号处理程序的中断)时,该怎么办?我们把程序中的这些部分称为临界区,我们通过临时挂起信号来保护它们。我们称这些信号被阻塞。任何被挂起的信号都不会被处理,直到它们被解除阻塞。进程可以阻塞任意多个信号，被进程阻塞的信号叫作该进程的信号掩码。

按照 POSIX 定义，Linux 实现了一个管理进程信号掩码的函数：

```
#include <signal.h>

int sigprocmask (int how,
                 const sigset_t *set,
                 sigset_t *oldset);
```

sigprocmask()的行为取决于 how 的值，它可以是以下标识值之一：

SIG_SETMASK

调用进程的信号掩码变成 set。

SIG_BLOCK

set 中的信号被加入到调用进程的信号掩码中。也就是说，信号掩码变成了当前信号掩码和 set 的并集（二进制或）。

SIG_UNBLOCK

set 中的信号被从调用进程的信号掩码中移除。也就是说，信号掩码变成了当前信号掩码和 set 补集（二进制非）的交集（二进制与）。解除阻塞一个未阻塞的信号是非法的。

如果 oldset 是非空的，该函数将 oldset 设置为先前的信号集。

如果 set 是空的，该函数会忽略参数 how，并且不会改变信号掩码，但是仍然会设置 oldset 的信号掩码。换句话说，给 set 一个空值是检测当前信号掩码的一种方法。

成功时，调用会返回 0。失败时，返回-1，并把 errno 值设置为 EINVAL，表示 how 是无效的，如果设置为 EFAULT，表示 set 或 oldset 是无效指针。

不允许阻塞 SIGKILL 信号或 SIGSTOP 信号。sigprocmask()会忽略任何将这两个信号加入信号掩码的操作，而不会提示任何信息。

10.5.2　获取待处理信号

当内核产生一个被阻塞的信号时，不会发送该信号。我们称它为待处理（挂起）信号。当解除一个待处理信号的阻塞时，内核会把它发送给进程来处理。

POSIX 定义了一个函数，可以获取待处理信号集：

```
#include <signal.h>

int sigpending (sigset_t *set);
```

成功时，sigpending()调用会将 set 设置为待处理的信号集，并返回 0。失败时，该调用返回-1，并将 errno 设置成 EFAULT，表示 set 是一个无效指针。

10.5.3　等待信号集

下面是 POSIX 定义的允许进程临时改变信号掩码的第三个函数，该函数始终处于等待状态，直到产生一个终止该进程或被该进程处理的信号：

```
#include <signal.h>

int sigsuspend (const sigset_t *set);
```

如果一个信号终止了进程，sigsuspend()不会返回。如果一个信号被发送和处理了，sigsuspend()在信号处理程序返回后，会返回-1，并将 errno 值设置为 EINTR。如果 set 是一个无效指针，errno 被设置成 EFAULT。

sigsuspend()的一个常见的使用场景是获取已到达的、并在程序运行的临界区被阻塞的信号。首先，进程会使用 sigprocmask()来阻塞一个信号集，将旧的信号掩码保存在 oldset 中。退出临界区后，进程会调用 sigsuspend()，将 oldset 赋给 set。

10.6　高级信号管理

我们在本章开头学习的 signal()函数是非常基础的。它是 C 标准库的一部分，因此必须对它运行的操作系统能力做最小的假设，它只提供了最低限度的信号管理的标准。作为另一种选择，POSIX 定义了 sigaction()系统调用，它提供了更加强大的信号管理能力。除此之外，当信号处理程序运行时，可以用它来阻塞特定信号的接收，也可以用它来获取信号发送时各种操作系统和进程状态的信息：

```
#include <signal.h>

int sigaction (int signo,
               const struct sigaction *act,
               struct sigaction *oldact);
```

调用 sigaction()会改变由 signo 表示的信号的行为，signo 可以是除了与 SIGKILL 和 SIGSTOP 关联外的任何值。如果 act 是非空的，该系统调用将该信号的当前行为替换成由参数 act 指定的行为。如果 oldact 是非空的，该调用会存储先前（或者是当前的，如果 act 是非空的）指定的信号行为。

结构体 sigaction 支持细粒度控制信号。头文件<sys/signal.h>包含在<signal.h>，以如下形式定义该结构体：

```
struct sigaction {
        void (*sa_handler)(int);    /* signal handler or action */
        void (*sa_sigaction)(int, siginfo_t *, void *);
        sigset_t sa_mask;           /* signals to block */
        int sa_flags;               /* flags */
        void (*sa_restorer)(void); /* obsolete and non-POSIX */
};
```

sa_handler 变量规定了接收信号时采取的操作。对于 signal()来说，该变量可能是
SIG_DFL，表示默认操作，也可能是 SIG_IGN，表示内核忽略该信号，或者是一
个指向信号处理函数的指针。该函数和 signal()安装的信号处理程序具有相同的原
型：

```
void my_handler (int signo);
```

如果 sa_flags 被置成 SA_SIGINFO，那么将由参数 sa_sigaction，而不是 sa_handle，
来表示如何执行信号处理函数。my_handler()函数的原型略有不同：

```
void my_handler (int signo, siginfo_t *si, void *ucontext);
```

该函数会接收信号编号作为其第一个参数，结构体 siginfo_t 作为第二个参数，结构
ucontext_t（强转成 void 指针）作为第三个参数。函数没有返回值。结构体 siginfo_t
给信号处理程序提供了丰富的信息，我们很快就会看到它。

需要注意的是，在一些机器体系结构中（可能是其他的 UNIX 系统），sa_handler
和 sa_sigaction 是在一个联合体中，因此不能给这两个变量同时赋值。

sa_mask 变量提供了应该在执行信号处理程序时被阻塞的信号集。这使得编程人员
可以为多个信号处理程序的重入提供适当的保护。当前正在处理的信号也是被阻塞
的，除非将 sa_flags 设置成了 SA_NODEFER 标志。不允许阻塞 SIGKILL 或
SIGSTIO，该调用会在 sa_mask 中忽略它们，而不会给出任何提示信息。

sa_flag 变量是 0、1 或更多标志位，改变 signo 所表示的信号处理方式。我们已经
看过了 SA_SIGINFO 和 SA_NODEFER 标志，sa_flags 可以设置的其他值如下：

SA_NOCLDSTOP

如果 signo 是 SIGCHLD，该标志指示系统在子进程停止或继续执行时不要提供通
知。

SA_NOCLDWAIT

如果 signo 是 SIGCHLD，该标志可以自动获取子进程：子进程结束时不会变成僵

尸进程，父进程不需要（并且也不能）为子进程调用 wait()。见第 5 章对子进程、僵尸进程和 wait() 的讨论。

SA_NOMASK

该标志已过时且不符合 POSIX 标准，该标志与 SA_NODEFER 等价（此部分前面讨论过）。使用 SA_NODEFER 代替该标志，但是在一些旧的代码中还能见到该标志。

SA_ONESHOT

该标志已过时且不符合 POSIX 标准，该标志与 SA_RESETHAND 等价（在下文会讨论）。使用 SA_RESETHAND 代替该标志，但是在一些旧的代码中还能见到该标志。

SA_ONSTACK

该标志指示系统在一个替代的信号栈中调用给定的信号处理程序，该信号栈是由 sigaltstack() 提供的。如果你没提供一个替代的栈，系统会使用默认的栈，也就是说，系统的行为和未提供该标志一样。替代的信号栈是很罕见的，虽然它们在一些较小线程栈的 pthreads 应用程序中是有用的，这些线程栈在被一些信号处理程序使用时可能会溢出。在本书中我们不再进一步讨论 sigaltstack()。

SA_RESTART

该标志可以使被信号中断的系统调用以 BSD 风格重新启动。

SA_RESETHAND

该标志表示"一次性"模式。一旦信号处理程序返回，给定信号就会被重设为默认操作。

sa_restorer 变量已经废弃了，并且不再在 Linux 中使用。它不是 POSIX 的一部分。应该当作不存在该变量，不要用它。

成功时，sigaction() 会返回 0。失败时，该调用会返回-1，并将 errno 设置为以下错误代码之一：

EFAULT

act 或 oldact 是无效指针。

EINVAL

signo 是无效的信号、SIGKILL 或 SIGSTOP。

10.6.1　结构体 siginfo_t

siginfo_t 结构体也是在<sys/signal.h>中定义的，如下：

```
typedef struct siginfo_t {
        int si_signo;       /* signal number */
        int si_errno;       /* errno value */
        int si_code;        /* signal code */
        pid_t si_pid;       /* sending process's PID */
        uid_t si_uid;       /* sending process's real UID */
        int si_status;      /* exit value or signal */
        clock_t si_utime;   /* user time consumed */
        clock_t si_stime;   /* system time consumed */
        sigval_t si_value;  /* signal payload value */
        int si_int;         /* POSIX.1b signal */
        void *si_ptr;       /* POSIX.1b signal */
        void *si_addr;      /* memory location that caused fault */
        int si_band;        /* band event */
        int si_fd;          /* file descriptor */
};
```

这种结构中都是传递给信号处理程序的信息（如果你使用 sa_sigaction 代替 sa_sighandler）。在现代计算技术中，许多人认为 UNIX 信号模型是一种非常糟糕的实现 IPC（进程间通信）的方法。这很有可能是因为当他们应该使用 sigaction() 和 SA_SIGINFO 时，这些人仍然坚持使用 signal()。siginfo_t 结构为我们打开了方便之门，在信号之上又衍生了大量的功能。

在这个结构体中，有许多有趣的数据，包括发送信号进程的信息，以及信号产生的原因。以下是对每个字段的详细描述：

si_signo

指定信号的编号。在你的信号处理程序中，第一个参数也提供了该信息（避免使用一个复引用的指针）。

si_errno

如果是非零值，表示与该信号有关的错误代码。该域对所有的信号都有效。

si_code

解释进程为什么收到信号以及信号由哪（例如，来自 kill()）发出。我们会在下一部分浏览一下可能的值。该域对所有的信号都有效。

si_pid

对于 SIGCHLD，表示终止进程的 PID。

si_uid

对于 SIGCHLD，表示终止进程自己的 UID。

si_status

对于 SIGCHLD，表示终止进程的退出状态。

si_utime

对于 SIGCHLD，表示终止进程消耗的用户时间。

si_stime

对于 SIGCHLD，表示终止进程消耗的系统时间。

si_value

si_int 和 si_ptr 的联合。

si_int

对于通过 sigqueue()发送的信号（见本章稍后的"发送带附加信息的信号"），以整数类型作为参数。

si_ptr

对于通过 sigqueue()发送的信号（见本章稍后的"发送带附加信息的信号"），以void 指针类型作为参数。

si_addr

对于 SIGBUS、SIGFPE、SIGILL、SIGSEGV 和 SIGTRAP，该 void 指针包含了引发错误的地址。例如对于 SIGSEGV，该域包含非法访问内存的地址（因此常常是NULL）。

si_band

对于 SIGPOLL，表示 si_fd 中列出的文件描述符的带外和优先级信息。

si_fd

对于 SIGPOLL，表示操作完成的文件描述符。

si_value、si_int 和 si_ptr 是非常的复杂，因为进程可以用它们给另一个进程传递任何数据。因此，你可以用它们发送一个整数或一个指向数据结构的指针（注意，如果进程不共享地址空间，那么指针是没有用的）。在接下来的 10.6.3 节中，将会讨论这些字段。

POSIX 只保证前三个字段对于所有信号都是有效的。其他的字段只有在处理相应的信号时才会被访问。例如，只有当信号是 SIGPOLL 时，才可以访问 si_fd 字段。

10.6.2　si_code 的相关说明

si_code 字段说明信号发生的原因。对于用户发送的信号，该字段说明信号是如何被发送的。对于内核发送的信号，该字段说明信号发送的原因。

以下 si_code 值对任何信号都是有效的。它们说明了信号如何发送以及为何发送。

SI_ASYNCIO

由于完成异步 I/O 而发送该信号（见第 5 章）。

SI_KERNEL

信号由内核产生。

SI_MESGQ

由于一个 POSIX 消息队列的状态改变而发送该信号（不在本书的范围内）。

SI_QUEUE

信号由 sigqueue()发送（见下一节）。

SI_TIMER

由于 POSIX 定时器超时而发送该信号（见第 11 章）。

SI_TKILL

信号由 tkill()或 tgkill()发送。这些系统调用是线程库使用的，不在本书的讨论范围内。

SI_SIGIO

由于 SIGIO 排队而发送该信号。

SI_USER

信号由 kill() 或 raise() 发送。

以下的 si_code 值只对 SIGBUS 有效。它们说明了发生硬件错误的类型:

BUS_ADRALN

进程发生了对齐错误(见第 9 章对对齐的讨论)。

BUS_ADRERR

进程访问无效的物理地址。

BUS_OBJERR

进程造成了其他类型的硬件错误。

对于 SIGCHLD,以下值表示子进程给父进程发送信号时的行为:

CLD_CONTINUED

子进程被停止,但已经继续执行。

CLD_DUMPED

子进程非正常终止。

CLD_EXITED

子进程通过 exit() 正常终止。

CLD_KILLED

子进程被杀死了。

CLD_STOPPED

子进程被停止了。

CLD_TRAPPED

子进程进入一个陷阱。

以下值只对 SIGFPE 有效。它们说明了发生算术错误的类型：

FPE_FLTDIV

进程执行了一个除以 0 的浮点数运算。

FPE_FLTOVF

进程执行了一个会溢出的浮点数运算。

FPE_FLTINV

进程执行了一个无效的浮点数运算。

FPE_FLTRES

进程执行了一个不精确或无效结果的浮点数运算。

FPE_FLTSUB

进程执行了一个造成下标超出范围的浮点数运算。

FPE_FLTUND

进程执行了一个造成下溢的浮点数运算。

FPE_INTDIV

进程执行了一个除以 0 的整数运算。

FPE_INTOVF

进程执行了一个溢出的整数运算。

以下 si_code 值只对 SIGILL 有效。它们说明了执行非法指令的性质：

ILL_ILLADR

进程试图进入非法的寻址模式。

ILL_ILLOPC

进程试图执行一个非法的操作码。

ILL_ILLOPN

进程试图执行一个非法的操作数。

ILL_PRVOPC

进程试图执行特权操作码。

ILL_PRVREG

进程试图在特权寄存器上运行。

ILL_ILLTRP

进程试图进入一个非法的陷阱。

对于所有这些值，si_addr 都指向非法操作的地址。

对于 SIGPOLL，以下值表示形成信号的 I/O 事件：

POLL_ERR

发生了 I/O 错误。

POLL_HUP

设备挂起或套接字断开。

POLL_IN

文件有可读数据。

POLL_MSG

有个消息。

POLL_OUT

文件能够被写入。

POLL_PRI

文件有可读的高优先级数据。

以下的代码对 SIGSEGV 有效，描述了两种非法访问内存的类型：

SEGV_ACCERR

进程以无效的方式访问有效的内存区域，也就是说进程违反了内存访问的权限。

SEGV_MAPERR

进程访问无效的内存区域。

对于这两个值，si_addr 包含了非法操作地址。

对于 SIGTRAP，这两个 si_code 值表示陷阱的类型：

TRAP_BRKPT

进程"踩到"了一个断点。

TRAP_TRACE

进程"踩到"了一个追踪陷阱。

注意，si_code 字段是个数值，而不是位。

10.6.3   发送带附加信息（payload）的信号

正如我们前面所看到的，以 SA_SIGINFO 标志注册的信号处理程序传递了一个 siginfo_t 参数。该结构体包含了一个名为 si_value 的字段，该字段可以让信号产生者向信号接受者传递一些附加信息。

由 POSIX 定义的 sigqueue() 函数，允许进程发送带附加信息的信号：

```
#include <signal.h>

int sigqueue (pid_t pid,
              int signo,
              const union sigval value);
```

sigqueue() 的运行方式和 kill() 很类似。成功时，由 signo 表示的信号会被添加到由 pid 指定的进程或进程组的队列中，并返回 0。信号的附加信息是由数值给定的，它是一个整数和 void 指针的联合：

```
union sigval {
        int sival_int;
        void *sival_ptr;
};
```

失败时，该调用返回-1，并将 errno 设置为以下之一：

EAGAIN

调用的进程对入队的信号达到上限。

EINVAL

由 signo 指定的信号无效。

EPERM

调用进程缺乏足够的权限给任何指定的进程发送信号。发送信号的权限要求和 kill()
是一样的（见 10.3 节）。

ESRCH

由 pid 指定的进程或进程组不存在，或者进程是一个僵尸进程。

对于 kill()调用，可以给 signo 传递空信号值（0），来测试权限。

10.6.4　示例

这个例子会给 pid 为 1722 的进程发送一个 SIGUSR2 信号，该信号附加一个整数值，
值为 404：

```
sigval value;
int ret;

value.sival_int = 404;

ret = sigqueue (1722, SIGUSR2, value);
if (ret)
        perror ("sigqueue");
```

如果 1722 进程通过 SA_SIGINFO 处理程序来处理 SIGUSR2 信号，它会发现 signo
被设置成 SIGUSR2，si->si_int 设置成 404，si->si_code 设置成 SI_QUEUE。

10.7　信号是个 UNIX "瑕疵" 吗

信号在很多 UNIX 编程人员中的名声很坏。它们是古老、过时的内核和用户之间的
通信机制，最多也只是一种原始的进程间通信机制。在多线程程序和循环事件中，
信号显得很不合时宜。对于已经 "饱经风霜" 的 UNIX 系统而言，它从一开始就提
倡原生编程规范，从这个角度看，信号是个 "失误"。我觉得信号被人们过分轻视
了，而一个更易于说明、易于扩展、线程安全和基于文件描述符的解决方案无疑是

个不错的开始。

然而，不管是好是坏，我们还是需要信号。信号是从内核接收许多通知（例如通知
进程执行了非法的操作码）的唯一方式。此外，信号还是 UNIX（Linux 也一样）终
止进程和管理父/子进程关系的方式。因此，编程人员必须理解信号，并使用它们。

信号备受诟病的主要原因之一在于，很难写出一个安全的、可重入的信号处理程序。
如果你能简化你的信号处理程序，并且只使用表 10-3 列出的函数（如果用到的话），
它们就应该是安全的。

信号另一个不足在于，许多编程人员仍然使用 signal()和 kill()，而不是 sigaction()
和 sigqueue()来管理信号。正如最后两个小节所显示的，当使用 SA_SIGINFO 风格
的处理程序时，信号的健壮性和表达力会显著增强。虽然我本人并不喜欢信号，但
是绕过它们的缺陷并使用 Linux 的高级信号接口，确实可以避免很多麻烦或痛苦。

第11章

时　间

在现代操作系统中，时间有很多不同的用途，很多程序都需要使用时间。内核通过三种方式来衡量时间：

墙钟时间[1]（或真实时间，Wall Time）

这是真实世界中的物理时间和日期——也就是说，是墙壁上挂钟的时间。当和进程用户交互或对事件添加时间戳时，会使用墙钟时间。

进程时间（Process Time）

这是进程在处理器上消耗的时间。它既包括用户空间代码本身消耗的时间（用户时间），也包括该进程在内核上所消耗的时间（系统时间）。进程通常在对程序进行剖析、审计和统计时，需要使用进程时间，比如衡量某个算法消耗了多少处理器时间才完成。在这方面，墙钟时间可能会有误导作用，因为由于 Linux 本身的多任务特性，墙钟时间往往大于进程时间。相反，对于多个处理器和单线程的进程，对于某个操作，进程时间可能会超出墙钟时间。

单调时间

这种时间类型是严格线性递增的。大多数操作系统，包括 Linux，使用系统的启动时间（从启动到现在的时间）。墙钟时间会发生变化——举个例子，可能用户进行了设置或因为系统连续调整时间来避免时钟倾斜——而且还可以引入其他引起时间不准确的因素，比如闰秒。相反，系统启动时间是对时间的精确和不变的表示方式。单调时间类型的重要性并不在于当前值，而是确保时间是严格线性递增，因此

---

[1] 译注：Wall Time 或 Wall Clock Time，有时也称运行时间，译者感觉墙钟时间这一表达更准确生动。

可以利用该特性来计算两次时间采样的差值。

以上三种时间衡量方式可以通过以下两种方式之一表示：

相对时间

它是相对于某些基准时间的值：举个例子，"5 秒之后"或"10 分钟前"。单调时间对于计算相对时间很有用。

绝对时间

它表示不含任何基准的时间，如"1968 年 3 月 25 号正午"。墙钟时间是计算绝对时间的理想选择。

相对时间和绝对时间有不同的用途。一个进程可能需要取消 500 毫秒内的某个请求，每秒刷新屏幕 60 次，或者注意从操作开始到现在已经历时 7 秒了。所有这些都需要计算相对时间。相反，一个日历应用可能要保存用户的宴会日期是 2 月 8 日，当创建一个新的文件时，文件系统会给出当前完整的日期和时间（而不是"5 秒前"这样的相对时间），用户的时钟显示的是公历时间，而不是从系统启动到现在的秒数。

UNIX 系统把绝对时间表示成新纪元至今所经过的秒数，新纪元是定义成 1970 年 1 月 1 日早上 00:00:00 UTC。UTC（协调世界时，Coordinated Universal Time）相当于 GMT（格林威治标准时间）或 Zulu 时间。奇怪的是，这表示在 UNIX 系统中，即使是绝对时间，从底层来看，也是相对的。UNIX 引入了一种特殊的数据类型来表示"从新纪元到现在的秒数"，我们将在下一节描述它。

操作系统通过"软件时钟（software clock）"获取时间的变化，软件时钟是软件内核所维护的时钟。内核启动一个周期性计时器，称为"系统计时器（system timer）"，以特定频率跳动。当计时器完成一个周期时，内核就把墙钟时间增加一个单位，称为"tick（刻度）"或"jiffy（瞬间）"。运行的 tick 计数称为"jiffies 计数器"。在 Linux 内核 2.6 以前，jiffies 计数器的值是 32 位的，从内核 2.6 以后变成 64 位的计数器[1]。

在 Linux，系统计时器的频率称为 Hz（赫兹），因为预处理器定义了一个完全相同的名字来表示这个概念。Hz 的值是和体系结构相关的，并且不是 Linux ABI 的一

---

[1] Linux 内核现在已经支持"tickles"操作，因此这个说法不太严谨。

部分。因此，程序不能依赖于任何特定值，也不能期望它等于某个特定值。历史上，x86 架构定义该值为 100，表示系统计时器每秒钟运行 100 次（就是说系统计时器的频率是 100Hz）。在这种情况下，jiffy 的值就变为 0.01 秒。在 Linux 内核 2.6 中，内核编程人员把 Hz 的值一下子提升到 1 000，使得每个 jiffy 的值变成 0.001 秒。但是，在 Linux 内核 2.6.13 以及之后的版本中，Hz 的值是 250，每个 jiffy 为 0.004 秒[1]。对于 Hz 值的选择，需要加以权衡：值越高，精度也越高，但计时器开销也越大。

虽然进程不应依赖于任何确定的 Hz 值，POSIX 定义了一种机制，可以在运行时确定系统计时器频率：

```
long hz;

hz = sysconf (_SC_CLK_TCK);
if (hz == -1)
        perror ("sysconf"); /* should never occur */
```

当程序希望确定系统计时器频率时，该函数很有帮助，但是，没有必要通过它把系统时间转换成秒，因为大多数 POSIX 函数输出的时间测量结果已经被转换或者缩放成和 Hz 无关的确定值。和 Hz 不同的是，这个固定的频率是系统 ABI 的一部分，在 x86 上，其值是 100。以系统时钟周期数作为返回值的 POSIX 函数，通过 CLOCKS_PER_SEC 来表示该固定的频率。

在某些情况下，一些突发事件会导致计算机意外关闭。有时，计算机甚至还会被断电。但是，当启动计算机时，时间还是正确无误。这是因为大多数计算机都有一个硬件时钟，由电池供电，在计算机关闭时保存时间和日期。当内核启动时，就从该硬件时钟来初始化当前时间。同样，当用户关闭计算机时，内核将时间写回到硬件时钟里。系统管理员可以通过 hwclock 命令将时钟更新为其他时间。

在 UNIX 系统上，对时间的管理涉及几个任务，其中只有一部分是所有进程都需要关心的，包括设定和取得当前墙钟时间，计算消耗时间，睡眠一段时间，执行精确的时间测量，并控制计时器。本章涵盖了时间相关的所有内容。我们将从 Linux 表示时间的数据结构开始看起。

11.1　时间的数据结构

随着各种 UNIX 系统的发展，它们用多种数据结构来表示看似简单的时间概念，并在此基础上实现了各自的时间管理函数。这些数据结构可以说是花样繁多，既有简

---

[1] Hz 现在是内核编译期的可选项，在 x86 架构上值可以是 100、250 和 1 000。虽然如此，用户空间的应用代码还是不应该依赖于任何特定的 Hz 值。

单的整型，也有多字段结构体。在我们深入函数细节之前，我们先来讨论一下这些数据结构。

11.1.1　原始表示

最简单的数据结构是 time_t，在头文件<time.h>中定义。定义 time_t 数据结构的初衷是不要显式表示时间类型。但是，在大多数 UNIX 系统上（包括 Linux），这个类型是一个简单的 C 语言的长整型：

```
typedef long time_t;
```

time_t 表示自新纪元以来已流逝的秒数。对此，人们常常会想"那岂不是过不了多久就会溢出！"。实际上，这会比你所认为的要久一些，在大量目前仍然在使用的 UNIX 系统中，它确实会出现溢出。使用 32 位的长整型，time_t 最多能表示新纪元后 2 147 483 647 秒。这表示我们将会在 2038 年再一次遭遇千年虫！然而幸运的是，到了 2038 年 1 月 18 日，星期一 22 点 14 分 07 秒时，大多数系统和软件将已经升级成 64 位的。

11.1.2　微秒级精度

与 time_t 相关的另外一个问题是一秒钟内会发生很多事情。timeval 结构体对 time_t 进行了扩展，达到了微秒级精度。头文件<sys/time.h>对其定义如下：

```
#include <sys/time.h>

struct timeval {
        time_t        tv_sec;      /* seconds */
        suseconds_t   tv_usec;     /* microseconds */
};
```

tv_sec 表示秒数，而 tv_usec 表示毫秒数。令人困惑的是，suseconds_t 通常是 typedef 成一个整型。

11.1.3　更精确的：纳秒级精度

由于毫秒级精度在某些场景下还是不够准确，timespec 结构体将精度提高到了纳秒级。头文件<time.h>对其定义如下：

```
#include <time.h>

struct timespec {
        time_t  tv_sec;      /* seconds */
        long    tv_nsec;     /* nanoseconds */
};
```

可以选择纳秒级精度后，很多接口更倾向使用纳秒级而非微秒级的精度。此外，

timespec 结构放弃使用 suseconds_t，而是使用更简单的 long 类型。因此，引入 timespec 结构后，大多数时间相关的函数就采用了它，并得到更高的精度。但是，正如我们将看到的，还有个重要的函数仍然使用 timeval 结构体。

实际上，因为系统计时器没有提供纳秒级甚至微秒级的精度，这里所提到的结构体都无法提供其所声明的精度。不过，函数中尽量采用可用的高精度是较好的选择，因为这样就可以兼容系统所提供的各种精度。

11.1.4　对时间进行分解

我们将要讨论的一些函数经常需要进行 UNIX 时间与字符串之间的转换，或者通过编程构建字符串来表示时间。为了简化这一过程，标准 C 提供了结构体 tm，将 UNIX 时间拆分为人们更容易理解的格式。这个结构体也在<time.h>中定义：

```
#include <time.h>

struct tm {
        int tm_sec;             /* seconds */
        int tm_min;             /* minutes */
        int tm_hour;            /* hours */
        int tm_mday;            /* the day of the month */
        int tm_mon;             /* the month */
        int tm_year;            /* the year */
        int tm_wday;            /* the day of the week */
        int tm_yday;            /* the day in the year */
        int tm_isdst;           /* daylight savings time? */
#ifdef _BSD_SOURCE
        long tm_gmtoff;         /* time zone's offset from GMT */
        const char *tm_zone;    /* time zone abbreviation */
#endif /* _BSD_SOURCE */
};
```

tm 结构体可以让我们更容易理解 time_t 的值代表什么，比如说，314159 是周日还是周六（应该是前者）。从空间占用角度来看，通过这种方式来表示日期和时间显然是一个糟糕的选择，但是这种表示方式更易于和用户期望值之间互相转换。

tm 结构体有如下这些字段：

tm_sec

在分钟后的秒数。这个值通常在 0 到 59 之间，但也可以达到 61 来表示最多 2 个闰秒。

tm_min

小时后的分钟数。这个值在 0 到 59 之间。

tm_hour

午夜后的小时数。这个值在 0 到 23 之间。

tm_mday

该月的日期。这个值在 0 到 31 之间。POSIX 并没有指定 0 值，然而，Linux 用它表示上个月的最后一天。

tm_mon

从一月以来的月数。这个值在 0 到 11 之间。

tm_year

从 1900 年以来的年数。

tm_wday

从周日以来的天数。这个值在 0 到 6 之间。

tm_yday

从 1 月 1 日以来的日期数。这个值在 0 到 365 之间。

tm_isdst

这个值用来表示夏令时（DST）在其他字段描述的时间是否有效。如果这个值为正，那么 DST 有效。如果是 0，DST 无效。如果是负数，DST 的状态未知。

tm_gmtoff

以秒计的当前时区与格林威治时间的偏差值。这个字段仅仅在包含<time.h>之前定义了_BSD_SOURCE 才会出现。

tm_zone

当前时区的缩写——例如 EST。这个字段仅仅在包含<time.h>之前定义了_BSD_SOURCE 才会出现。

11.1.5　进程时间类型

clock_t 类型表示时钟"滴答"数。这是个整数类型，通常是长整型。对于不同函数，clock_t 表示系统实际计时器频率（Hz）或者 CLOCKS_PER_SEC。

11.2 POSIX 时钟

本章讨论的一些系统调用使用了 POSIX 时钟，它是一种实现和表示时间源的标准。clockid_t 类型表示了特定的 POSIX 时钟，Linux 支持其中五种：

CLOCK_REALTIME

系统级的真实时间（墙钟时间）。设置该时钟需要特殊权限。

CLOCK_MONOTONIC

任何进程都无法更改的单调递增的时钟。它表示自某个非特定起始点以来所经过的时间，比如从系统启动到现在的时间。

CLOCK_MONOTONIC_RAW

和 CLOCK_MONOTONIC 类似，差别在于该时钟不能调整（对误差进行微调）。也就是说，如果硬件时钟运行比运行时钟快或慢，该时钟不会进行调整。该时钟是 Linux 特有的。

CLOCK_PROCESS_CPUTIME_ID

处理器提供给每个进程的高精度时钟。例如，在 i386 体系结构上，这个时钟采用时间戳计数（TSC）寄存器。

CLOCK_THREAD_CPUTIME_ID

和每个进程的时钟类似，但是进程中每个线程的该时钟是独立的。

在 POSIX 标准中，只有 CLOCK_REALTIME 是必须实现的。因此，虽然 Linux 提供了所有五个时钟，但如果希望代码可移植，就应该只使用 CLOCK_REALTIME。

11.3 时间源精度

POSIX 定义了 clock_getres()函数，可以获取给定时间源的精度。

```
#include <time.h>

int clock_getres (clockid_t clock_id,
                  struct timespec *res);
```

成功调用 clock_getres()时，会将 clock_id 指定的时钟精度保存到 res 中。如果结果不是 NULL，就返回 0。失败时，函数返回-1，并设置 errno 为以下两个错误码之一：

EFAULT

res 是一个非法的指针。

EINVAL

clock_id 不是该系统上合法的时间源。

以下示例代码将输出先前讨论的五种时间源精度:

```
clockid_t clocks[] = {
        CLOCK_REALTIME,
        CLOCK_MONOTONIC,
        CLOCK_PROCESS_CPUTIME_ID,
        CLOCK_THREAD_CPUTIME_ID,
        CLOCK_MONOTONIC_RAW,
        (clockid_t) -1 };
int i;

for (i = 0; clocks[i] != (clockid_t) -1; i++) {
        struct timespec res;
        int ret;

        ret = clock_getres (clocks[i], &res);
        if (ret)
                perror ("clock_getres");
        else
                printf ("clock=%d sec=%ld nsec=%ld\n",
                        clocks[i], res.tv_sec, res.tv_nsec);
}
```

在现代 x86 系统上,输出大致类似于下面这样:

```
clock=0 sec=0 nsec=4000250
clock=1 sec=0 nsec=4000250
clock=2 sec=0 nsec=1
clock=3 sec=0 nsec=1
clock=4 sec=0 nsec=4000250
```

注意,4 000 250 纳秒是 4 毫秒,也就是 0.004 秒。反过来,0.004 秒也是给定 Hz 值为 250 的 x86 系统时钟的精度(这正是我们在本章第一节所讨论的)。这样,我们看到 CLOCK_REALTIME 和 CLOCK_MONOTONIC 二者都和 jiffy 数以及系统计时器所提供的精度有关。相反,CLOCK_PROCESS_CPUTIME_ID 和 CLOCK_THREAD_CPUTIME_ID 则使用了一种更高精度的时间源——在同一台 x86 机器上,即 TSC,提供了纳秒级精度。

在 Linux 上(还有大多数其他 UNIX 系统),所有使用 POSIX 时钟的函数都需要将目标文件与 librt 链接。举个例子，如果把刚才的代码片断编译成完全可执行程序，可能会用到以下命令：

```
$ gcc -Wall -W -O2 -lrt -g -o snippet snippet.c
```

11.4　取得当前时间

应用程序出于以下几个目的，需要获取当前日期和时间：显示给用户、计算相对时间或者流逝的时间、给事件标记时间戳等。最简单也是最常用的获取当前时间的方法是通过 time()函数：

```
#include <time.h>

time_t time (time_t *t);
```

time()调用会返回当前时间，以自从新纪元以来用秒计的流逝的秒数来表示。如果参数 t 非 NULL，该函数也将当前时间写入到提供的指针 t 中。

出错时，函数会返回-1（强制类型转换成 time_t），并相应设置 errno 的值。errno 值只能是 EFAULT，表示 t 是个非法的指针。

举个例子：

```
time_t t;

printf ("current time: %ld\n", (long) time (&t));
printf ("the same value: %ld\n", (long) t);
```

> **表示一致但不准确的计时方法**
> time_t 表示的"自从新纪元以来流逝的秒数"并不是真正从那刻起经过的秒数。UNIX 的计算方法假定所有能被四整除的年份都是闰年，并且忽略了所有的闰秒。time_t 表示法的要点不在于精确，而在于一致。

11.4.1　更好的接口

gettimeofday()函数扩展了 time()函数，在其基础上提供了微秒级精度支持：

```
#include <sys/time.h>

int gettimeofday (struct timeval *tv,
                  struct timezone *tz);
```

成功调用 gettimeofday()时，会将当前时间放到由 tv 指向的 timeval 结构体中，并返回 0。结构体 timezone 和参数 tz 已经废弃了，都不应该在 Linux 中使用。调用时，参数 tz 总是传递 NULL。

失败时，调用返回-1，并把 errno 值设置为 EFAULT。这是唯一可能的错误值，表示 tv 或 tz 是个非法指针。

举个例子：

```
struct timeval tv;
int ret;

ret = gettimeofday (&tv, NULL);
if (ret)
        perror ("gettimeofday");
else
        printf ("seconds=%ld useconds=%ld\n",
                (long) tv.sec, (long) tv.tv_usec);
```

timezone 结构已经废弃了，因为内核不再管理时区，而且 glibc 不能使用 timezone 结构的 tz_dstime 字段。我们将在下一节研究如何操作时区。

11.4.2 高级接口

POSIX 提供了 clock_gettime()函数，获取指定时间源的时间。此外，该函数还可以达到纳秒级精度，这一点更有用：

```
#include <time.h>

int clock_gettime (clockid_t clock_id,
                   struct timespec *ts);
```

成功时，调用返回 0，并将 clock_id 指定的时间源的当前时间存储到 ts 中。失败时，调用返回-1，并设置 errno 为下列值之一：

EFAULT

ts 不是合法指针。

EINVAL

clock_id 不是该系统的合法时间源。

```
clockid_t clocks[] = {
        CLOCK_REALTIME,
        CLOCK_MONOTONIC,
        CLOCK_PROCESS_CPUTIME_ID,
        CLOCK_THREAD_CPUTIME_ID,
```

```
        CLOCK_MONOTONIC_RAW,
        (clockid_t) -1 };
int i;

for (i = 0; clocks[i] != (clockid_t) -1; i++) {
        struct timespec ts;
        int ret;

        ret = clock_gettime (clocks[i], &ts);
        if (ret)
                perror ("clock_gettime");
        else
                printf ("clock=%d sec=%ld nsec=%ld\n",
                        clocks[i], ts.tv_sec, ts.tv_nsec);
}
```

11.4.3 获取进程时间

times()系统调用取得正在运行的当前进程及其子进程的进程时间，进程时间以时钟报时信号表示。

```
#include <sys/times.h>

struct tms {
        clock_t tms_utime;    /* user time consumed */
        clock_t tms_stime;    /* system time consumed */
        clock_t tms_cutime;   /* user time consumed by children */
        clock_t tms_cstime;   /* system time consumed by children */
};

clock_t times (struct tms *buf);
```

成功时，调用会将发起进程及其子进程消耗的进程时间写入到 buf 所指向的 tms 结构体中。时间统计分成用户时间和系统时间。用户时间是在用户空间执行代码所用的时间。系统时间是在内核空间执行所用的时间——例如进行系统调用或者发生页错误所消耗的时间。每个子进程的耗时统计是在该子进程已经结束，且父进程对其调用了 waitpid()（或者相关函数）之后才执行。调用返回时钟报时信号数，并从过去的某个参考点单调递增。过去曾以系统启动时间作为参考点——因此，times()函数返回系统启动以来的滴答数，而目前的参考点则是以系统启动前大约 429 000 000 秒开始计算。内核编程人员之所以这样做是为了捕获那些无法处理系统启动瞬间发生问题的内核代码。因此，该函数返回的绝对值是没什么用的，而两次调用的相对时间还是有意义的。

失败时，调用会返回-1，并相应设置 errno 值。在 Linux 上，唯一可能的错误码是 EFAULT，表示 buf 是非法指针。

11.5 设置当前时间

前面的章节讨论了如何获取时间，应用程序有时也会需要将当前时间日期设置为一个给定值。大多数系统都会提供一个独立的工具（例如 date 命令）来解决这个问题。

在时间设置中，与 time() 函数相对应的是 stime() 函数：

```
#define _SVID_SOURCE
#include <time.h>

int stime (time_t *t);
```

成功调用 stime() 函数时，会设置系统时间为 t 所指向的值并返回 0。调用需要发起者拥有 CAP_SYS_TIME 权限。一般情况下，只有 root 用户才有该权限。

失败时，调用会返回-1，并设置 errno 值为 EFAULT，表示 t 是非法指针，或者 EPERM，表示发起者没有 CAP_SYS_TIME 权限。

其用法相当简单：

```
time_t t = 1;
int ret;

/* set time to one second after the epoch */
ret = stime (&t);
if (ret)
        perror ("stime");
```

我们将在接下来一节看看将我们所习惯的时间格式方便地转换成 time_t 类型。

11.5.1 设置支持高精度的时间

和 gettimeofday() 函数相对应的是 settimeofday() 函数：

```
#include <sys/time.h>

int settimeofday (const struct timeval *tv,
                  const struct timezone *tz);
```

成功调用 settimeofday() 函数时，会将系统时间设定为 tv 提供的值，并返回 0。和 gettimeofday() 一样，最好给参数 tz 传递 NULL。失败时，调用返回-1，并将 errno 设置为下列值之一：

EFAULT

tv 或者 tz 指向非法内存。

EINVAL

提供的结构体中某个字段为无效值。

EPERM

调用进程没有 CAP_SYS_TIME 权限。

下面的例子将当前时间设置为 1979 年 12 月中旬的周六：

```
struct timeval tv = { .tv_sec  = 31415926,
                      .tv_usec = 27182818 };
int ret;

ret = settimeofday (&tv, NULL);
if (ret)
        perror ("settimeofday");
```

11.5.2　设置时间的高级接口

就像 clock_gettime() 改进了 gettimeofday() 一样，有了 clock_settime() 函数，settimeofday()就被废弃了：

```
#include <time.h>

int clock_settime (clockid_t clock_id,
                   const struct timespec *ts);
```

成功时，调用返回 0，而 clock_id 指定的时间源被设置为 ts 指定的时间。失败时，调用返回-1，并设置 errno 为下列值之一：

EFAULT

ts 不是一个合法指针。

EINVAL

clock_id 不是该系统上的合法时间源。

EPERM

进程没有设定该时间源的相关权限，或者该时间源不能被设置。

在大多数系统上，唯一可以设置的时间源是 CLOCK_REALTIME。因此，这个函数比 settimeofday()函数的唯一优越之处在于提供了纳秒级精度(还有不用处理无聊的 timezone 结构体）。

11.6　玩转时间

UNIX 系统和 C 语言提供了一系列函数来对时间进行"分解"（ASCII 字符串表示的时间），提供了 time_t.asctime()，可以转换成 tm 结构体——把时间"分解"转换成 ASCII 字符串：

```
#include <time.h>

char * asctime (const struct tm *tm);
char * asctime_r (const struct tm *tm, char *buf);
```

它返回一个指向静态分配的字符串的指针。之后对任何时间函数的调用都可能覆盖该字符串，asctime()不是线程安全的。

因此，多线程程序（以及讨厌这种糟糕设计的编程人员）应该使用 asctime_r()函数，不要用 asctime()函数。asctime_r()函数不使用静态分配字符串的指针，而是通过 buf 提供，buf 的长度至少为 26 个字符长度。

这两个函数在出错时都返回 NULL。

mktime()函数也可以转换成 tm 结构体，但是它转换成 time_t 类型。

```
#include <time.h>

time_t mktime (struct tm *tm);
```

mktime()还通过 tzset()函数，将时区设置为 tm 指定的值。出错时，返回-1（强制类型转换成 time_t）。

ctime()函数将 time_t 转换成 ASCII 表示方式：

```
#include <time.h>

char * ctime (const time_t *timep);
char * ctime_r (const time_t *timep, char *buf);
```

失败时，ctime()函数会返回 NULL。举个例子：

```
time_t t = time (NULL);

printf ("the time a mere line ago: %s", ctime (&t));
```

需要注意的是，在 printf 中没有输出换行符，但是 ctime()函数会在其返回字符串后追加了一个空行，这可能会有些不方便。

类似于 asctime()函数，ctime()函数会返回一个静态字符串指针。由于这样不是线程安全的，基于线程的多线程程序应该用 ctime_r()来替代它，ctime_r()函数在 buf 所指向的缓冲区上工作，缓冲区长度最少为 26 个字符。

gmtime()函数会将给出的 time_t 转换为 tm 结构体，通过 UTC 时区格式表示：

```
#include <time.h>

struct tm * gmtime (const time_t *timep);
struct tm * gmtime_r (const time_t *timep, struct tm *result);
```

失败时，返回 NULL。

gmtime()函数返回静态分配的结构体指针，因此也不是线程安全的。基于线程的多线程程序应使用 gmtime_r()，该函数在 result 指向的结构体上完成操作。

localtime()和 localtime_r()函数则分别类似于 gmtime()和 gmtime_r()，但它们会把 time_t 表示为用户时区：

```
#include <time.h>

struct tm * localtime (const time_t *timep);
struct tm * localtime_r (const time_t *timep, struct tm *result);
```

类似 mktime()，调用 localtime()也会调用 tzset()函数，并初始化时区。localtime_r()函数是否也执行这个步骤，标准中没有指明，因此是不确定的。

difftime()返回两个 time_t 值的秒数差值，并强制类型转换成 double：

```
#include <time.h>

double difftime (time_t time1, time_t time0);
```

在所有 POSIX 系统上，time_t 都是算术类型，而 difftime()相当于执行以下表达式的返回值，但它对减法溢出进行了检测：

```
(double) (time1 - time0)
```

在 Linux 上，由于 time_t 是个整型，因而没有必要将其转换成 double 类型。但是，为了保持可移植性，最好使用 difftime()函数。

调校系统时钟

墙钟时间的突然变化会对那些操作依赖于绝对时间的应用造成严重破坏。假设有这样一个 make 示例（make 是根据 Makefile 的内容来构建软件项目的程序）。每次执行该程序并不会重新构建整个源代码树，否则，对于大型软件项目，一个文件的小改动可能会花费数个小时进行重新编译。make 一般是比对源文件（比如，wolf.c）和目标文件（wolf.o）的时间戳。如果源文件——或者其依赖文件，如 wolf.h——

比目标文件新，make 会重新编译源文件，生成一个更新的目标文件。但是，如果源文件的修改时间不比目标文件新，则不做处理。

了解了这些基本知识后，当用户发现他的时钟比正确时间晚了几个小时，并运行 date 来更新系统时间，考虑一下会发生什么事情。如果用户更新并重新保存了 wolf.c，可能就会有麻烦了。如果用户把当前时间向前调整，wolf.c 的修改时间可能会比 wolf.o 要旧（虽然实际上不是这样！），就不会重新编译 wolf.c。

为了防止这样的问题发生，UNIX 提供了 adjtime()函数，用户可以以指定的增量逐渐地调整时间。这样做是为了让后台程序，如网络时间协议守护进程（NTP），可以逐渐调整时间误差的差值，通过 adjtime()减少对系统的影响。周期性对时钟误差执行的调整称为"slewing（回旋）"：

```
#define _BSD_SOURCE
#include <sys/time.h>

int adjtime (const struct timeval *delta,
             struct timeval *olddelta);
```

adjtime()调用成功时，内核会使用增量 delta 来逐渐调整时间，然后返回 0。如果 delta 指定的时间是正值，内核将加速系统时钟直到修正彻底完成。如果 delta 指定的时间是负值，内核将减缓系统时钟直到修正完成。内核进行的所有改动都保证时钟单调递增并且不会有突然的跳变。即使是 delta 为负值，调整仍然不会回拨时钟，而是调慢时钟直到系统时间达到正确的时间。

如果 delta 不是 NULL，内核停止处理所有之前注册的改动。对于已经完成的改动，内核将继续保留。如果 olddelta 不是 NULL，所有先前注册但未完成的改动将写入 timeval 结构体。delta 设置为 NULL，并将 olddelta 设置为一个合法值，将可以获得所有正在进行的改动。

adjtime()所进行的改动应该不大——理想的例子是之前提到的 NTP，每次只改动几秒。Linux 可以做的最小修改和最大修改阈值均有几千秒。

出错时，adjtime()返回-1，并设置 errno 为下列值之一：

EFAULT

delta 或 olddelta 不是合法指针。

EINVAL

delta 指定的调整过大或者过小。

EPERM

发起调用的用户没有 CAP_SYS_TIME 权限。

RFC 1305 定义了一个比 adjtime()采用的渐进调整方法更加强大和更加复杂的时钟调整算法。Linux 用 adjtimex()系统调用实现了该算法。

```
#include <sys/timex.h>

int adjtimex (struct timex *adj);
```

调用 adjtimex()可以将内核中与时间相关的参数读取到 adj 指向的 timex 结构体中。此外，系统调用会根据该结构体的 modes 字段来额外设置某些参数。

timex 结构体在头文件<sys/time.h>中定义如下：

```
struct timex {
        int modes;              /* mode selector */
        long offset;            /* time offset (usec) */
        long freq;              /* frequency offset (scaled ppm) */
        long maxerror;          /* maximum error (usec) */
        long esterror;          /* estimated error (usec) */
        int status;             /* clock status */
        long constant;          /* PLL time constant */
        long precision;         /* clock precision (usec) */
        long tolerance;         /* clock frequency tolerance (ppm) */
        struct timeval time;    /* current time */
        long tick;              /* usecs between clock ticks */
};
```

modes 字段是由零个或多个以下标志位按位或的结果：

ADJ_OFFSET

通过 offset 设置时间偏移量。

ADJ_FREQUENCY

通过 freq 设置频率偏移量。

ADJ_MAXERROR

通过 maxerror 设置最大错误值。

ADJ_ESTERROR

通过 esterror 设置估计错误值。

ADJ_STATUS

通过 status 设置时钟状态。

ADJ_TIMECONST

通过 constant 设置锁相环（PLL）时间常量。

ADJ_TICK

通过 tick 设置时钟计时信号值。

ADJ_OFFSET_SINGLESHOT

使用简单算法，如 adjtime，直接通过 offset 设置时间偏移量。

如果 modes 是 0，就不会设置任何值。只有拥有 CAP_SYS_TIME 权限的用户才能给 modes 赋非零值；任何用户都可以将设置 mode 为 0，从而获取所有参数，但不能设置任何值。

成功时，adjtimex()会返回当前时钟状态，其值如下：

TIME_OK

时钟被同步。

TIME_INS

将增加 1 闰秒。

TIME_DEL

将减少 1 闰秒。

TIME_OOP

恰好在 1 闰秒中 。

TIME_OOP

刚刚出现 1 闰秒。

TIME_BAD

时钟未同步。

失败时，adjtimex()会返回-1，并设置 errno 值为下列错误码之一：

EFAULT

adj 不是一个合法指针。

EINVAL

一个或更多的 modes、offset 或者 tick 非法。

EPERM

modes 是非零值，但调用者没有 CAP_SYS_TIME 权限。

adjtimex()系统调用是 Linux 特有的。关心可移植性的应用应该倾向于使用 adjtime()。

RFC 1305 定义了一个复杂的算法，对 adjtimex()的全面讨论超出了本书的范围。如果想了解更多信息，请参阅 RFC。

11.7　睡眠和等待

有各种各样的函数能使进程睡眠（暂停执行）指定的一段时间。第一个这样的函数，sleep()，让发起进程睡眠由 seconds 指定的秒数。

```
#include <unistd.h>

unsigned int sleep (unsigned int seconds);
```

sleep()调用会返回未睡眠的秒数。因此，成功的调用会返回 0，但函数也可能返回介于 0 到 seconds 之间的某个值（比如说有个信号中断了睡眠）。该函数不会设置 errno 值。大多数 sleep()用户不会关心进程实际上睡眠了多久，因而不会去检查返回值：

```
sleep (7);        /* sleep seven seconds */
```

如果真地希望进程睡眠达到指定时间，你可以根据返回值继续调用 sleep()函数，直到返回 0。

```
unsigned int s = 5;

/* sleep five seconds: no ifs, ands, or buts about it */
while ((s = sleep (s)))
        ;
```

11.7.1　以微秒级精度睡眠

以整秒的粒度进行睡眠实在是太死板了。在现代操作系统上，1 秒钟实在太久了，所以程序经常需要在低于秒级别的精度下睡眠。看一下 usleep()：

```
/* BSD version */
#include <unistd.h>

void usleep (unsigned long usec);

/* SUSv2 version */
#define _XOPEN_SOURCE 500
#include <unistd.h>

int usleep (useconds_t usec);
```

成功调用 usleep() 会使发起进程睡眠 usec 微秒。不幸的是，BSD 和单一 UNIX 规范（Single UNIX Specification，SUS）在该函数原型定义上持不同意见。BSD 版本接收 unsigned long 类型的参数，并且没有返回值。但是，SUS 版本定义 usleep() 接受一个 useconds_t 类型，并返回一个整型。如果 XOPEN_SOURCE 定义为 500 或者更大的值，Linux 就和 SUS 一样。如果 XOPEN_SOURCE 未定义，或者设定值小于 500，Linux 就和 BSD 一样。

SUS 版本在成功时返回 0，出错时返回-1。合法的 errno 值包括：EINTR 表示睡眠被信号打断，EINVAL 表示由于 usecs 太大而导致的错误（在 Linux 上，该类型的整个范围都是合法的，因此该错误不会出现）。

根据 SUS 规范，useconds_t 类型是个最大值为 1 000 000 的无符号整型。

由于不同原型之间的冲突，以及部分 UNIX 系统可能只支持一种，在你的代码中不要包括 useconds_t 类型是明智的做法。为了尽可能满足可移植性，最好假设参数是无符号整型，并且不要依赖于 usleep() 的返回值：

```
void usleep (unsigned int usec);
```

用法如下：

```
unsigned int usecs = 200;

usleep (usecs);
```

这样就可以满足该函数的不同形式，并且可以检测错误：

```
errno = 0;
usleep (1000);
if (errno)
        perror ("usleep");
```

但是对大多数程序而言，它们并不检查也不关心 usleep() 的错误。

11.7.2 以纳秒级精度睡眠

Linux 不赞成使用 usleep() 函数，而是建议使用 nanosleep() 函数，它是一个更加智能且可以提供纳秒级精度的函数：

```
#define _POSIX_C_SOURCE 199309
#include <time.h>

int nanosleep (const struct timespec *req,
               struct timespec *rem);
```

成功调用 nanosleep() 时，使进程睡眠 req 所指定的时间，并返回 0。出错时，调用返回-1，并设置 errno 为相应值。如果信号打断睡眠，调用可在指定时间消耗完之前返回。在这种情况下，nanosleep() 返回-1，并设置 errno 值为 EINTR。如果 rem 不是 NULL，函数把剩余睡眠时间（req 中没有睡眠的值）放到 rem 中。然后，会重新调用程序，将 rem 作为参数传递给 req（像本节之后所示）。

下面是其他可能的 errno 值：

EFAULT

req 或者 rem 不是合法指针。

EINVAL

req 中有个字段非法。

在一般情况下，用法很简单：

```
struct timespec req = { .tv_sec = 0,
                        .tv_nsec = 200 };

/* sleep for 200 ns */
ret = nanosleep (&req, NULL);
if (ret)
        perror ("nanosleep");
```

下面是当睡眠被打断时使用第二个参数来继续的例子：

```
struct timespec req = { .tv_sec = 0,
                        .tv_nsec = 1369 };
struct timespec rem;
int ret;

/* sleep for 1369 ns */
retry:
ret = nanosleep (&req, &rem);
if (ret) {
        if (errno == EINTR) {
                /* retry, with the provided time remaining */
```

```
                    req.tv_sec = rem.tv_sec;
                    req.tv_nsec = rem.tv_nsec;
                    goto retry;
            }
            perror ("nanosleep");
    }
```

最后，下面是另外一种方法（可能更加有效，但可读性较差），可以达到同样效果：

```
struct timespec req = { .tv_sec = 1,
                        .tv_nsec = 0 };
struct timespec rem, *a = &req, *b = &rem;

/* sleep for 1s */
while (nanosleep (a, b) && errno == EINTR) {
        struct timespec *tmp = a;
        a = b;
        b = tmp;
}
```

和 sleep()、usleep() 相比，nanosleep() 有以下几个优点：

- 提供纳秒级精度，其他两者只能提供秒或者微秒精度。

- POSIX.1b 标准。

- 不是用信号来实现（该方法的缺陷将在之后讨论）。

尽管 Linux 不赞成使用 usleep()，很多程序还是倾向于使用 usleep() 而不是 nanosleep()。因为 +nanosleep() 是 POSIX 标准，并且不使用信号，新程序最好使用它（或者将在下一节讨论的接口），而不要用 sleep() 或者 usleep()。

11.7.3 实现睡眠的高级方法

我们已经探讨了各种类型的时间函数。此外，POSIX 时钟函数中还提供了一个最高级的睡眠函数：

```
#include <time.h>

int clock_nanosleep (clockid_t clock_id,
                     int flags,
                     const struct timespec *req,
                     struct timespec *rem);
```

clock_nanosleep() 的行为类似于 nanosleep()。实际上，这个调用：

```
ret = nanosleep (&req, &rem);
```

等价于这个调用：

```
ret = clock_nanosleep (CLOCK_REALTIME, 0, &req, &rem);
```

两者的差别在于 clock_id 和 flags 参数。前者指定了用来衡量的时间源。大部分时间源都是合法的，虽然你不能指定调用进程的 CPU 时钟（例如 CLOCK_PROCESS_CPUTIME_ID），这样做没有任何意义，因为调用将使进程挂起，这样进程时间将停止增长。

时间源的选择取决于你让程序进入睡眠的目的。如果你想要睡眠到某个绝对时间值，CLOCK_REALTIME 大概是最好的选择。如果你准备睡眠某个相对值的时间，CLOCK_MONITONIC 绝对是理想的时间源。

flags 参数是 TIMER_ABSTIME 或者 0。如果是 TIMER_ABSTIME，req 指定的是一个绝对的时间值。这样处理解决了一个潜在的竞争条件。为了解释该参数的值，可以假设一个进程处于时间 $T+0$，想要睡眠到时间 $T+1$。在 $T+0$ 时，进程调用了 clock_gettime() 来取得当前时间（$T+0$）。然后从 $T+1$ 中减去 $T+0$，得到 Y，传递给 clock_nanosleep()。在获取时间和进程进入睡眠之间，总是需要一些时间的。然而糟糕的是，如果在这期间进程被调度失去处理器控制权或者发生一个页错误，对于此类情况，我们该如何处理？在取得当前时间，计算时间差，以及实际睡眠之间总是存在竞争条件。

TIMER_ABSTIME 标志允许进程直接指定 $T+1$，这样就可以避免竞争。在指定时间源到达 $T+1$ 前，内核会一直挂起该进程。如果指定时间源的当前时间已经超过 $T+1$，调用会立即返回。

我们一起来看一下相对睡眠和绝对睡眠。下面的例子中，进程睡眠 1.5 秒钟：

```
struct timespec ts = { .tv_sec = 1, .tv_nsec = 500000000 };
int ret;

ret = clock_nanosleep (CLOCK_MONOTONIC, 0, &ts, NULL);
if (ret)
        perror ("clock_nanosleep");
```

相反，下面这个例子会一直 sleep 到某个绝对时间，在本例中是 clock_gettime() 调用返回 CLOCK_MONOTONIC 时间源之后精确的一秒钟：

```
struct timespec ts;
int ret;

/* we want to sleep until one second from NOW */
ret = clock_gettime (CLOCK_MONOTONIC, &ts);
if (ret) {
        perror ("clock_gettime");
        return;
}
```

```
ts.tv_sec += 1;
printf ("We want to sleep until sec=%ld nsec=%ld\n",
        ts.tv_sec, ts.tv_nsec);
ret = clock_nanosleep (CLOCK_MONOTONIC, TIMER_ABSTIME,
                        &ts, NULL);
if (ret)
        perror ("clock_nanosleep");
```

大多数程序只需要执行相对睡眠，因为它们的睡眠并不十分严格。然而某些实时进程，对时间要求相当严格，需要绝对睡眠来避免产生潜在的具有破坏性的竞争条件。

11.7.4　sleep 的可移植实现

回顾一下我们在第 2 章中提到的 select()：

```
#include <sys/select.h>

int select (int n,
            fd_set *readfds,
            fd_set *writefds,
            fd_set *exceptfds,
            struct timeval *timeout);
```

正如当时所提到的那样，select()提供了一种实现比秒级精度更高的 sleep 方法，而且该方法是可移植的。在很长一段时间内，可移植的 UNIX 程序由于 sleep()无法满足短暂的睡眠需求而表现得很糟糕：usleep()并不是在各个系统上都实现的，而 nanosleep()还没有实现。编程人员发现给 select()的 n 传递 0，并给所有三个 fd_set 指针传递 NULL，以及把需要睡眠的时间传给 timeout，就产生了一种可移植且有效的方法让进程睡眠：

```
struct timeval tv = { .tv_sec = 0,
                      .tv_usec = 757 };

/* sleep for 757 us */
select (0, NULL, NULL, NULL, &tv);
```

如果需要考虑对于较早的 UNIX 系统的可移植性，使用 select()可能是最好的办法。

11.7.5　超时（Overrun）

本节讨论的所有接口都保证进程至少睡眠指定的时间（或者返回错误来表示其他情况）。睡眠进程不达到指定的时间绝不返回成功。但是存在某种可能，会使睡眠时间超过指定时间。

这种现象可以归结于简单的调度行为——指定的时间可能已经过去了，内核可能会及时唤醒进程，但调度器可能选择了另外一个任务运行。

然而，这里还可能存在一个更加隐蔽的原因：定时器超时（timer overruns）。当定时器的粒度比要求的时间间隔大时，就会发生这种情况。举例来说，假设系统定时器每 10 毫秒产生一次报时信号，而进程要求 1 毫秒的睡眠。系统只能在 10 毫秒的精度下测量并响应时间相关的事件（例如把进程从睡眠中唤醒）。如果进程发起睡眠请求时，定时器距离下次报时信号还有 1 毫秒，一切都将正常——在 1 毫秒内，请求的时间（1 毫秒）将会过去，而内核将唤醒进程。然而，如果定时器在进程请求睡眠时刚好产生报时信号，接下来的 10 毫秒将不会产生报时信号。那么，进程将会多睡眠 9 毫秒！也就是说，会有 9 个 1 毫秒的超时发生。平均来说，一个有 X 度量单位的定时器会有 $X/2$ 的几率超时。

使用如 POSIX 时钟这样高精度的时间源，或者用较高的 Hz 值，可以减少定时器超时。

11.7.6　睡眠的其他方式

如果可能的话，应该尽量避免使用睡眠。通常来说这很难做到，但问题也不大，特别是当你的代码的睡眠时间少于 1 秒钟的时候。使用睡眠来忙等待事件的发生是很糟糕的设计。在文件描述符上阻塞，允许内核来处理睡眠和唤醒进程的代码，则是比较好的。内核能够让进程从运行转到阻塞，并只在需要时唤醒它，而不是让进程为了等待事件触发而不断地循环。

11.8　定时器

定时器提供了在一定时间过去后通知进程的机制。定时器超时所需的时间叫作延迟（delay），或者超时值（expiration）。内核通知进程定时器已经到期的方式与定时器有关。Linux 内核提供了几种定时器，我们将随后一一讨论。

定时器在很多情况下都非常有用，例如每秒刷新 60 次屏幕，或者在某个阻塞的传输过程持续运行 500 毫秒后取消它。

11.8.1　简单的闹钟

alarm()是最简单的定时器接口：

```
#include <unistd.h>

unsigned int alarm (unsigned int seconds);
```

对该函数的调用会在真实时间（real time）seconds 秒之后将 SIGALRM 信号发给调用进程。如果先前的信号尚未处理，调用就取消该信号，并用新的来代替它，并返回先前的剩余秒数。如果 seconds 是 0，就取消掉之前的信号，但不设置新的闹钟。

想要成功调用该函数，需要为 SIGALRM 信号注册一个信号处理程序。（信号和信号处理程序的内容在前一章已经讨论过。）下面的代码段注册了一个 SIGALRM 处理程序，alarm_handler()，并设置了一个 5 秒钟的闹钟：

```
void alarm_handler (int signum)
{
        printf ("Five seconds passed!\n");
}

void func (void)
{
        signal (SIGALRM, alarm_handler);
        alarm (5);

        pause ();
}
```

11.8.2　计时器（interval timer）

计时器系统调用，最早出现在 4.2BSD 中，目前已经是 POSIX 标准，它可以提供比 alarm()更多的控制：

```
#include <sys/time.h>

int getitimer (int which,
               struct itimerval *value);

int setitimer (int which,
               const struct itimerval *value,
               struct itimerval *ovalue);
```

计时器和 alarm()的操作方式相似，但它能够自己自动重启，并在以下三个独有的模式之一下工作：

ITIMER_REAL

测量真实时间。当指定的真实时间过去后，内核将 SIGALRM 信号发给进程。

ITIMER_VIRTUAL

只在进程用户空间的代码执行时减少。当指定的进程时间过去后，内核将 SIGVTALRM 发给进程。

ITIMER_PROF

在进程执行以及内核为进程服务时（例如完成一个系统调用）都会减少。当指定的时间过去后，内核将 SIGPROF 信号发给进程。这个模式一般和 ITIMER_VIRTUAL 共用，这样程序就能衡量进程消耗的用户时间和内核时间。

ITIMER_REAL 衡量的时间和 alarm() 相同，另外两个模式对于剖析程序也很有帮助。

itimeval 结构体允许用户设置定时器过期或终止的时限，如果设定了值，则在过期后重启定时器：

```
struct itimerval {
        struct timeval it_interval; /* next value */
        struct timeval it_value;    /* current value */
};
```

回顾一下先前可以提供微秒级精度的 timeval 结构体：

```
struct timeval {
        long tv_sec;  /* seconds */
        long tv_usec; /* microseconds */
};
```

settimer() 设置一个过期时间为 it_value 的定时器。一旦时长超过 it_value，内核使用 it_interval 所指定的时长重启定时器。当 it_value 达到 0 时，时间间隔则被设置为 it_interval。如果定时器失效且 it_interval 为 0，则不会重启定时器。类似地，如果一个活动定时器的 it_value 被设置为 0，则定时器停止，并且不会重启。

如果 ovalue 不是 NULL，则会返回 which 类型的计时器的前一个值。

getitimer() 返回 which 类型的计时器的当前值。

两个函数在成功时都返回 0，并在出错时返回-1，设置 errno 为下列值之一：

EFAULT

value 或者 ovalue 不是合法指针。

EINVAL

which 不是合法的计时器类型。

下面的代码段创建了一个 SIGALRM 信号处理程序（参见第 10 章），并将计时器的过期时间设置为 5 秒，后续的过期时间为 1 秒。

```
void alarm_handler (int signo)
{
        printf ("Timer hit!\n");
}
```

```
void foo (void)
{
        struct itimerval delay;
        int ret;

        signal (SIGALRM, alarm_handler);

        delay.it_value.tv_sec = 5;
        delay.it_value.tv_usec = 0;
        delay.it_interval.tv_sec = 1;
        delay.it_interval.tv_usec = 0;
        ret = setitimer (ITIMER_REAL, &delay, NULL);
        if (ret) {
                perror ("setitimer");
                return;
        }

        pause ();
}
```

一些UNIX系统通过SIGALRM实现了sleep()和usleep()。很显然，alarm()和setitimer()也使用了SIGALRM。因而，程序员必须十分小心，不要重复调用这些函数。重复调用的结果是未定义的。如果只是需要短暂的等待，程序员应该使用nanosleep()，因为POSIX标准中规定nanosleep()不能使用信号。如果需要定时器，程序员应该使用setitimer()或者alarm()。

11.8.3 高级定时器

最强大的定时器接口，毫无疑问来自于POSIX的时钟函数。

POSIX中基于时钟的定时器，建立实例、初始化以及最终删除定时器函数分别使用三个函数：timer_create()建立定时器，timer_settime()初始化定时器，timer_delete()则销毁它。

 POSIX的定时器接口毫无疑问是最先进的，但也是最新的（因而可移植性最差），同时是最不易使用的。如果优先考虑简洁或者可移植性，那么setitimer()是更好的选择。

创建定时器

使用timer_create()可以创建定时器：

```
#include <signal.h>
#include <time.h>

int timer_create (clockid_t clockid,
                  struct sigevent *evp,
                  timer_t *timerid);
```

调用 timer_create()成功时，会创建一个与 POSIX 时钟 clockid 相关联的新定时器，在 timerid 中存储一个唯一的定时器标记，并返回 0。该调用很少会设置定时器运行的条件，就像在下一节将要看到的那样，在启动定时器之前什么都不会发生。

下面的例子在 POSIX 时钟 CLOCK_PROCESS_CPUTIME_ID 上创建了一个新的定时器，并将定时器 ID 保存到 timer 中：

```
timer_t timer;
int ret;

ret = timer_create (CLOCK_PROCESS_CPUTIME_ID,
                    NULL,
                    &timer);
if (ret)
        perror ("timer_create");
```

失败时，调用会返回-1，timerid 则未定义，调用会设置 errno 为下列值之一：

EAGAIN

系统缺少足够的资源来完成请求。

EINVAL

clockid 指定的 POSIX 时钟是非法的。

ENOTSUP

clockid 指定的 POSIX 时钟合法，但是系统不支持使用该时钟作为定时器。POSIX 保证所有实现均支持 CLOCK_REALTIME 时钟作为定时器。其他的时钟是否支持依赖于不同的实现。

evp 参数（当值非 NULL 时）会定义当定时器到期时的异步通知。头文件<signal.h>定义了该结构体。它的内容对程序员来说是不可见的，但至少包含以下字段：

```
#include <signal.h>

struct sigevent {
        union sigval sigev_value;
        int sigev_signo;
        int sigev_notify;
        void (*sigev_notify_function)(union sigval);
        pthread_attr_t *sigev_notify_attributes;
};

union sigval {
        int sival_int;
        void *sival_ptr;
};
```

在基于时钟的 POSIX 定时器到期时，在内核如何通知进程的问题上有更多的控制能力，它允许进程指定内核将发送的信号，甚至让内核产生一个新线程在定时器到期时完成一定的功能。进程在定时器过期时的行为通过 sigev_notify 来指定，必须是以下三个值之一：

SIGEV_NONE

"空"通知，当定时器到期时，什么都不发生。

SIGEV_SIGNAL

当定时器到期时，内核给进程发送一个由 sigev_signo 指定的信号。在信号处理程序中，si_value 被设置为 sigev_value。

SIGEV_THREAD

当定时器过期时，内核产生一个新线程（在该进程内），并让其执行 sigev_notify_function，将 sigev_value 作为它唯一的参数。该线程在这个函数返回时终止。如果 sigev_notify_attributes 不是 NULL，pthread_attr_t 结构体则定义了新线程的行为。

就像之前的例子中看到的，如果 evp 是 NULL，定时器的到期通知将做如下设置：sigev_notify 为 SIGEV_SIGNAL，sigev_signo 为 SIGALRM，sigev_value 为定时器的 ID。就是说，缺省情况下这些定时器以 POSIX 计时器的方式进行通知。然而通过自定义方式，可以做更多的工作!

下面的例子建立了一个基于 CLOCK_REALTIME 的定时器。当定时器到期时，内核发出 SIGUSR1 信号，并把 si_value 设置成保存定时器 ID 的地址值：

```c
struct sigevent evp;
timer_t timer;
int ret;

evp.sigev_value.sival_ptr = &timer;
evp.sigev_notify = SIGEV_SIGNAL;
evp.sigev_signo = SIGUSR1;
ret = timer_create (CLOCK_REALTIME,
                    &evp,
                    &timer);
if (ret)
        perror ("timer_create");
```

设置定时器

由 timer_create()建立的定时器是未设置的。可以使用 timer_settime()将其与一个过期时间关联并开始计时：

```
#include <time.h>

int timer_settime (timer_t timerid,
                    int flags,
                    const struct itimerspec *value,
                    struct itimerspec *ovalue);
```

成功调用 timer_settime()将设置 timerid 指定的定时器的过期时间为 value，value 为一个 timerspec 结构体：

```
struct itimerspec {
        struct timespec it_interval;  /* next value */
        struct timespec it_value;     /* current value */
};
```

像 setitimer()一样，it_value 指定了当前定时器过期时间。当定时器过期时，将用 it_interval 的值更新 it_value。如果 it_interval 是 0，定时器就不是计时器，并在 it_value 过期后停止运行。

回顾一下之前提到的内容，timespec 结构体可以提供纳秒级精度：

```
struct timespec {
        time_t  tv_sec;     /* seconds */
        long    tv_nsec;    /* nanoseconds */
};
```

如果 flags 是 TIMER_ABSTIME，value 指定的时间则为绝对时间（和相对于当前时间值的默认解释相反）。这个修正的操作可以避免在获取当前时间、计算相对的时间差值、确定未来时间点，以及设置定时器时产生竞争条件。详情可以参见先前一节"高级的睡眠方法"。

如果 ovalue 不是 NULL，之前定时器的过期时间将存储在 itimerspec 中。如果定时器之前未被设置，结构体的成员将全部设置为 0。

使用 timer 值来初始化之前用 timer_create()初始化的定时器，下面的代码创建了个每秒都过期的周期定时器：

```
struct itimerspec ts;
int ret;

ts.it_interval.tv_sec = 1;
ts.it_interval.tv_nsec = 0;
ts.it_value.tv_sec = 1;
ts.it_value.tv_nsec = 0;
```

```
ret = timer_settime (timer, 0, &ts, NULL);
if (ret)
        perror ("timer_settime");
```

获取定时器的过期时间

你可以在任何时刻使用 timer_gettime()获取一个定时器的过期时间（expiration）而不必重新设置它：

```
#include <time.h>

int timer_gettime (timer_t timerid,
                    struct itimerspec *value);
```

成功调用 timer_gettime()将 timerid 指定的定时器过期时间存储到 value 指向的结构体中，并返回 0。失败时，调用返回-1，并设置 errno 为下列值之一：

EFAULT

value 不是合法指针。

EINVAL

timerid 不是合法定时器。

看个例子：

```
struct itimerspec ts;
int ret;

ret = timer_gettime (timer, &ts);
if (ret)
        perror ("timer_gettime");
else {
        printf ("current sec=%ld nsec=%ld\n",
                ts.it_value.tv_sec, ts.it_value.tv_nsec);
        printf ("next sec=%ld nsec=%ld\n",
                ts.it_interval.tv_sec, ts.it_interval.tv_nsec);
}
```

获取定时器的超时值

POSIX 定义了个接口来确定给定定时器目前的超时值：

```
#include <time.h>

int timer_getoverrun (timer_t timerid);
```

成功时，timer_getoverrun()返回在定时器过期与实际定时器过期后通知（例如通过信号）进程间的多余时长。比方说，在我们先前的例子中，一个 1 毫秒的定时器运行了 10 毫秒，调用就会返回 9。

如果超时值大于等于 DELAYTIMER_MAX，调用就返回 DELAYTIMER_MAX。

失败时，该函数返回-1，并设置 errno 值为 EINVAL，这个唯一的错误表明由 timerid 指定的定时器不合法。

看下面这个例子：

```
int ret;

ret = timer_getoverrun (timer);
if (ret == -1)
        perror ("timer_getoverrun");
else if (ret == 0)
        printf ("no overrun\n");
else
        printf ("%d overrun(s)\n", ret);
```

删除定时器

删除定时器很简单：

```
#include <time.h>

int timer_delete (timer_t timerid);
```

成功调用 timer_delete()时，将销毁由 timerid 指定的定时器，并返回 0。失败时，调用返回-1，并设置 errno 为 EINVAL，这个唯一的错误表明 timerid 不是合法的定时器。

附录 A

C 语言的 GCC 扩展

GNU 编译器（GCC）提供了很多 C 语言扩展，有些扩展对系统编程人员是非常有帮助的。本附录要提及的一些 C 语言的主要扩展，使得编程人员可以给编译器提供其代码期望使用方式和行为相关的额外信息。编译器会使用该信息生成更高效的机器代码。其他扩展填补了 C 编程语言的一些空白，尤其是在底层。

GCC 提供了一些扩展，在最新的 C 标准 ISO C11 中提供了这些扩展。有些扩展函数和 C11 提供的实现方式类似，但其他扩展实现方式差别很大。新代码应该使用 C11 标准提供的这些功能。在这里，我们不会探讨这些功能，而只是探讨 GCC 特有的一些扩展。

GNU C

GCC 提供的 C 语言风格也称为 GNU C。在 20 世纪 90 年代，GNU C 填补了 C 语言的一些空白，提供如复杂变量、零长度数组、内联函数和命名的初始化器（named intializer）等功能。但是，大约十年之后，C 语言得到全面升级，通过 ISO C99 和 ISO C11 标准后，GNU C 扩展变得不是那么重要。尽管如此，GNU C 还是继续提供很多有用的功能，很多 Linux 编程人员依然使用 GNU C 的子集——往往只是一两个扩展——代码可以和 C99 或 C11 兼容。

GCC 特有的代码库的一个重要实例是 Linux 内核，它是严格通过 GNU C 实现的。但是，最近英特尔做了一些工程上的努力，支持 Intel C 编译器（ICC）理解内核所使用的 GNU C 扩展。因此，现在这些扩展很多都变得不再是 GCC 所特有的了。

内联函数

编译器会把"内联（inline）"函数的全部代码拷贝到调用函数的地方。对于普通函数而言，函数是保存在调用函数的外面，每次调用时就跳到保存的位置；而内联函数是直接运行函数内容。通过这种方式，可以节省函数调用的开销，可以在调用方处进行优化，因为编译器可以对调用方和被调用方统一优化。如果调用方传递的函数参数是个常数时，这一点就特别有用。但是，一般来说，把一个函数拷贝到每个代码块中对于代码大小可能会有非常大的影响。因此，只有当函数很小、很简单且使用的地方不是特别多时，才考虑实现成内联函数。

GCC 已经支持 inline 关键字很多年了，inline 关键字可以告诉编译器把给定函数关联起来。C99 正式定义了该关键字：

```
static inline int foo (void) { /* ... */ }
```

但是，从技术角度看，该关键字只是提示——告诉编译器要对给定函数进行内联。GCC 进一步提供了扩展，告诉编译器对指定的函数"总是（always）"执行内联操作：

```
static inline __attribute__ ((always_inline)) int foo (void) { /* ... */ }
```

内联函数最明显的替代是预处理器宏。GCC 中的内联函数性能和宏一样，同时可以做类型检查。举个例子，下面这个宏定义：

```
#define max(a,b) ({ a > b ? a : b; })
```

可以通过相应的内联函数来实现：

```
static inline max (int a, int b)
{
        if (a > b)
                return a;
        return b;
}
```

编程人员往往会过多使用内联函数。在现代计算机体系架构上，尤其是 x86，函数调用的成本非常非常低。只有最有价值的函数才值得考虑使用内联函数！

避免内联

GCC 在最激进（aggressive）的优化模式下，GCC 会自动选择看起来适于优化的函数，并执行优化。这是个好主意，但是某些情况下，编程人员会发现 GCC 自动内联导致函数执行行为不对。其中一个例子是使用 __builtin_return_address（在本附录后面将会讨论）。为了避免 GCC 自动内联，使用关键字 noline。

```
__attribute__ ((noinline)) int foo (void) { /* ... */ }
```

纯函数

"纯"函数是指不会带来其他影响，其返回值只受函数参数或 nonvolatile 全局变量影响。任何参数或全局访问都只支持"只读"模式。循环优化和消除子表达式的场景可以使用纯函数。纯函数是通过关键字 pure 来标识的：

```
__attribute__ ((pure)) int foo (int val) { /* ... */ }
```

一个常见的示例是 strlen()。只要输入相同，对于多次调用，该函数的返回值都是一样的。因此可以从循环中抽取出来，只调用一次。举个例子，对于下面的代码：

```
/* character by character, print each letter in 'p' in uppercase */
for (i = 0; i < strlen (p); i++)
        printf ("%c", toupper (p[i]));
```

如果编译器不知道 strlen()是纯函数，它就会在每次循环迭代时都调用该函数。

有经验的编程人员或编译器，如果认为 strlen()是纯函数——就会编写/生成如下代码：

```
size_t len;

len = strlen (p);
for (i = 0; i < len; i++)
        printf ("%c", toupper (p[i]));
```

但是，更聪明的编程人员（比如本书的读者）会编写如下代码：

```
while (*p)
        printf ("%c", toupper (*p++));
```

纯函数不能返回 void 类型，这么做也没有意义，因为返回值是纯函数的"灵魂"。非纯函数的一个示例是 random()。

常函数（constant functions）

常函数是一种严格的纯函数。常函数不能访问全局变量，参数不能是指针类型。因此，常函数的返回值只和值传递的参数值有关。和纯函数相比，常函数可以做进一步的优化。数学函数，比如 abs()，是一种常函数（假设它们不保存状态，或者为了优化加入一些技巧）。编程人员可以通过关键字 const 来标识函数是常量的：

```
__attribute__ ((const)) int foo (int val) { /* ... */ }
```

和纯函数一样，常函数返回 void 类型也是非法且没有任何意义的。

没有返回值的函数

如果一个函数没有返回值，可能因为它一直调用 exit()函数，编程人员可以通过
noreturn 关键字标识函数没有返回值，也告诉编译器函数没有返回值：

```
__attribute__ ((noreturn)) void foo (int val) { /* ... */ }
```

此外，编译器知道调用的函数绝对不会有返回值时，还可以做些额外的优化。这类
函数只能返回 void，返回其他类型都是没有任何意义的。

分配内存的函数

如果函数返回的指针永远都不会"别名指向（alias）[1]"已有内存——几乎是确定
的，因为函数已经分配了新的内存，并返回指向它的指针——编程人员可以通过
malloc 关键字来标识该函数，从而编译器可以执行合适的优化：

```
__attribute__ ((malloc)) void * get_page (void)
{
        int page_size;

        page_size = getpagesize ();
        if (page_size <= 0)
                return NULL;

        return malloc (page_size);
}
```

强制调用方检查返回值

这不是一种优化方案，而是编程辅助，warn_unused_result属性告诉编译器当函数的
返回值没有保存或在条件语句中使用时就生成一条告警信息：

```
__attribute__ ((warn_unused_result)) int foo (void) { /* ... */ }
```

该功能支持编程人员确保所有的调用方能够检查和处理函数的返回值，该返回值非
常重要。包含重要、但经常被忽略的返回值的函数，如 read()就很适合使用该属性。

---

[1] 当两个或多个指针变量指向同一个内存地址时，会发生"内存别名（memory alias）"。这会发生在一
些琐碎场景，比如一个指针的值被赋值给另一个指针，也可以发生在更复杂、不那么明显的场景中。
如果函数返回新分配内存的地址，该地址不应该存在其他指针。

C 语言的 GCC 扩展

这些函数不能返回 void。

把函数标识为 "Deprecated（已废弃）"

deprecated属性要求编译器在函数调用时，在调用方生成一条告警信息：

```
__attribute__ ((deprecated)) void foo (void) { /* ... */ }
```

这有助于使编程人员放弃已废弃和过时的接口。

把函数标识为已使用

在某些情况下，编译器不可见的一些代码调用了某个特定的函数。给函数添加used属性使得编译器可以告诉程序使用该函数，即使该函数看起来似乎从未被引用：

```
static __attribute__ ((used)) void foo (void) { /* ... */ }
```

因此，编译器会输出生成的汇编代码，不会显示函数没有被使用的告警信息。当一个静态函数只被手工编写的汇编代码调用时，就可以使用该属性。一般情况下，如果编译器没有发现任何调用，它就会生成一条告警信息，可能会做些优化，删除该函数。

把函数或参数标识为未使用的

unused属性告诉编译器给定函数或函数参数是未使用的，不要发出任何相关的告警信息：

```
int foo (long __attribute__ ((unused)) value) { /* ... */ }
```

当你通过-W或-Wunused选项编译，并且希望捕获未使用的函数参数，但在某些情况下有些函数需要匹配预定义的签名（这对于基于事件驱动的GUI编程或信号处理器是很常见的），在这种情况下就可以使用unused属性。

对结构体进行紧凑存储（pack）

packed属性告诉编译器一个类型或变量应该在内存中进行紧凑存储，使用尽可能少的空间，可能不依赖对齐需求。如果在结构体（struct）或联合体（union）上指定该属性，就需要对所有变量进行紧凑存储。如果只是对某个变量指定该属性，就只会紧凑存储该特定对象。

以下使用方式会对结构体中的所有变量进行紧凑存储，尽可能占用最小的空间：

```
struct __attribute__ ((packed)) foo { ... };
```

在这个例子中，如果一个结构体包含一个char类型，紧跟着的是一个int类型，很可能会发现该整数会遵循内存地址对齐，其地址不会紧接着char的地址，中间会隔着三个字节。编译器会通过插入一些未使用的字节来填充，从而使得变量符合内存地址对齐。而对于紧凑存储格式，结构体中不会有未使用的字节填充，这样很可能消耗的内存少，但是不满足计算机体系结构的对齐要求。

增加变量的对齐

除了支持变量紧凑存储，GCC还支持编程人员为给定变量指定最小的对齐方式。这样，GCC就会对指定的变量按（大于等于）指定值进行对齐，这与体系结构和ABI所指定的最小对齐方式相反。举个例子，以下声明表示名为beard_length的整数，最小对齐方式是32个字节（这和传统的在32位机器上按4个字节对齐的方式不同）：

```
int beard_length __attribute__ ((aligned (32))) = 0;
```

只有当硬件需要比体系结构有更高的对齐需求时，或者当手动处理C和汇编代码，需要指定特殊的对齐值时，强制指定类型对齐值才有意义。使用这种对齐功能的一个例子是在处理器缓存中保存经常使用的变量，从而优化缓存行为。Linux内核就使用了这种技术。

除了指定特定最小的对齐值外，GCC把给定类型按最小对齐值中的最大值进行分配，这样可以适用于所有的数据类型。举个例子，以下使用方式会告诉GCC把parrot_height按其使用最大值进行对齐，很可能是按照double类型进行对齐：

```
short parrot_height __attribute__ ((aligned)) = 5;
```

这种解决方案通常是对空间/时间的权衡：以这种方式进行对齐的变量会消耗更多的空间，但是对这些数据进行拷贝（以及其他复杂操作）很可能会更快，因为编译器可以发送处理大量内存的机器指令。

计算机体系结构或系统工具链的方方面面可能会对变量对齐有最大值限制。举个例子，在某些Linux体系结构中，链接器无法识别超出一个很小的默认区间的对齐。在这种情况下，通过关键字提供的对齐方式就变成允许的对齐值的最小值。举个例子，假设你希望按照32字节进行对齐，但是系统的链接器最多只能按8个字节进行对齐，那么变量就会按照8字节进行对齐。

把全局变量放到寄存器中

GCC 支持编程人员把全局变量放到某个计算机寄存器中，在程序执行期间，变量就会在寄存器中。GCC 称这类变量为"全局寄存器变量"。

该语法要求编程人员指定计算机寄存器。以下示例会使用 ebx：

```
register int *foo asm ("ebx");
```

编程人员必须选择一个变量，在函数中一直可用：也就是说，选中的变量必须也可以用于局部函数，在函数调用时保存和恢复，不是为了体系结构或操作系统 ABI 的特定目标而指定的。如果选中的寄存器不正确，编译器会生成一条告警信息。如果寄存器是正确的——比如这个示例中的 ebx，可以用于 x86 体系结构——编译器自己会停止使用寄存器。

如果频繁使用变量，这种优化可以带来极大的性能提升。一个好的示例是使用虚拟机。把变量保存到寄存器的虚拟栈指针中可能会带来一些收益。另一方面，如果体系结构没有足够的寄存器（正如 x86 那样），这种优化方式就没什么意义。

全局寄存器变量不能用于信号处理器中，也不能用于多个执行线程中。它们也没有初始值，因为可执行文件无法为寄存器提供默认内容。全局寄存器变量声明应该在所有函数定义之前。

分支标注

GCC 支持编程人员对表达式的期望值进行标注（annotate）——举个例子，告诉编译器某个条件语句是真的还是假的。GCC 可以执行块重新排序和其他优化措施，从而优化条件分支的性能。

GCC 对分支标注的语法支持非常糟糕。为了使分支标注看起来更简单，我们使用预处理器宏：

```
#define likely(x)    __builtin_expect (!!(x), 1)
#define unlikely(x)  __builtin_expect (!!(x), 0)
```

编程人员可以通过把表达式分别封装到 likely()和 unlikely()中，标识表达式很可能为真，或不太可能为真。

以下示例把分支标识成不太可能为真（也就是说，很可能为假）：

```
int ret;
```

```
ret = close (fd);
if (unlikely (ret))
        perror ("close");
```

相反，以下示例把分支标识为很可能为真：

```
const char *home;

home = getenv ("HOME");
if (likely (home))
        printf ("Your home directory is %s\n", home);
else
        fprintf (stderr, "Environment variable HOME not set!\n");
```

在内联函数中，编程人员往往会过多使用分支标注。一旦开始使用表达式，可能会倾向于标识"所有的"表达式。但是，要注意的是，只有当你知道"前提条件（priori）"，而且确定表达式几乎在任何情况下（比如99%）是真的，才可以把分支标识为很可能或基本不可能。有些错误适用于 unlikely()。要记住的是，错误的预测还远远不如没有预测。

获取表达式类型

GCC 提供了 typeof() 关键字，可以获取给定表达式的类型。从语义上看，该关键字的工作方式和 sizeof() 类似。比如，以下表达式返回 x 指向的对象的类型：

```
typeof (*x)
```

可以通过以下表达式声明数组 y 也是这种类型：

```
typeof (*x) y[42];
```

typeof() 的常见使用方式是编写"安全"的宏，可以在任意数值上操作，而且只需要对参数判断一次：

```
#define max(a,b) ({            \
        typeof (a) _a = (a); \
        typeof (b) _b = (b); \
        _a > _b ? _a : _b; \
})
```

获取类型的对齐方式

GCC 提供了关键字 alignof 来获取给定对象的对齐方式。其值是架构和 ABI 特有的。如果当前架构并没有需要的对齐方式，关键字会返回 ABI 推荐的对齐方式。否则，关键字会返回最小的对齐值。

其语法和 sizeof()完全相同：

    __alignof__(int)

其返回值依赖于体系架构，很可能会返回 4，因为 32 位的整数通常是 4 个字节。

C11 和 C++11 中的 alignof()

C11 和 C++11 引入了 alignof()，其工作方式和 alignof()完全相同，但对它进行了标准化。如果编写 C11 或 C++11 代码，建议使用 alignof()。

该关键字也是作用于左值。也就是说，返回的对齐值是所支持类型的最小对齐方式，而不是某个左值的真正对齐方式。如果通过 aligned 属性改变最小对齐方式（在本附录前面"增加变量的对齐"一节中描述过），变化是通过__alignof__来表示。

举个例子，对于以下结构体：

```
struct ship {
        int year_built;
        char cannons;
        int mast_height;
};
```

和以下代码片段：

```
struct ship my_ship;

printf ("%d\n", __alignof__(my_ship.cannons));
```

该代码片段中的 alignof 会返回 1，虽然结构体对齐填充可能会导致字符 cannons 占用 4 个字节。

结构体中成员变量的偏移

GCC 提供内置的关键字，可以获取该结构体内的成员变量的偏移。文件<stddef.h>中定义的宏 offsetof()，是 ISO C 标准的一部分。绝大多数定义很糟糕，涉及粗俗的指针算式算法，不适用于其他少数情况。GCC 扩展更简单，而且往往更快：

```
#define offsetof(type, member)    __builtin_offsetof (type, member)
```

该调用会返回 type 类型的 member 变量的偏移——也就是说，从零开始，从结构体的起始地址到该变量地址之间的字节数。举个例子，对于以下结构体：

```
struct rowboat {
        char *boat_name;
        unsigned int nr_oars;
```

```
        short length;
    };
```

实际偏移取决于变量大小和体系结构的对齐和填充行为。在 32 位计算机上，如果在结构体 rowboat 上调用 offsetof()函数，变量 boat_name、nr_oars 和 length 会分别返回 0、4 和 8。

在 Linux 系统中，offsetof()宏应该通过 GCC 关键字来定义，而且不需要重新定义。

获取函数的返回地址

GCC 提供了一个关键字，可以获取当前函数的返回值，或者当前函数的某个调用：

```
    void * __builtin_return_address (unsigned int level)
```

参数 level 指定调用链中的返回值函数。如果 level 值为 0，表示返回当前函数的地址，如果 level 值为 1，表示返回当前函数的调用方地址，如果 level 值为 2，表示该函数调用方的返回地址等等。

如果当前函数是个内联函数，返回的地址是调用函数的地址。如果不想使用这种方式，就使用关键字 noinline（在本附录前面"避免内联"一节中提到），强制编译器不要对函数进行内联。

关键字 __builtin_return_address 有几个用途。一种是出于调试或信息目的，另一种是展开调用链，实现代码自检、导出代码崩溃信息、调试器等等。

注意，有些体系结构只能返回调用函数的地址。在这种体系结构上，非 0 参数值会生成随机返回值。因此，除了 0 之外的任何值都是不可移植的，只能用于调试目的。

条件范围

GCC 支持条件（case）语句表达式标签，可以为单个块指定值的范围。常见的语法如下：

```
    case low ... high:
```

举个例子：

```
    switch (val) {
    case 1 ... 10:
            /* ... */
            break;
    case 11 ... 20:
```

```
        /* ... */
        break;
default:
        /* ... */
}
```

这个功能对于 ASCII 条件范围也非常有用：

```
case 'A' ... 'Z':
```

注意，在省略号前后都应该有个空格。否则，编译器就会感到困惑，尤其对于整数值。因此，条件语句应该如下：

```
case 4 ... 8:
```

不应该这样：

```
case 4...8:
```

空指针和函数指针

在 GCC 中，加减操作是作用于 void 类型和指向函数的指针。一般而言，ISO C 不允许在这些指针上执行算术操作，因为"void"大小是没有意义的，而且依赖于指针真正指向哪里。为了支持这种算术操作，GCC 把引用对象作为单个字节。因此，以下代码会对 a 递增 1：

```
a++;          /* a is a void pointer */
```

当使用这些扩展时，编译选项 -Wpointer -arith 会触发 GCC 生成一条告警信息。

"一箭双雕"可移植且代码优美

必须承认的是，attribute 语法不太美观。本章所探讨的一些扩展为了可读性需要通过预处理器宏来实现，但是这些扩展都可以在某种程度上更优雅一些。

预处理器使得这一切变得简单。此外，在相同的操作中，可以通过在非 GCC 编译器（不管是什么）的环境下定义，使得 GCC 扩展可以移植。

为了实现这一点，在头文件中包含下列代码片段，在源文件中包含该头文件：

```
#if __GNUC_  _ >= 3
# undef  inline
# define inline         inline __attribute_ _ ((always_inline))
# define __noinline     __attribute__ ((noinline))
# define __pure         __attribute__ ((pure))
# define __const        __attribute__ ((const))
```

```
# define __noreturn     __attribute__ ((noreturn))
# define __malloc       __attribute__ ((malloc))
# define __must_check   __attribute__ ((warn_unused_result))
# define __deprecated   __attribute__ ((deprecated))
# define __used         __attribute__ ((used))
# define __unused       __attribute__ ((unused))
# define __packed       __attribute__ ((packed))
# define __align(x)     __attribute__ ((aligned (x)))
# define __align_max    __attribute__ ((aligned))
# define likely(x)      __builtin_expect (!!(x), 1)
# define unlikely(x)    __builtin_expect (!!(x), 0)
#else
# define __noinline     /* no noinline */
# define __pure         /* no pure */
# define __const        /* no const */
# define __noreturn     /* no noreturn */
# define __malloc       /* no malloc */
# define __must_check   /* no warn_unused_result */
# define __deprecated   /* no deprecated */
# define __used         /* no used */
# define __unused       /* no unused */
# define __packed       /* no packed */
# define __align(x)     /* no aligned */
# define __align_max    /* no align_max */
# define likely(x)      (x)
# define unlikely(x)    (x)
#endif
```

举个例子，通过以下方式可以标识函数为纯函数，这种方式很简洁：

```
__pure int foo (void) { /* ... */ }
```

如果使用 GCC，该函数会标识为 pure 属性。如果 GCC 不是编译器，预处理器会把__pure 项替换成 no-op。注意，一个定义可以包含多个属性，因而可以很方便地在单个函数中使用多个定义。

更简单，更优雅，而且可移植性更好！

附录 B

参考书目

本参考书目给出了和系统编程相关的推荐阅读书目，可以归结为四个领域。这里，并不是要求本书的读者要阅读这些书，而只是给出某些领域我所喜欢的一些书籍。如果你希望了解更多本书探讨相关的一些主题，以下是我最喜欢的一些相关书籍。

有些书涵盖的是本书假定读者已经很熟悉的方面，如 C 编程语言。其他一些是对本书的很好补充，如关于 gdb、Git 或操作系统设计相关的书籍。不论是哪一种情况，以下书籍我都强烈推荐。当然，这里给出的并非面面俱到——你应该探索更多资源。

关于 C 编程语言的书

以下书籍是 C 编程语言相关的，C 语言是系统编程的通用语言。如果你写 C 代码不能够像说母语那样流利，以下书籍可以帮助你提高（当然还需要很多实践！）。最重要的一本，通常称为 K & R，强烈建议看看。这本书的优美正体现了 C 语言的简洁。

《C Programming Language》，第 2 版，Brian Kernighan 和 Dennis Ritchie. Prentice

Hall 出版社，1988。本书是由 C 语言的作者编写的，他的另一本著作是《The Bible of C programming》。

《C in a Nutshell》，Peter Prinz 和 Tony Crawford，O'Reilly Media 出版社，2005。这本优秀的书籍涉及 C 语言和标准 C 库。

《C Pocket Reference》，Peter Prinz 和 Ulla Kirch-Prinz，Tony Crawford 译，O'Reilly Media 出版社，2002。这本书是 C 语言的简明教程，根据 ANSI C99 进行了更新。

《Expert C Programming》，Peter van der Linden，Prentice Hall 出版社，1994。这本书涉及 C 编程语言的一些不经常为人所知的方面，内容充满智慧和幽默。

《C Programming FAQs: Frequently Asked Questions》，第 2 版，Steve Summit，Addison-Wesley 出版社，1995。这本书包含超过 400 多个关于 C 编程语言频繁出现的问题（提供答案）。如果精通 C 语言，可能有很多 FAQ 很容易就能够知道怎么解决。但是，有些问题和答案非常智慧，即使是 C 语言专家，可能也会留下深刻印象。注意，这本书有在线版本，其更新更频繁。

关于 Linux 编程的书籍

以下书籍涉及 Linux 编程方面的内容，包括本书没有涉及的一些主题以及 Linux 编程工具。

《Unix Network Programming, Volume 1: The Sockets Networking API》，W. Richard Stevens 等，Addison-Wesley 出版社，2003。这本书是 socket API 方面的权威，不过不是专门针对 Linux，它最近对 IPv6 进行了更新。

《UNIX Network Programming, Volume 2: Interprocess Communications》，W. Richard Stevens. Prentice Hall 出版社，1998。关于进程间通信（IPC）的非常优秀的书籍。

《PThreads Programming》，Bradford Nichols 等，O'Reilly Media 出版社，1996。对 POSIX 线程 API、Pthreads 的更深入的参考指南，是本书的很好补充。

《Managing Projects with GNU Make》，Robert Mecklenburg，O'Reilly Media 出版社，2004。这本书探讨了 GNU Make 相关内容，是在 Linux 上构建软件项目的经典工具。

《Version Control with Subversion》，Ben Collins-Sussman 等，O'Reilly Media 出版社，2004。全面阐述了 Subversion 相关内容，Subversion 是 CVS 的改进，也是用于 UNIX 系统上的版本控制和源代码管理，本书是由 Subversion 的三位作者合力完成的。

《Version Control with Git》，Jon Loeliger 等，O'Reilly Media 出版社，2012。这本书是探讨 Git 相关内容，Git 可能会让人有些困惑，它是强大的分布式版本控制系统。

《GDB Pocket Reference》，Arnold Robbins，O'Reilly Media 出版社，2005。这本书是 Linux 调试器 gdb 的简明教程。

《Linux in a Nutshell》，Ellen Siever 等，O'Reilly Media 出版社，2009。这本书覆盖 Linux 相关的方方面面，包括组成 Linux 开发环境的很多工具。

关于 Linux 内核的书籍

这里给出的两本书涉及 Linux 内核。探讨 Linux 内核的原因有三。首先，内核提供了对用户空间的系统调用接口，因此是系统编程的核心。其次，内核的行为和特性有助于理解它如何与在其上面运行的应用之间进行交互。最后，Linux 内核代码优美，探讨这方面很有趣。

《Linux Kernel Development》，Robert Love，Addison-Wesley 出版社，2010。这本书是我写的，它很适合希望了解 Linux 内核如何设计和实现的系统编程人员。这本书不是 API 手册，而是探讨了 Linux 内核采用的算法和决策。

《Linux Device Drivers》，Jonathan Corbet 等，O'Reilly Media 出版社，2005。这本书是实现 Linux 内核设备驱动器的一本很好的指南，包括优秀的 API 手册。虽然这本书是面向设备驱动器，其涉及的内容对于各种编程人员都能有所受益，包括只关注 Linux 内核的更多"真知灼见"的系统编程人员。这本书是对我写的 Linux 内核书的很好的补充。

关于操作系统设计的书籍

以下两本书并非专门针对 Linux，它涉及操作系统设计相关的知识。正如我在本书中所强调的，深入理解开发所用的系统可以带来很多收获。

《Operating System Concepts》，Abraham Silberschatz 等，Prentice Hall 出版社，2012。这本书介绍了操作系统、其历史以及底层算法，包括很多案例学习。

《UNIX Systems for Modern Architectures》，Curt Schimmel，Addison-Wesley 出版社，1994。这本书更多的是关注现代处理器和缓存架构，而不是 Unix。它介绍了操作系统如何处理现代系统的各种复杂操作。虽然显得有些过时了，但我还是强烈推荐它。

作者简介

Robert Love 在很早期就一直使用 Linux 并贡献代码，包括对 Linux 内核和 GNOME 桌面环境的贡献。Robert Love 是 Google 软件工程师，是 Android 设计和开发团队成员。目前，他致力于 Google 的 Web 搜索架构。Robert 获得了 Florida 大学的双学位：计算机科学理学学士和数学文学学士。

译者简介

祝洪凯，工程师，在百度工作了近 7 年；李妹芳工程师，在阿里工作 4 年多，她的微博是 http://weibo.com/duckrun。他们简单淳朴、热爱技术，曾一起翻译过《数据之美》、《数据可视化之美》等书。

封面图像

本书的封面图像是一个人坐在飞行机上。在 1903 年莱特兄弟实现了第一台可控的飞机之前，很多人在尝试通过简单、精巧的机器飞行。在二、三世纪时期，据记载，中国的诸葛亮首先通过孔明灯飞行，这是第一代热力气球。大约在五、六世纪，很多中国人把自己绑到大型风筝上，在天空中飞翔。

据说，中国人还创造了旋转玩具，它们是直升机的早期模型，其设计启发了 Leonardo da Vinci 对于首次人工飞行的尝试。da Vinci 还研究了鸟类，并设计了降落伞，在 1845 年，他设计了一个扑翼机，一台可以乘人飞行的扑翼飞机。虽然他并没有真正把它造出来，但是扑翼机的鸟结构影响了几百年来飞行机的设计。

封面中给出的飞行机比 James Mean 在 1893 年设计的模型飞翔机更精巧一些，它没有螺旋桨。后来，Means 还给出了其飞翔机的操作指南，该指南中写道 "在 Crawford House 附近，Mt. Willard 顶峰会发现是一个奇妙的世界"，来对其机器进行试验。

但是这种飞行试验往往很危险。在 19 世纪后期，Otto Lilienthal 创造了单翼机、双翼机和滑翔机。他是第一个证明了人类飞行是可行的，获得了 "飞行试验之父" 的称号，因为他完成了 2 000 多次滑翔飞行，有时飞行的距离超出 300 多米。在 1896 年，在一次着陆事故中，他摔坏了自己的脊柱而死。

飞行机也称为 "机械鸟" 和 "空中轮船"，有时还有更富色彩的名字，如 "人工信天翁"。人们对飞行机的热情依然高涨，航空爱好者今天还在构建早期的飞行机。